综合交通枢纽地下空间集约利用研究

邱继勤　石永明　李正川　刘明皓　著

中国财经出版传媒集团

中国财政经济出版社

图书在版编目（CIP）数据

综合交通枢纽地下空间集约利用研究／邱继勤等著
. -- 北京：中国财政经济出版社，2022.6
ISBN 978 - 7 - 5223 - 1361 - 0

Ⅰ.①综⋯　Ⅱ.①邱⋯　Ⅲ.①城市交通－交通运输中
心－地下工程－研究　Ⅳ.①TU94

中国版本图书馆 CIP 数据核字（2022）第 067188 号

责任编辑：郁东敏　　　　　责任印制：刘春年
封面设计：中通世奥　　　　责任校对：徐艳丽

综合交通枢纽地下空间集约利用研究
ZONGHE JIAOTONG SHUNIU DIXIA KONGJIAN JIYUE LIYONG YANJIU
中国财政经济出版社 出版
URL：http：//www.cfeph.cn
E - mail：cfeph@cfeph.cn

社址：北京市海淀区阜成路甲 28 号　邮政编码：100142
营销中心电话：010 - 88191522
天猫网店：中国财政经济出版社旗舰店
网址：https：//zgczjjcbs.tmall.com
北京财经印刷厂印刷　各地新华书店经销
成品尺寸：170mm×240mm　16 开　18.25 印张　281 000 字
2022 年 6 月第 1 版　2022 年 6 月北京第 1 次印刷
定价：68.00 元
ISBN 978 - 7 - 5223 - 1361 - 0
（图书出现印装问题，本社负责调换，电话：010 - 88190548）
本社质量投诉电话：010 - 88190744
打击盗版举报热线：010 - 88191661　QQ：2242791300

序

"有物混成，先天地生。"国土空间治理启与何时，发与何地，困惑世人。华夏文明源远流长，当代考古成果（1965年新疆吐鲁番市阿斯塔那出土文物《伏羲女娲图》）告知世人，华夏先祖伏羲女娲手执规矩丈量河山，修复天地，开创了国土空间规划先河。

地下空间是国土空间的重要组成部分，人类很早就知道开发利用保护地下空间。北京山顶洞人是中国华北地区旧石器时代晚期的人类化石。公元1933~1934年，中国地质调查所新生代研究室裴文中研究员主持考古发掘，发现了北京市周口店龙骨山北京人遗址。在北京人遗址顶部的山顶洞中，考古工作者发现了旧石器时代晚期的人类化石，还一起出土了石器、骨角器和穿孔饰物等。据放射性碳素断代，北京山顶洞人文化遗址的年代距今2.7万~3.4万年，地质时代为晚更新世末。这个考古成果告诉世人，人类的祖先很早就知道开发利用地下空间，地下空间是人类美丽家园的重要组成部分。

人与自然和谐共生是新时代的主旋律，地下空间成为现代社会人与自然和谐共生的重要平台，人类活动越来越广泛、越来越深入地下空间。加拿大蒙特利尔地下城、俄罗斯莫斯科地铁交通系统、美国纽约地下商务中心、芬兰赫尔辛基坦佩利奥基奥教堂、罗马尼亚盐矿遗址主题公园等都是世界知名的地下空间开发利用保护范例。重庆是全球知名的山地城市，地下空间开发利用保护自然本底得天独厚，文化传承历史悠久，红土地轻轨枢纽、两江新区市政工程综合廊道、相国寺储气库、涪陵816核工程旧址、南川海孔洞军机工坊遗址、较场口人防工程遗址等均展示了这里的人民在地下空间开发利用保护工程建设方面取得的显著成效。

国土空间是人类的美丽家园，是生态文明建设的空间载体。从大的方面整体谋划，搞好顶层设计，要按照人口资源环境相均衡、经济社会生态效益相统一的原则，统筹谋划国土空间开发利用保护格局，把国土空间开发利用保护格局设计好。

国土空间是最宝贵的自然资源。人口众多，人均国土空间少是我国的基本国情，珍惜和合理利用国土空间，节约集约利用国土空间是我国的基本国策。理论和实践证明：节约集约利用国土空间应当通过规模引导、布局优化、标准控制、市场配置、盘活利用等手段，优化国土空间利用结构和布局，提升国土空间利用效益，提升国土空间对经济社会发展的承载能力。

优化地下空间利用结构和布局，提升地下空间利用效益，提升地下空间对经济社会发展的承载能力是推进国土空间治理体系和治理能力现代化的必然要求。《中共中央 国务院关于建立国土空间规划体系并监督实施的若干意见》（2019年）明确提出，优化国土空间结构和布局，统筹地上地下空间综合利用。《中共中央办公厅 国务院办公厅关于统筹推进自然资源资产产权制度改革的指导意见》（2019年）明确提出，加快推进建设用地地上、地表和地下分别设立使用权，促进空间合理开发利用。

综合交通枢纽地下空间集约利用研究是一项具有挑战性的研究项目。该科研项目聚焦三个科学问题：其一，如何开展综合交通枢纽地下空间集约利用调查；其二，如何开展综合交通枢纽地下空间集约利用评价；其三，如何开展综合交通枢纽地下空间集约利用规划。

以重庆工商大学邱继勤教授为首席专家的科研团队，聚焦于综合交通枢纽地下空间集约利用研究，开展科技创新攻关取得了可喜进展。该科研团队在梳理总结国内外相关研究成果的基础上，结合重庆沙坪坝综合交通枢纽建设重点工程的实际情况，构建了综合交通枢纽地下空间集约利用调查技术体系、评价技术体系和规划技术体系，建立了该综合交通枢纽地下空间集约利用信息管理系统并提出了提升该综合交通枢纽地下空间集约利用能力和水平的对策建议。该项研究成果为国内外综合交通枢纽地下空间集约利用提供了新的理论阐释、技术支撑和现实意义上的指导。

地下空间集约利用研究博大精深、任重道远，许多科学问题我们尚需深化认知。当务之急是要顺应时代发展的需要，坚持生态优先绿色发展的理念，遵循地下空间开发利用保护国家战略指引，着力在地下空间产权建设、地下空间用途管制、地下空间资产管理以及地下空间市场配置等重点领域攻坚克难，加快推进相关学科建设。科学的春天已经到来，时不我待，只争朝夕。路漫漫其修远兮，吾将上下而求索。

是以为序。

邱道持

2022 年 2 月 4 日于西南大学

前　言

　　城市地下空间是重要的国土空间资源，是支撑城市绿色、低碳、健康发展的重要载体，也是城市发展的战略性空间。保护和科学利用城市地下空间是优化城市空间结构、完善城市空间功能、提升城市综合承载力的重要途径。2016年5月，住房和城乡建设部发布《城市地下空间开发利用"十三五"规划》，进一步指出"合理开发利用城市地下空间，是优化城市空间结构和管理格局，增强地下空间之间以及地下空间与地面建设之间有机联系的必要措施，对于推动城市由外延扩张式向内涵提升式转变，提高城市综合承载能力具有重要意义。"据不完全统计，"十三五"期间，全国累计新增地下空间建筑面积达13.3亿平方米，新增地下空间人均建筑面积为1.47平方米，全国共218个城市开展了地下空间开发利用规划编制和审批工作，占全国城市总数量的30%。在省级行政区划单位中，累计新增地下空间建筑面积超过1亿平方米的依次为江苏（1.75亿平方米）、山东（1.30亿平方米）、广东（1.25亿平方米）、浙江（1.01亿平方米）。2020年1月，自然资源部办公厅组织相关单位编制完成《轨道交通地上地下空间综合开发利用节地模式推荐目录》，标志着城市地下空间由外延式向内涵式集约利用发展。

　　近年来，学术界对城市地下空间集约利用的关注度逐步提高，分别采取组合评价法、综合利用系数法、适应性评价模型、RS – GIS 综合分析法等方法从地下空间集约主体、潜力评价、模式、未来发展理念等方面做了一定的研究，但针对地下空间集约利用的文献相对较少。因此本书以重庆市沙坪坝综合交通枢纽工程为例，在前期对沙坪坝综合交通枢纽工程项目调研的基础上，分析了项目区地下空间的环境承载力和现状，从四个层面选取 16 个指标构建了地下空间集约利用现状评价体系和规划评价体系，并建立了地下空间集约利用信息评价系统，为项目区地下空间集约利用提供理论支撑和现实指导。

本书共分九章，具体内容如下：第 1 章、第 2 章论述了地下空间的相关理论与国内外实践情况，对本书中综合交通枢纽地下空间集约利用的内涵进行了界定，明确了本书研究的重点和内容，这两章由重庆工商大学邱继勤教授执笔完成；第 3 章在对地下空间地质环境承载力影响因素进行分析的基础上，构建地下空间地质环境承载力测算原理和方法，提出适宜规划控制和工程设计的地下空间地质环境承载力当量并付诸于实践，本章由重庆工商大学赵梓琰讲师、中铁二院重庆勘测设计研究院有限责任公司周瀚韬工程师执笔完成；第 4 章、第 5 章在阐明地下空间土地利用现状调查的基本目的和任务，介绍外业调绘的工作任务、技术路线、工作方法和技术要求的基础上，提出城市地下空间利用分类的科学原理和方法，并最终拟定《城市地下空间利用分类》（草案）及编制说明，同时结合具体项目开展地下空间利用现状外业调查，分析地下空间利用的特点及问题，这两章由重庆工商大学蒋敏讲师、中铁二院重庆勘测设计研究院有限责任公司李正川高级工程师执笔完成；第 6 章在对地下空间土地资源的数量、质量、结构、布局和开发潜力等方面进行分析基础上，构建了综合交通枢纽地下空间集约利用评价体系，针对项目区开展集约现状评价及潜力评价，本章由重庆邮电大学刘明皓教授执笔完成；第 7 章在对地下空间规划影响因素分析的同时，开展需求调查和项目规划布局研究，并利用地下空间集约利用评价技术体系开展项目区地下空间规划集约利用评价，本章由重庆工商大学石永明讲师、中铁二院重庆勘测设计研究院有限责任公司李正川高级工程师执笔完成；第 8 章结合地下空间集约评价体系，构建基于地理信息系统（GIS）平台的地下空间数据库，并开发地下空间集约利用评价信息系统，本章由重庆邮电大学罗小波教授执笔完成；第 9 章在上述章节研究的基础上，得出研究结论并提出发展建议，本章由重庆工商大学石永明讲师执笔完成。

　　本书的出版得到了中铁二院重庆勘测设计研究院有限责任公司、重庆城市综合交通枢纽开发投资有限公司、重庆邮电大学等企事业单位、高校的大力支持，在此表示衷心的感谢！

作　者

2022 年 3 月

目　录

| 第1章 |

导　论

1.1　研究目的及意义

1.1.1　优化国土空间开发格局的必然要求

党的十八大报告在论述"大力推进生态文明建设"中明确指出"优化国土空间开发格局。国土是生态文明建设的空间载体，必须珍惜每一寸国土。要按照人口资源环境相均衡、经济社会生态效益相统一的原则，控制开发强度、调整空间结构、促进生产空间集约高效、生活空间宜居适度、生态空间山清水秀，给自然留下更多修复空间"。"空间"一词在党的十八大之后的相关论述中高频出现，这是对长期以来我国在土资源管理中更多强调"平面感"，而缺乏"立体感"的工作导向的一次修正。

国土空间的范围不仅包括显性的地上空间，还包括隐性的地下空间。相对于地上空间，地下空间的管理显得相当窘迫。这一方面是由于长期以来地方政府的"现代化城市风貌"的政绩导向，强调地面空间格局管理与规划远甚于地下空间，而这种对地下空间"有意"或"无意"的忽视使得对地下空间的规划管理缺乏政策依据和技术支撑，这不利于国土空间的优化开发和土地空间集约利用，更不利于生态文明建设目标的达成（董树文，2010）；另一方面是由于地下空间管理权的部门割据，城乡建设、国土等部门都行使着部分管理权使得对地下空间的管理缺乏统一的、长远的、全局性的管理与规划。因此，为了加快"美丽中国"这一"中国梦"的实现，有必要加强对地下空间土地资源的开发规划与管理。

1.1.2 有效推进城市地下空间集约利用科技创新

经过三十年来几辈学者和从业者们承上启下的共同努力，国土工作者对地表土地资源的调查、评价、规划和管理全流程的相关科学原理、技术手段的研究和运用已日趋成熟，且成果丰硕。但当前国内土地学科的研究重点几乎都着眼于地上空间，而对地下空间土地资源的研究较少，缺乏对地下空间土地资源的全方位、全视角、全领域的系统性探索和梳理（张锦兵，2012）。因此本书拟紧紧抓住规划在土地管理中扮演的"龙头"地位这一客观角色出发，通过对城市地下空间集约节约利用相关问题的研究来激发对地下空间土地资源的调查、评价、规划和管理的全领域的研究探索，并以此研究为契机有效推进国内地下空间规划科学原理和技术手段的创新。

1.2 研究内容

1.2.1 研究目标

本书的研究目标是：开展地下空间集约利用科技创新与技术集成，为城市综合交通枢纽地下空间集约利用提供科技支撑，构建城市综合交通枢纽地下空间集约利用的理论体系和技术体系。

1.2.2 研究内容

针对当前综合交通枢纽地下空间开发过程中存在的问题对地下空间各控制要素进行研究，构建综合交通枢纽地下空间规划的整体技术框架，进而促进综合交通枢纽地下空间高效集约利用。具体体现为以下几点。

1.2.2.1　综合交通枢纽地下空间地质环境承载力研究

在地下空间开发之前，开展相关地质环境现状调查，摸清区域地质条件各项数据，对于地下空间规划和开发来讲是十分必要的。本部分研究在对地下空间地质环境承载力影响因素进行分析的基础上，借鉴国土空间环境承载力测算原理和方法，构建地下空间地质环境承载力测算原理和方法，利用深度或容积提出适宜规划控制和工程设计的地下空间地质环境承载力当量，并通过具体项目沙坪坝综合交通枢纽工程进行地下空间地质环境承载力的具体估算，从而为综合交通枢纽地下空间集约利用调查、评价和规划提供科学依据。

1.2.2.2　城市地下空间利用现状分类研究

城市地下空间是新型国土资源，合理开发、利用、保护城市地下空间能有效解决城市发展与用地供给的突出矛盾。本部分研究旨在构建一个科学的城市地下空间利用分类系统，推进城市地下空间调查、评价、规划、建设、管理精细化，进而提升城市地下空间节约集约利用水平。研究拟在借鉴现有国土资源利用分类研究成果的基础上，提出城市地下空间利用分类的科学原理和方法，并最终拟定《城市地下空间利用分类》（草案）及编制说明。

1.2.2.3　综合交通枢纽地下空间利用现状调查技术体系研究

地下空间利用现状调查是国土资源调查的重要组成部分。本研究旨在阐明地下空间土地利用现状调查的基本目的和任务、介绍外业调绘的工作任务、技术路线、工作方法和技术要求以及地下空间土地利用现状调查成果制作的基本要求和技术方法。同时，研究将结合具体项目沙坪坝综合交通枢纽工程地下空间利用的实际情况，开展地下空间利用现状外业调查，分析该综合交通枢纽地下空间利用的特点和存在的问题，提出了提升该综合交通枢纽地下空间节约集约利用水平的建议。

1.2.2.4　综合交通枢纽地下空间集约利用评价技术体系研究

地下空间开发潜力评价是地下空间集约利用规划的基础。本研究拟通过对地下空间土地资源的数量、质量、结构、布局和开发潜力等方面的分析，明确规划区域地下空间土地资源的整体优势与劣势以及制约综合交通枢纽地下空间土地资源开发利用的主要因素，构建地下空间要素容量评估模型和多目标城市土地综合容量评估模型，以便揭示各种地下空间土地资源在地域组合上、结构上和空间配置上的合理性，确定地下空间土地资源开发利用的方向和重点，为综合交通枢纽地下空间集约利用规划提供科学依据。

1.2.2.5　综合交通枢纽地下空间集约利用规划关键技术研究

地下空间土地利用规划是在一定规划区域范围和规划期限内，根据当地的自然和社会经济条件以及国民经济发展的要求，协调地下空间土地资源的总供给和总需求，制定地下空间土地利用总体目标，调整并确定地下空间土地利用结构和布局的一种宏观战略措施，是未来土地利用规划体系中的重要组成部分，也是土地立体化管理的"龙头"。在国内相关研究几乎为空白的基础上，研究拟探讨综合交通枢纽地下空间集约利用规划的目的、原则与依据；规划编制的程序和方法；并结合沙坪坝综合交通枢纽项目进行具体探讨。

1.2.2.6　基于 GIS 平台的地下空间集约利用信息管理技术体系构建

地下空间集约利用信息管理技术体系是一套为用户提供地下空间与交通枢纽工程数据高效管理的计算机信息系统。本书拟构建基于地理信息系统（GIS）平台的地下空间数据库，开发地下空间集约利用评价信息系统。交通枢纽地下空间综合数据库主要为集约利用现状评价、潜力评价、规划评价等提供基础数据支撑。地下空间集约利用评价信息系统主要包括空间数据管理、地下空间集约利用现状评价、地下空间集约利用潜力评等功能模块。

1.3　研究设计

1.3.1　技术路线

根据上述研究内容，本书拟开展 4 个研究专题，即《综合交通枢纽地下空间集约利用调查研究》《综合交通枢纽地下空间集约利用评价研究》《综合交通枢纽地下空间集约利用规划研究》以及《综合交通枢纽地下空间集约利用信息管理研究》，并分别进行深入研究，得出的研究成果既是本书研究的重要组成部分，又自成一体，有利于政府管理部门的决策管理。

具体技术路线详见图1-1。

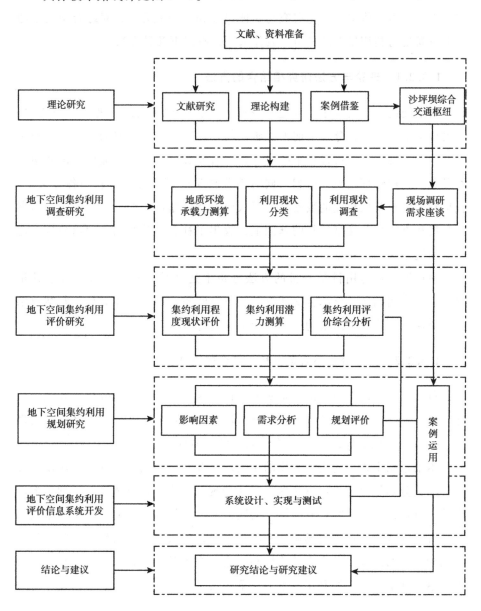

图1-1 综合交通枢纽地下空间集约利用研究路线图

1.3.2 研究方法

综合交通枢纽地下空间集约利用既是探讨理论问题，也是实践运用研究。因此，本书将采用理论研究与实证研究相结合的方法，对综合交通枢纽地下空间集约利用做系统分析。具体来说，有以下几种方法：

1.3.2.1 理论与方法研究相结合的方法

文献阅读、资料检索：通过广泛阅读国内外相关文献、搜集研究资料、积累科学事实，在充分继承前人的研究成果的同时避免研究的重复性与资源的浪费。本书通过分析近年来国内外相关研究成果，为研究提供理论视角和参考资料，构建理论研究框架。同时借鉴科学的调研方法，利用各种渠道，收集有关资料获取相关的数据，为深入研究奠定基础。根据研究需求，本书在收集和查阅相关文献资料的基础上，收集了社会经济数据、地籍数据、地下空间规划等相关数据。

分析综合：运用科学分析的方法分析上述文献资料，并合理继承其精髓。结合实例调研，就综合交通枢纽地下空间集约利用具体分析，归纳总结综合交通枢纽地下空间集约利用的相关理论与方法。

1.3.2.2 实证分析与规范分析相结合的方法

科学研究的两个组成部分是实证分析和规范分析。实证分析是客观的描述现象，回答"是什么"的问题。规范分析是在于解释这些现象形成的理论，回答"应该是什么"的问题（陈爱贞，2004）。

本书依据土地节约集约利用的相关理论及地下空间的特性，采用规范分析方法，分别就综合交通枢纽地下空间的现状分类、评价体系，规划影响因素等进行理论上的研究。同时结合实践，就沙坪坝综合交通枢纽地下空间利用进行实证分析。通过现场调研和需求座谈，深入了解目前地下空间集约的现状和存在的问题以及未来的构想和措施。在此基础上，最终提出提升综合交通枢纽地下空间集约利用水平的对策建议。

1.3.2.3 定性与定量相结合的方法

本书在综合交通枢纽地下空间集约利用调查研究中主要采用了定性研究。定性描述方法是社会科学研究普遍采用的一般性方法，通常用于对事物及其发生规律进行宏观的、概括的描述。采用此方法有助于研究者从整体上把握事物的本质，为定量研究提供前提。

定量分析方法则是现代科学研究的必要手段，有助于研究者从复杂多样的矛盾中更准确、更深入地揭示事物的运动规律。只有采用定量与定量分析相结合的方法才会使研究成果更加科学。本书主要采取的定量研究方法包括统计分析方法、典型相关分析方法、模糊层次分析法等，主要应用于综合交通枢纽地下空间集约利用评价和规划研究中。

此外，本书研究还主要采用了空间分析技术，借助于地理信息系统（GIS）方法和技术进行数据处理、空间分析及结果显示。

1.4 创新点与难点

一是构建综合交通枢纽地下空间集约利用评价体系。本书拟在分析地下空间土地资源开发利用主要因素的基础上，构建地下空间要素容量评估模型和多目标城市土地综合容量评估模型，构建地下空间集约利用评价技术体系。同时将书中所构建的评价体系应用于沙坪坝综合交通枢纽这一具体项目，就其地下空间集约利用水平进行评价综合分析。

二是构建基于 GIS 平台的地下空间集约利用信息管理技术体系。为区别于传统的平面空间利用和规划项目，体现地下空间土地利用上"立体化、复杂化"等特征，研究拟提出以 GIS 技术为基础，结合信息管理技术，构建基于地理信息系统（GIS）平台的地下空间数据库，以便对地下空间信息数据进行可视化管理，同时开发实现地下空间集约利用评价信息系统，推动地下空间土地利用向科学化、信息化方向发展。

1.5　沙坪坝综合交通枢纽项目区域概况

沙坪坝综合交通枢纽项目位于重庆市沙坪坝区。

1.5.1　区位概况

沙坪坝区地处重庆市主城区西部，地理坐标东经 106°14′36″ ~ 106°31′35″，北纬 29°27′13″ ~ 29°46′36″，全区幅员面积 396 平方公里。

沙坪坝区东与江北区、渝北区相邻，东南与渝中区接壤，东北与北碚区相连，南与九龙坡区相靠，西接璧山区，紧邻重庆市高新技术产业开发区和北部新区。沙坪坝区区位优势明显，交通畅达，是西南地区人流、物流、信息流要道。全国铁路集装箱网络重庆中心站、西南地区最大铁路编组站和国家二级火车站等七个火车客货站棋布沙坪坝区；沙坪坝区有国道、省道等高等级公路五条，成渝、渝长、上界高速公路，抵达重庆江北国际机场需半个小时。

沙坪坝综合交通枢纽综合改造工程位于沙坪坝区老火车站及其周边区域。该区域属丘陵河谷侵蚀地貌，地势平坦，局部较陡，人类活动频繁，均已经人工后改造，目前主要为城市主干道、铁路、公路、各种工商业和民用建筑占据，自然坡度 5° ~ 10°，地面高程 245 ~ 260 米，大部分位于残丘斜上，基岩零星出裸。

1.5.2　自然条件

沙坪坝区地貌归属于川东平行岭谷低山丘陵区的一部分，全区呈丘陵、台地和低山组合的地貌结构。中部歌乐山海拔高度在 550 ~ 650 米，最高峰歌乐山云顶寺海拔 680.25 米。嘉陵江由北往东南流经沙坪坝区 19.3 公里。

气候属于中亚热带季风性湿润气候区，热量和水分资源丰富，最冷月平均气温 7.8℃，最热月平均气温 28.5℃，年平均气温 18.3℃，无霜期 341.6 天，具有冬暖夏热和春秋多变的特点。中部歌乐山森林区年平均气温比山下低 2℃ 左右。降水充沛，全年降水量 1082.9 毫米。区内水体除嘉陵江外，梁滩河、虎溪河、清水溪、凤凰溪、詹家溪、南溪口溪是区内较大的溪河。此外，碳酸盐岩裂隙溶洞水的水量丰富。

全区森林资源主要集中在歌乐山、中梁山地区，歌乐山森林公园 1938 年定名，2003 年创建为国家级森林公园。

1.5.3　经济社会发展情况

沙坪坝区辖 21 个街道、5 个镇，常住人口为 147.73 万人。区域内历史文化积淀深厚，城市发展繁荣兴旺。

经过几十年的建设，沙坪坝区已成为重庆市科技实力雄厚、文化教育发达的科教文化区，是全国著名的"全国文化先进区"和"全国文物工作先进区"。近年来，沙坪坝区的群众文化在全国继续保持领先地位，公共文化服务体系内涵进一步扩大，公共文化服务手段进一步更新、文化遗产保护尤其是抗战历史文化资源深入挖掘、现代都市文化创意产业蓬勃发展。

沙坪坝区科技教育发达，是长江上游科教文化名区。区内有高校 18 所，电大职大 10 所，中小学 87 所，在校学生近 30 万人，科研院所 65 所，科技工作者 8 万余人。有重庆大学城、重庆大学科技园、重庆图书馆、五云山寨学生素质教育基地，全区教育文化形态完善，是全国"科技工作先进区""国家级星火技术密集区"和"文化工作先进区"。

沙坪坝区是"渝新欧"欧亚大陆桥桥头堡和"渝泸""渝深"起点，国道、省道等高等级公路五条，成渝、渝长、渝遂、上界、绕城高速公路纵横区域内，地铁一号线一期投入使用，抵达重庆江北国际机场仅需半个小时。

1.5.4　发展历程

沙坪坝区自周朝巴国属地起已有三千余年的历史。公元前 11 世纪，原住川东一带的巴人部落征服其他部落候，由周武王封为巴国，定都江州（今重庆）。20 世纪 30 年代初，沙坪坝隶属于四川巴县第一区，治所设于古镇磁器口（龙隐镇）。1939 年，划入重庆市沙磁区，成为战时中国的文化区和重庆主要工业区。1940～1949 年属重庆市第十三区、十四区，1950 年合并为重庆市第三区，功能定位文化区。1955 年正式定名为沙坪坝区。

沙坪坝区工业基础雄厚，是重庆重要的工业基地。区内工业门类齐全，有嘉陵集团、西南药业、农化集团等国有大中型企业 41 家，占全市的四分之一。有力帆集团、渝安集团、华洋集团等知名的民营科技型企业，已形成汽摩配件、电子电器、生物化工三大产业支柱。沙坪坝第三产业发达，市场潜力巨大，是重庆重要的物资集散地和商贸区，有重百、新世纪、立洋百货、北京华联、国美等知名商家组成的 20 万平方米成熟商业圈，商业文化广场步行街被中宣部等 6 部委命名为"全国百城万店无假货示范街"，是重庆"长江三峡文明长廊建设示范点"。五大专业批发市场为物流发展打下了坚实的基础，十几家金融机构为振兴地方经济作出了卓越贡献①。

1.6　沙坪坝综合交通枢纽项目概述

1.6.1　项目背景②

根据重庆市都市区的发展形态和重庆市新一轮总体规划，沙坪坝区未来将发展成为重庆市重要的商业中心，需要新的城市空间以容纳城市中心区功能的升级。

沙坪坝火车站北靠沙坪坝商业中心区的三峡广场，南接沙坪坝公园。火车站以北是繁华的商业区，火车站以南则是相对落后的居住区和生活区。一方面，沙坪坝火车站地处沙坪坝商业核心区，交通繁忙。但受沙坪坝地理位置和城市交通建设的限制，该地区的交通相对重庆其他城区拥堵现象比较突出。而成渝客专建成后，根据《新建铁路成都至重庆客运专线初步设计》运

---

① 资料来源：https：//baike. baidu. com/item/沙坪坝区/2531479？fr = aladdin，2021 - 02 - 10。
② 资料来源：《重庆市沙坪坝铁路枢纽综合改造工程可行性研究》，重庆城市综合交通枢纽（集团）有限公司，中铁二院工程集团有限公司，2013 年 6 月。

量预测，沙坪坝铁路近期、远期年旅客发送量分别为 1016 万人和 1270 万人，远期日均发送量达到 40000 人，高峰小时发送量为 4000 人，这将进一步增大该区域的交通压力；另一方面，沙坪坝火车站既阻碍了三峡广场商业圈对沙坪坝火车站以南区域的辐射和发展，也阻碍了三峡广场地区与沙坪坝公园的联系，车站成为该地区城市发展的瓶颈和制约因素。此外，随着三峡广场的商业中心的日益成熟和发展，现有区域的配套和环境条件已远不能满足其功能需求。因此三峡广场也亟需扩容扩能，完善配套，以解决本区域交通困扰。

在这种背景下，重庆市政府和沙坪坝区政府基于本地区城市发展和城市建设需要提出：打造位于城市中心区集城际铁路、城市轨道交通、公交、出租等多种交通方式为一体的高效、便捷的城市交通换乘枢纽，满足城市发展需要和保证枢纽功能的充分发挥，实现枢纽内各种交通方式"零距离"换乘的目标，这将明显的改善该区域的交通状况，也有利于客专人流的疏散。同时为满足城市空间拓展及项目建设资金的需要，在沙坪坝火车站整体加盖，上面进行物业开发。将三峡广场延伸至沙坪坝火车站以南，使城市空间得以延续，扩大三峡广场的影响范围和辐射能力，将三峡广场与沙坪坝公园连为一体，打造集购物、娱乐、休闲、健康为一体的现代化城市中心区。

成渝高铁客运专线的建设，将对沙坪坝火车站整体改造以及上述构想提供时间和空间上的可行性。2010 年 3 月 21 日，铁道部与重庆市就加快推进重庆铁路建设有关问题进行会谈并达成一致意见。自 2011 年 5 月 8 日开始，沙坪坝火车站已暂时停运，为沙坪坝综合交通枢纽工程的实施创造了条件。

1.6.2 项目简介[①]

1.6.2.1 项目概况

重庆市沙坪坝综合交通枢纽工程位于重庆市沙坪坝区，北靠沙坪坝商业核心区——三峡广场，南接石碾盘、小龙坎片区，并与沙坪坝公园紧邻。

---

① 资料来源：《沙坪坝铁路枢纽综合设计报告》，中铁二院工程集团有限公司，2013 年 6 月。

沙坪坝综合交通枢纽综合改造工程包括成渝铁路客运专线改建、高铁站场上盖及物业开发、道路工程及城市轨道交通工程中的地铁环线下穿铁路段和地铁九号线沙坪坝车站建设。其中：成渝铁路客运专线改建位于沙坪坝站东路下，呈东西向布置，车站南侧为沙坪坝火车站，将改建为成渝高铁枢纽站，北侧为沙坪坝三峡广场。按规划沙坪坝火车站附近将修建三条轨道交通，分别为轨道交通一号线（运营）、九号线（规划）、环线（规划）。

同时，沙坪坝综合交通枢纽综合改造工程将充分利用地下空间，地下分7层：负1层为公交车站，负2层为出租车站和高铁站台，负3层为人行通道，负4层为高铁换乘厅，负5层为出站通道，负6层为轨道站厅，负7层为重庆轨道交通9号线站台。基坑最大深度约45米，基坑面积6万多平方米。

根据《沙坪坝中心区城市设计》对枢纽核心区的总体设定，未来此区域城市功能既要满足服务于本地区，又要成为重庆城市中心体系中继CBD之后又一高端服务核心和特色地区，进而打造成为重庆中央文化科技商业商务区（CTBD），集高端服务，科技商务、交通枢纽功能的新概念中心区。

如图1-2所示为沙坪坝综合交通枢纽核心区域范围。也是本书案例点研究范围。

1.6.2.2 项目用地

项目用地北接站东路、站西路城市干道，天陈路从用地中部上跨沙坪坝火车站站场。用地范围主要为铁路站场部分、铁路与站东路之间区域（东至重庆八中、西至沙铁村）以及铁路站场南侧少量用地。用地区域内主要为铁路运输及配套办公、设施用地，铁路站场南侧改造范围多为陈旧居住用房和城市小道。

铁路站场上盖东西长约750米，南北长约66米。项目用地面积约115500平方米（包含站东路、火车站东侧和南侧规划道路面积）。铁路站场上盖覆盖面积约41944.06平方米，成渝客专沙坪坝火车站站房面积13984.7平方米，按4000人规模设计，为中型客专站房。用地内总建筑面积（含物业开发面积）约747485.2平方米。

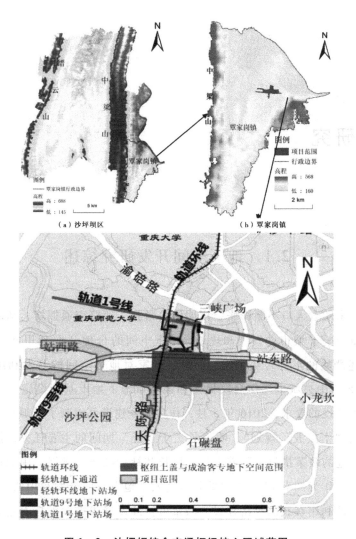

图 1-2 沙坪坝综合交通枢纽核心区域范围

第 2 章

理论研究

2.1　地下空间开发研究综述

　　近年来随着人口不断膨胀、用地供给紧张、道路交通拥堵、基础设施老旧等严重影响了城市的发展和规划，地下空间的合理开发利用能够有效地解决前述严峻的形势。从国家层面看，国家对地下空间的开发利用日益重视，2015 年中央城市工作会议提出加强城市地下地上基础设施建设和推进海绵城市建设的要求，2016 年 5 月，住房城乡建设部编制了《城市地下空间开发利用"十三五"规划》，明确了"十三五"期间的主要任务，提出了保障规划实施的政策措施。随着人口的增长和社会经济的发展，用地资源变得日益紧张，作为拥有 14 亿人口的我国进入了地下空间开发利用的高潮阶段，地下空间的利用在我国经济建设、城市可持续发展等方面发挥着越来越重要作用。

2.1.1　文献概述

　　地下空间作为城市的"被动者"和"消极资源"，只有当城市遇到发展瓶颈或是重生契机时，地下空间的开发利用才逐渐被人们所认知。综观世界地下空间发展历程，地下空间开发普遍滞后于地上空间的开发，与此相对应，城市地下空间相关研究也远比地下空间利用滞后和薄弱（田野等，

2020）。

从国外来看，城市地下空间资源研究和大规模开发利用始于 20 世纪后半叶，包括地下铁道网、大规模地下综合体、地下综合管线廊道和地下步行道路网等内容。近 30 年来，随着世界范围内城市地下空间开发利用的理论研究的深入发展，在地下空间开发利用的范围、规模、方式和工程实践等方面，都取得了相当成就。这些研究表明，地下空间的开发利用解决了城市化进程中的难题，开发和利用地下空间，十分有利于城市的可持续发展（CDF Rogers et al. 2012，W Broere，2016）。

与发达国家相比，我国的地下空间开发利用较晚。1981 年，由中国岩石力学与工程学会主办的《地下空间》杂志（现名《地下空间与工程学报》）创刊并刊登英译文章，自此地下空间开始进入中国学术界的视野。近年来，随着地下空间开发利用的实践不断深入，证明开发利用地下空间对解决城市土地资源短缺、缓解城市交通、促进城市可持续发展，构建资源节约型和谐城市、布局紧凑型立体城市和环境友好型宜居城市具有积极意义与作用（钱七虎，陈志龙等，2007），这促使我国学术界开始重视地下空间开发与利用研究。近年来关于地下空间的论文逐年增加，对地下空间学术研究发展起到了重要推动作用，促进了我国地下空间开发的良性发展。

截至 2021 年年底，采用关键词"地下空间"对 CNKI 学术资源总库（期刊和会议）进行精确搜索，从 1991～2021 年近 30 年间共有相关论文3846 篇[①]。其中，中国期刊全文数据库 CNKI 中核心以上期刊研究城市地下空间方面的论文有 2154 篇，EI 期刊有 234 篇。文献数据研究表明，从 2005 年开始研究数量方面，国内学者们对地下空间的关注度急剧增加，发表的研究文献数量也随之大幅度增加；研究内容方面主要集中在工程技术与基础研究范围，关注领域则涉及地下空间规划、开发利用、产权研究、环境影响评价/建设标准、信息化建设等多个方面。

在对国内外相关文献分析的基础上，结合本书研究主题，将分别对地下空间中的规划布局、集约利用和产权建设三个方面进行文献梳理，以期为下一步地下空间研究提供理论参考。

---

① 查询时间为：2022 - 2 - 13 11：30。

2.1.2 地下空间规划研究

2.1.2.1 地下空间规划的相关概念

《城市地下空间规划标准》（GB/T51358—2019）中对"地下空间总体规划"（Underground Spacemaster Plan）的概念描述为"对一定时期内规划区内城市地下空间资源利用的基本原则、目标、策略、范围、总体规模、结构特征、功能布局、地下设施布局等的综合安排和总体部署"；而对地下空间的规划布局的概念描述则是"对一定时期内、规划范围内的地下空间，从总体结构到专项设施空间落位的综合安排"，主要分为总体结构规划和专项设施空间规划。

地下空间总体结构规划。总体结构规划的布局类型可以分为集中式、线性式和组合式和分离式四种。其中：（1）集中式的优点是节约用地，空间紧凑，轮廓完整，缺点是空间缺少灵活性，对用地要求较高。这种布局较适应完整用地，结构统一的地下空间，其规划设计要点是合理布置每个分区的内部布局，使其自成一体；（2）线性式的优点是空间明确，流线清晰，缺点是地下流线较长，端部联系较弱，适应狭长用地，较适合功能类型多样的地下空间，其设计要点是突出主要交通空间的重要性，连接不同分区；（3）组合式的优点是灵活性强分区明确，缺点是空间较为复杂，轮廓不完整，成本较高，适应于不同用地，受地上建筑制约较多的地下空间，其设计要点是注重相似功能的组合，利用庭院或局部交通联系；（4）分离式的优点是分期建设，独立运营，开放共享，缺点是分区之间缺小联系，需建设多处地下室，成本较高，适用于用地宽松，需分期建设，功能性质差异大的空间，其设计要点是合理布置每个分区的内部布局，使其自成一体。

专项设施空间规划。根据《城市地下空间规划标准 GB/T51358—2019》，将地下空间设施共分为 7 大类（如表 2－1 所示）。在进行专项设施规划时，应该根据在对地下空间进行层次划分的基础之上，对各种设施适宜层次进行统筹安排。通常来讲，浅层空间开发成本低，开发技术成熟，施工也较方便。目前的城市地下空间开发主要应用于交通设施、商业设施等 7 个领域。

表 2-1 地下空间设施分类

地下设施类型	开发利用形式
地下交通设施	地下停车场、地铁、地下人行道、地下车行道
地下市政公用服务设施	市政管线、综合管廊、地下变电站等
地下公共管理与公共服务设施	地下商业、博物馆、体育馆、图书馆等
地下工业设施	地下厂房、车间等
地下物流仓储设施	油库、冷库、能源库、物资库、物流系统等
地下人防设施	地下掩蔽工程、居民楼地下防空室、人防疏散干道
地下居住设施	地下窑洞、居住地下室、覆土住宅

资料来源：中华人民共和国住房和城乡建设部，《城市地下空间规划标准》（GB/T51358—2019），2009。

2.1.2.2 国外地下空间规划研究

在国外研究方面，学者们提出地下空间是城市最重要的资源，不把地下空间纳入城市规划的范畴是不负责任的，应该向城市和区域政府大力提倡在二维规划的成果基础上，增加地下空间规划内容（Raymond L. Sterling，2007）。尽管地下空间的使用给城市发展带来了机遇和利益，但也存在着各类隐患和挑战，进行地下空间可持续性规划与建设就是要在满足现在的基础上不损害未来发展的需求（NA Jamalludin et al.，2016）。其中 Nikolai Bobylev 讨论了城市地下空间的服务功能、分类及特征，对城市地下空间的使用者进行了区分与认定，并对地下空间进行三维规划，研究了地下空间可能的功能与不同基础设施间的关系（Nikolai Bobylev，2009）。Peter Stones 等学者则指出除了常规的规划内容外，地下空间规划还应考虑发展定位以及如何实现地下与地上空间发展有效整合等规划内容（Peter Stones，Tan Yoong Heng，2016）。

2.1.2.3 国内地下空间规划研究

在国内研究方面，学者们一致认为地下空间规划是城市地下空间开发利用有序开展的重要保障（彭芳乐，2019），因此从理论到应用层面对地下空间规划展开了广泛研究。

（1）关于地下空间规划及布局设计的原则、方法，内容等的理论研究。

如束昱、余晓清（2017）等学者则对我国城市地下空间规划工作的发展历程、经验与教训、性质与任务、原则与思想、理论与方法、标准与管理等问题展开了研究（束昱等，2006；余晓清，2017）；孙艳晨，何耀淳等对城市地下空间的功能、结构、及形态进行了分析，提出了城市地下空间的布局方法（孙艳晨，2012；何耀淳，2016）；曹轶、赫磊等进行了城市地下空间需求预测研究，提出了各自的城市地下空间需求预测方法和城市地下空间需求预测模型（曹轶，2013；赫磊，2018）。这些研究为地下空间开发利用提供了科学思想与技术路线。

随着现代城市规划逐步从注重物质形态规划向多学科融合的综合科学发展，学者们也纷纷提出城市地下空间的规划应包容更广阔的层面（奚江淋，钱七虎，2005）。如童林旭以城市现代化为背景，对城市地下空间规划指标体系的构成、量化等问题进行了初步探讨，并提出城市地下空间规划指标体系的概念性框架（童林旭，2006）；魏记承，朱建明等对现代城市地下空间的规划原则、内容、方法体系等进行了研究（魏记承，2010；朱建明，2015）；朱合华按照城市不同发展阶段的需求，指出开发城市地下空间可分为市政功能需求阶段（以市政基础管线建设为主）、交通功能需求阶段（以地下轨道交通为主，辅以相关市政和防灾设施）和环境与深化需求阶段（地上、地下空间融和提升环境品质）三个阶段（朱合华，2015）；朱箐等学者基于环境心理学中的 Vischer 舒适理论，从通风系统、视觉舒适、安全感、声舒适四个方面提出了健康舒适视角下地下空间规划设计思路（朱箐等，2020）。以上这些研究进一步丰富了我国城市地下空间规划设计的相关理论。

（2）关于地下空间规划设计的实践研究。

众多学者结合具体项目，就其地下空间的具体规划设计进行了探讨。如姚文琪结合深圳市宝安区地下空间发展，对城市新中心区地下空间规划的趋势与原则、内容与重点、实施与管理等问题展开了讨论；彭芳乐等以上海虹桥商务区为例，对我国城市商务区地下空间的开发与控制进行了探讨；胡斌等结合北京城市副中心规划建设，分别从分区总体规划、分区规划 2 个层面解析了地下空间的布局、功能、指标、图则等规划内容与要求；林瑾以杭州创新创业新天地综合体为例，探讨地下综合体的立体分层布局模式；叶树峰等以广州市轨道交通为例，就轨道交通的地下空间规划及管控的发展策略展开了研究（姚文琪，2010；彭芳乐等，2011；胡斌等，2015；林瑾，2009；叶树峰等，2021）。

（3）关于地下空间规划设计的专题研究。

地下空间开发涉及面广，会受到不同因素的影响，不同性质的建筑其地下空间规划也有所不同，因此不少学者展开了关于地下空间规划的专题研究。

生态是地下空间规划时面要关注的重点，为协调地下空间开发利用与生态地质环境的关系，部分学者就就地下空间开发利用与地下生态地质环境的关系展开了研究。其中蔡向民、赵怡婷等探讨了影响城市地下空间发展的主要地质问题，提出对地下空间进行规划时应注意的生态地质要素及其影响（蔡向民等，2010；赵怡婷等，2020）；王建秀以上海为例，对不同开发深度进行地质结构分析，得到地下空间开发敏感层土层分布以及不同深度、不同区域易发地质灾害类型，进而提出地下空间规划布局的建设性建议（王建秀，2017）。

又如，轨道交通的地下空间开发也是研究的执点。其中王志刚研究了轨道交通与城市系统间的关系，探索了站城一体视角下的轨道交通枢纽地下空间发展策略；郭梦婷则结合国内外案例，对轨道交通地下空间的开发利用研究与设计进行了具体研究（王志刚，2015；郭梦婷，2016）。

此外，在专题研究中，耿耀明等学者对我国城市地下综合体的开发现状及问题进行了剖析，曹西强探讨了医学功能集聚区的地下空间开发利用规划策略。（耿耀明，2013；曹西强，2021）

总的来看，当前对地下空间规划的研究更多是从建筑设计、建筑结构工程、城市规划等角度出发，鲜有基于土地资源的立体空间属性而对地下空间土地资源进行分析研究。

2.1.3　地下空间集约利用研究

2.1.3.1　地下空间集约利用的概念和内涵

地下空间集约利用理论属于土地集约利用的研究范围，国外最早出现关于土地集约利用的研究，是用于农业土地利用过程中。土地集约利用的概念最早是由英国经济学家大卫·李嘉图等人提出，认为同量资本和劳动投入于同一块土地，使土地获得最大收益的一种农业运营方式就是"集约"。因此一直以来，土地集约利用都被看作是协调经济发展与耕地保护的依赖性选择。

从文献研究来看，现有文献多集中于从地面或地上空间去研究土地集约利用，而忽视了地下空间规划在土地集约利用中发挥的重要导向（王群等，2017）。但随着城市化进程中产生的"城市病"，地下空间的集约利用却成为解决这一问题的一剂良药。2014 年，国土资源部在颁布的《节约集约利用土地规定》中，明确鼓励"建设项目用地优化设计、分层布局，充分利用地上、地下空间"[①]。2020 年，在多地"十四五"规划中都对城市地下空间的利用发布了新的意见。

目前，不少学者就地下空间土地集约利用的概念和内涵进行探讨。如郑义认为通过地下空间的开发利用，实现用地结构与空间结构的有序组织，城市形态和功能的合理布局，进而在平面上节约减量、立面上集约增效。以三维的土地观，节约集约利用地下空间资源包含两个层面的含义：一是城市立体发展是土地节约集约利用的必然要求；二是开发地下空间资源也必须节约集约。学者们认为地下空间开发对于土地集约利用的最根本的意义在于物理集约，即在不增加土地使用面积的前提下提高单位土地面积的建筑容量。同时由于征地与拆迁成本的大幅度减少，地下空间的集约利用还可降低企业的经营成本；学者林坚等认为建设用地下空间开发视角下的开发区土地集约利用应区分初级利用和次级利用两个阶段，初级阶段以开发强度（如容积率等）为表征，次级阶段则凸显经济社会效果，以投入与产出状况体现（郑义、胡高，2016；王满银、肖瑛，2012；林坚、刘诗毅，2012）。

尽管表述不同，但学者们对地下空间集约利用的内涵认识基本一致，都认识到节约集约利用地下空间资源是城市建设用地减量化的基础（郑义、胡高，2016）。

2.1.3.2　国外地下空间集约利用研究

在地下空间的利用方面，国外的学者们意识到地下空间开发的成功需要

---

① 资料来源：中华人民共和国国土资源部《节约集约利用土地规定》。

进行政府主导的一体化的管理（Umnov.，2004；GDF Rogers et al.，2012），如 Admiraal 提出了最早用于指导南荷兰省实践的地下空间发展态势理论（Admiraal，2006）；J Zacharias（2006）提出有必要对地下空间项目进行经济效益预测，建立管理决策系统（J Zacharias，2006）。之后，Nikolai Bobylev、Per Tengborg、Robert Stur、Takayuki Kishii 等学者则分别对柏林、瑞典、日本的地下空间利用与管理进行了探讨（Nikolai Bobylev，2010；Per Tengborg，Robert Sturk，2016；Takayuki Kishii，2016）。其间不少学者还结合地下空间的普遍特性与当地的具体情况，提出了相应的地下空间功能布局模式，如芬兰学者 Ronka K 等提出了具有普遍适用形式的城市地下空间竖向功能布局模式（Ronka K 等，1998）；在地下空间利用的开发评价方面，国外学者主要围绕评价方法与模型的构建来定量评价土地集约利用状况和水平。如 Smith、Stark 和 Lambin 等，从自然因素和人为因素两个方面构建评价指标体系去开展城市土地集约利用现状评价研究；R Monnikhof 等提出将投资、内外部的安全性、对环境和居民的影响等因素均列入地下空间开发利用评价指标；Jeffreym 则常在土地集约利用评价与模拟分析中用 CA 模型与 Geomod 模型的结构及其模拟精度进行对比研究（Smith ndennise，1987；Starkr，1988；Monnikhof，1998；Jeffreym. 2005）。

2.1.3.3　国内地下空间集约利用研究概论

在国内研究方面，地下空间集约利用的研究目前包括以下三方面的研究内容：

一是地下空间集约利用的理论与实践探讨。钱七虎等提出通过地下空间的开发利用，走地下化发展的道路，实现土地的多重利用（钱七虎等，2005）；李亮通过地下空间利用分析，得出了提高城市土地集约化的城市地下空间利用的模式（李亮，2008）。同时，还有众多的学者分别以具体城市为案例，就该城市地下空间利用展开实践研究，如高忠对郑州市，潘梅霞对武汉市，王磊等对沈阳市的研究等（高忠，2015；潘梅霞，2018；王磊等，2016）。

二是地下空间集约利用的分层开发研究。地下空间的分层利用有横向分层和竖向分层之分，地下空间进行分层开发可以减少各种地下设施的相互干扰，实现地下空间的高效利用。因此，不少学者对地下空间集约利用的分层开发进行了研究。如方舟按照"开发功能、开发模式、开发深度、公共属性、综合防灾"五大属性将地下空间开发进行分类，并提出分层分类开发建议；许京琦根据中等城市地下不同层次的划分，提出不同层次各类地下设施的配置策略（方舟，2016；许京琦，2017）。

整体上，目前我国地下空间分层开发主要分为两类：①地下空间横向分层利用。当前地下空间的平面布局中主要分为点状、辐射状、脊状、网络状的平面布局形式，因此，在实际利用中可根据实际情况独立或结合运用这些平面布局形式（如表2-2所示）；②地下空间竖向分层利用。许多专家学者们结合地下空间的普遍特性与当地的具体情况，分别提出了相应的地下空间竖向利用模式（李春，2007；郁晨，2019；袁红等，2020）。其中参照前述《城市地下空间规划标准 GB/T51358—2019》，地下空间设施共分为7大类。在实际利用中，根据地下空间的不同深度，分别进行不同的空间利用（如表2-3所示）。

表2-2   不同平面布局形式的地下空间利用特点

布局模式名称	利用特点
点状地下空间平面布局	点状地下空间平面布局是最基本的地下空间布置形式。地下空间的布置基本就按照地面建筑的平面位置及功能需求进行。点状地下空间设施是城市内部空间结构的重要组成部分，在城市中发挥着巨大的作用。如各种规模的地下车库、人行道以及人防工程中的各种储存库等都是城市基础设施的重要组成部分。点状地下空间是线状地下空间与城市上部结构的连接点和集散。城市功能也具体体现在点状城市地下空间中，各种点状地下空间成为城市上部功能延伸后的最直接的承担者
辐射状地下空间平面布局	以一个大型城市地下空间为核心，通过与周围其他地下空间的连通，形成辐射状。这种形态出现在城市地下空间开发利用的初期，通过大型地下空间的开发，带动周围地块地下空间的开发利用，使局部地区地下空间形成相对完整的体系。这种形态以地铁（换乘）站、中心广场地下空间为多
脊状地下空间平面布局	以一定规模的线状地下空间为轴线，向两侧辐射，与两侧的地下空间连通，形成脊状。这种形态主要出现在城市没有地铁站的区域，或以解决静态交通为前提的地下停车系统中，其中的线状地下空间可能是地下商业街或地下停车系统中的地下车道，与两侧建筑的地下室连通，或与两侧各个停车库连通

续表

布局模式名称	利用特点
网络状地下空间平面布局	在城市某一较大区域范围内，以城市地下交通为骨架，通过各种联系方式将该区域内的大部分或全部单体地下空间和地下空间设施群连通起来，形成大规模的地下空间网络。这种形态主要出现在城市中心区等地面开发强度相对较大的地区，以大型建筑地下室、地铁（换乘）站、地下商业街以及其他地下公共空间组成，将各种地下空间按功能、地域、建设时序等有机组合起来，形成完整的地下空间系统。这种形态需要对城市地下空间进行合理规划，有序建设，因此一般出现在城市地下空间开发利用达到较高水平的地区，它有利于城市地下空间系统的形成，提高城市地下空间的利用率

表 2 - 3   地下空间集约分层利用

分层	深度	设施
浅层	0 ~ -15m	地铁、地下立交、地下环路、地下停车、地下人行道、市政管线、地下图书馆、市政综合管廊、地下工业厂房、地下居住、道路结构层、地下仓储（食油库、粮食库、冷藏库等）、地下防灾设施、地下商业、地下博物馆、地下体育场、各类建筑物基础
中层	-15 ~ -50m/ -15 ~ -30m	地铁、地下立交、地下越江隧道、地下变电站、地下仓储（油库、天然气库等）、地下物流、地下防灾设施
深层	-50m/ -30m	地下危险品库、地下特种工程等某些特殊需求和采用特殊技术的空间，主要作为远期预留和储备资源

三是土地集约利用评价指标和评价方法。土地集约利用评价是土地集约利用研究的核心内容，国内关于地下空间的集约利用评价主要涉及评价对象、评价的层次和评价的方法、内容及指标体系构建三个方面。

在评价对象方面。对于将地表、地上和地下作为一个整体来评价还是将地下空间作为单独的实体来评价，研究者们之间还存在不同看法。

在评价的层次方面。绝大部分学者都是从宏观或中观的尺度去进行评价研究，使用单块宗地或项目区域作为评价范围则较为少见（涂志华、王兴平，2012）。

在评价的方法方面。目前，关于集约利用评价方法主要包括指标标准值确定方法、权重确定方法和综合评价方法。其中指标标准值的确定方法有五种，分别是国家标准或地方标准、发展条件相似的城市现状值、依据自身发展趋势外推值、专家经验法、城市现代化指标标准值和理想化值（林雄斌、马学广，2015）。其中在指标标准值确定方法中利用潜力评价的标准是当前学术界争论的焦点，有学者建议采用世界公认土地利用最好的城市作为参照标准；有学者建议在国内寻找用地较为合理的城市为标准；还有学者建议采用绝对标准指标和相对标准指标。在指标权重确定方法，国内学者通常采用主成分分析法、层次分析法、模糊评价方法、信息熵法，也有学者利用数据包络分析和人工神经网络模型对城市土地利用效率和利用潜力进行评价（王中亚、傅利平等，2010；彭山桂、汪应宏等，2015；黎一畅、周寅康等，2006）。至于综合评价方法，多数学者均采用因素综合评分法，少数学者则应用人工神经网络判定城市土地集约度（王力、牛闳等，2007；常青、王仰麟等，2007；潘竟虎、郑凤娟等，2011；吴一洲、吴次芳等，2013）。

在评价指标体系构建方面。在2000年之前，国内在建设用地节约集约利用方面的研究较少，对于评价方法、评级指标体系等研究不够深入（魏新江、崔允亮，2016）。在进入21世纪以后相关研究才进入了比较深入的阶段，在评价指标的选取和评价指标体系的建立等方面取得了比较多的成果。在集约利用评价指标选取方面，除共性指标外，学者们会根据不同的评价对象选择相应的指标来进行评价。如彭冲等选择资金集约度、技术集约度和人口集约度作为评价指标；王业侨从建设用地利用强度、用地投入、利用效益选用评价指标；杨树海从生态效益、经济效益和社会效益选用评价指标。此外，学者们还从用地结构与布局、土地可持续利用度、人口密集度、经济活动、生态环境协调度等选用评价指标（彭冲、肖皓，2014；王业侨，2006；杨树海，2007）。

2.1.4 地下空间的产权研究

2.1.4.1 地下空间产权建设的概念和性质

（1）地下空间产权建设的概念。

城市地下空间权，是指权利人依法利用地表以下一定范围的空间并排除他人干扰的权利，即权利主体基于归属或利用的需求对城市地表下的特定范围内的空间所享有的各类权利的总称。狭义的城市地下空间权，是指民事主体依法对城市土地地表下的特定范围内的空间享有的占有、使用、收益的排他性的权利，有财产属性（邢鸿飞，2011）。国土资源部地籍管理司关于征求《城市地上地下空间土地权利设定与确权登记办法》的讨论稿中明确指出，地下空间土地权利是指以在他人土地的地下建设建筑物或其他工作物为目的而使用其空间的权利。很明显这是从使用权角度界定城市地下空间的权利范围。

《物权法》提出了土地使用权可以在地表、地上或者地下分别设立的原则性概念，此外包括上海、深圳、杭州、南京等多个城市都相继出台了有利于地下空间土地使用权单独出让的相关规定。城市地下空间资源既作为一种自然资源，也是一种"空间"，与城市地面相连而生，它的开发利用肯定会与城市地面建筑等息息相关。按照外部性理论，其定会给地面建筑产生正或负外部性的影响，不利于开发利用（邵继中、胡振宇，2017）。因此，厘清地下空间权属主体，消除因外部性带来的矛盾纠纷势在必行。

对地下空间产权理解的核心和基础是产权关系中的所有权，目前世界主要国家对土地所有权的权属规定，主要有四种情况：土地所有者拥有深达地球核心的一切权益；土地所有者拥有该处含有效利益的任何地方；土地所有者只拥有地表以下一定深度的空间；私人土地所有者几乎不存在（马栩生，2010）。

（2）地下空间产权建设的性质。

对地下空间权性质的不同认识，决定了地下空间权具有不同的主体、客体和内容，也决定了地下空间权在法律上的不同表现方式。

我国关于地下空间权的性质有以下几种看法：第一，不动产财产说。此观点认为，地下空间权是一种财产权，其权利性质既包含物权性质，也包含债权性质。第二，不动产物权说。此观点认为，地下空间权由于仅具有物权性质和不可移动的特性，因此属于不动产物权范畴。第三，用益物权说。此观点认为，地下空间权主要是指地下空间使用权，地下空间所有权并不包含其中，在性质上应属于用益物权的范畴。第四，土地发展权说。地下空间权是从所有权中分离出来的，对所有权的分割。有学者认为土地发展权是对土地在利用上进行再发展的权利，它是从土地所有权中分离出来并且具有独立性和可移转性的财产权（薛林、黄秋艳，2011）。但也有学者认为，土地发展权因国家管制权的行使而成为独立于土地所有权的权利，它可以构成对土地所有权的限制（陈柏锋，2012）。

虽然目前我国没有规定发展权，但其实质上是存在的。城乡规划、土地规划等各级规划实质是基于土地发展权的空间管制，空间管制是土地发展权在空间上的分配（林坚、许超诣，2014）。对城市地下空间的开发，发展权属于国家，学术界观点分歧不大。如果涉及农村集体土地下的地下空间开发，则对其发展权归属问题，国内学者有 3 种观点，分别是为：为国家所有、私人所有以及为公私兼顾论（沈守愚，1998；杨明洪、刘永湘，2003；黄祖辉、汪晖，2002；李长健、伍文辉，2006；周建春，2007；刘国臻，2007）。

关于空间权能否作为一项独立的物权类型，从地下空间权性质定义来看，大陆法系国家将空间权作为土地权的一种延伸；而在普通法系国家，认为空间是独立于土地存在的有独立经济价值的物，是一种独立的用益物权，并不是地上权的延伸（王利明，2001）。这里的权利客体是空间而不是土地，权力源是空间所有权。

对于空间权能否作为一项独立的用益物权，国内学者就此有空间权独立说、空间权否定说和综合权利说三种观点（梁慧星，1998；徐生钰，2009）。我国《物权法》目前虽然并没有将空间权作为一项独立的用益物权，而是将空间权利依附于土地权利之中，但是就空间权到底能不能作为一项独立的用益物权，学术界仍存在争论。所以，空间权性质不明确暴露了目前我国地下空间产权不清晰的问题。

2.1.4.2　国外地下空间产权研究

国外在进行地下空间产权建设的过程中，随着绝对土地所有权理论与社会公共利益之间矛盾的不断加剧，许多私有制国家开始对土地所有者的绝对权利作出限制，绝对土地所有权理论代之以相对土地所有权理论，如日本、德国等。因此，土地的个人独有与社会共有之间的矛盾得以缓和，为城市大规模的立体开发奠定了基础。现有文献与地下空间相关的所有权的法律框架存在一些分歧。在意大利，民法典规范了地下空间产权，只要不损害他人的财产，法律允许土地所有者对地下进行任何形式的开发利用；在土耳其、瑞典和芬兰，财产所有权范围触及地心，立法没有限制垂直维度的产权；在荷兰，土地所有权范围触及地心，但在使用上受到限制（如矿产资源的利用）；在澳大利亚，不同区域对地下空间权利范围存在不同解释（如维多利亚州对土地所有权有深度限制），其立法者曾提出地表土地所有者只应该拥有地下空间实际必要的深度；在日本，土地所有权的范围从以前的"上达天宇、下及地心"演变为限于利益存在的范围，也有学者提倡以支配可能性为界（于明明、李磊，2019）。

2.1.4.3　国内地下空间产权

在中国，地下空间的产权建设一直都是地下空间开发建设中的难点和痛点。回顾国内地下空间近年来的发展新趋势可以发现，为适应市场多元化的需求，地下空间产权模式变得更加灵活，地上、地下空间产权分离甚至使用权分离的项目类型也不断涌现（曹天邦等，2018）。空间权理论从绝对的土地所有权理论正在向相对的土地所有权理论方向演变，学者对于产权的意见各不相同，目前仍然存在众多的矛盾和问题。

我国城市地下空间立法相关矛盾和问题聚焦于对空间权利的认识，涉及空间所有权和空间利用权两个方面：一方面，我国空间所有权权利体系不够完整，地下空间开发利用在"国家所有的土地"上进行，物权法并未涉及农村集体所有土地的地下空间开发利用及其限度；另一方面，空间尚未成为独立的物权客体，空间权利包含在土地权利之中，城市地下空间只是土地向下的延伸，实践中出现大量地下空间建筑物、构筑物及其附属设施，而空间利用权客体范围却界定模糊。如王利明等认为空间权是一种新型的财产权利，空间权可以与建设用地使用权相分离，成为一项独立的"权"。土地所有权与建设用地使用权发生分离之时并不意味着空间权完全归属于建设用地使用权的内容，土地所有权人也仍然在一定范围内享有对空间利用的权利（魏秀玲，2011，王利明，2007）。

此外，对地下空间使用权的研究中，部分学者运用经济学原理和土地估价方法，开展城市地下空间权价格评估研究（唐逸华，2015）。

随着地下空间重要度不断提升，地下空间的公共活动承载量、人性化设计要求、景观环境需求及建设标准不断提高，地下空间一体化开发的需求变得十分强烈，但是开发过程中涉及的产权问题往往成为这类项目的最大障碍。为了有效规避因产权问题带来的地下空间建设方面的问题，就需要在开发之初的宏观规划层面对产权模式进行研究和分区引导（于明明、李磊，2021）。同时，还需要对现行地下空间的法规进行完善。如徐生钰对中国城市地古空间立法现状进行了分析，指出当前存在法规缺失、法规冲突及法律效力低等问题，建议对现有地下空间法规进行修改、补充和完善（徐生钰，2012）。

除了以上 3 个方面的研究外，学者们还对地下空间的其他主题进行了研究，如部分学者对地下空间未来的发展进行了探讨，奚江琳提出未来中国城市地下空间开发利用的现实选择就是走全面系统的地下空间开发，陈旭东指出大型的地下综合体应该是未来在市地下空间开发利用的主要方向（奚江琳，2005；陈旭东，2015）。

2.2　地下空间集约利用理论构建

2.2.1　相关概念

2.2.1.1　综合交通枢纽与地下空间

（1）综合交通枢纽。

衔接某一交通运输网络中的两条及两条以上线路，或连接多种交通运输网络的交通节点叫作交通枢纽。交通枢纽的主要职能是组织客流（货物以及信息流）运输、转载、装卸和存储等。其中，仅拥有一种交通运输方式的枢纽叫作单一方式交通枢纽，而由两种及两种以上运输方式结合在一起枢纽叫作综合交通枢纽。

城市中的综合交通枢纽一般是城市交通的重要节点，对市内交通实现换乘，对市外交通进行连接，整合了城市中铁路、飞机、地铁、公交、长途、出租和私家车等主要交通设施。根据枢纽重要程度、交通方式、功能空间、布置形式以及布设位置等不同分类标准，枢纽存在不同的分类情况（刘君武，2015）。在城市中，综合交通枢纽占有重要地位，它是整个交通运输网络中的重要节点，对今后城市交通的规划发展有指导性意义。由于枢纽将各种不同的交通方式汇集起来，通过合理的功能布局与流线组织使它们有机结合，形成一个相互关联的整体。因此，对枢纽交通进行分析时，不应进行单一、独立的交通功能分析，而应从整体角度考虑，着重分析各个交通功能的衔接与过渡方。

（2）城市地下空间。

关于城市地下空间的定义各有不同。一般来说，广义地下空间是根据介质的不同，从资源开发利用的角度来定义，即"相对于以空气为介质的地面以上空间即地上空间而言，将以岩土和地下水为介质的地面以下空间定义为地下空间"。狭义的地下空间则是根据"实体"和"空间"的差别，从工程应用的角度出发来定义的（童林旭、祝文君，2009）。众所周知，地球表面以下是一层平均厚度约 33 千米的岩石圈，岩层表面风化为土壤，形成不同厚度的土层，覆盖着陆地的大部分。岩层和土层在自然状态下一般都是实体，在外部条件作用下才能形成空间。因此，"狭义地下空间"的定义可理解为"在地球表面以下的土层或岩层中，天然形成或经由人工开发而形成的空间"。本书的研究是以扩展城市容量，提高城市效率为目的，通过人在空间里的各项活动而实现的，属于狭义上的地下空间。

（3）综合交通枢纽地下空间。

随着我国城市化进程进入快速增长阶段，城市空间规模不断扩大，土地资源日益紧张，城市的空间形态已由纯粹的水平式拓展转为立体综合式发展。这种以调整、配置、组合为基本特征的立体式开发，引导了城市建设由外延转向内涵的发展（童林旭、祝文君，2009）。同时，城市交通系统也由传统的地面运输转向地面、地下、空中等多种模式发展。在功能上表现为复合化，在空间布局上追求立体综合的集约化，在交通组织上趋向各个层次贯通和有机串联。交通枢纽作为城市的交流界面、城市的节点，与城市地下空间的综合开发利用已成为现代城市发展的必然趋势。

2.2.1.2　地下空间集约利用的特点

（1）综合交通枢纽工程地下空间集约利用概念。

集约用地是在同一用途内主要通过各种投入（资本、技术、管理等）的增加提高强度或产出的一种土地利用方式。节约用地是指在各行业各用途竞争性使用土地空间的过程中，一种用途的土地利用对其他用途土地的少用或少占，一般指二维平面空间内的土地合理利用规模的问题，主要是通过测算各种用地指标进行控制的一种土地合理利用方式，也是表达不同土地用途间相互关系的一种土地利用方式（郑新奇，2014）。集约用地本身可以达到节约用地之目的，节约是目的，集约是手段。

城市地下空间节约集约利用指"以符合有关法规、政策、规划为导向，通过增加对城市地下空间的开发投入，不断提高城市地下空间利用效率和经济效益的一种开发经营模式，以减少对地面空间的占用或地下战略性资源的滥用"。从广义层面来理解，集约利用应涵盖 3 方面：综合效益最大化；开发区内部土地与区际土地利用结构优化；土地利用率和单位面积的土地投入产出率最大化。

综合交通枢纽工程地下空间集约就是强调交通枢纽工程设计过程中对地下地上各功能要素以及空间规模的高度集聚，实现地下空间与城市系统密切关联，并有效提升城市地下空间安全舒适性品质。

（2）综合交通枢纽工程地下空间集约利用特点。

①空间的立体性。综合交通枢纽工程地下空间的集约利用既包括地上单位面积土地利用效益，又包括地下单位面积土地空间的合理利用，使地上与地下的土地各功能要素得到最大限度的集聚，具有空间立体性的特点。本书开展地下空间集约评价时，既选取了地面涉及指标，又选取了地下两关指标，摆脱了研究土地集约评价时的空间维度问题，提高了研究的综合性和精确性。

②功能的综合性。城市综合交通枢纽工程与城市发展息息相关，而综合交通枢纽工程地下空间集约利用涉及到交通、商业、办公、生态、地质安全等功能为主的综合功能系统。本书在进行地下空间集约评价时，注重功能的综合性，涉及经济、社会、地面空间利用、地下空间利用、地质稳定性等众多因素，与传统的地面土地集约利用理念及方法相较有了极大的改进，使评价更具有合理性和可行性。

③区域的辐射性。综合交通枢纽工程的建设除占有固有土地外，对于城

市周边区域的发展具有辐射性和带动性，其地下空间的集约利用直接影响到周边区域的商业发展和交通便捷性。本书在研究集约评价时，摆脱了传统区域范围的限定，将对周边区域的辐射带动效应也作为评价的内容，具有一定的前瞻性。

2.2.2　地下空间集约利用理论基础

2.2.2.1　以"田园城市"为代表的城市空间集约化发展理论

面对现代城市发展中产生的各种问题以及传统城市空间与现代城市各方面发展需求产生的各种矛盾，许多国家的建筑师、城市规划师、理论家和政府进行了积极的探索和实践，以期找到一种适合现代城市发展的新型城市发展模式和解决城市问题的方法。1898 年，霍华德提出了"田园城市"的理论。他指出在工业化条件下，城市与适宜的居住条件之间的矛盾就是大城市与自然隔离而产生的矛盾。他认为城市无限制发展与城市土地投机是资本主义城市灾难的根源。他还指出"城市应该与乡村结合"。此外，他还作出了一个"田园城市"的规划图解方案以阐述其理论。他把城市当作一个整体进行研究，对人口密度、城市经济、城市绿化的重要性等问题都提出了见解（埃比尼泽·霍华德，2009）。虽然受当时历史的局限，霍华德对现代城市规划的研究还没有形成系统化的理论体系，但是他的理论比以往"乌托邦"城市等空想又有很大进步，对现代城市规划学科的建立起到了重要作用，并直接孕育了英国现代卫星城镇的理论。

这一理论在促进城市空间集约化发展方面具有很大的启蒙意义。它强调将城市与乡村结合，并采用环形和放射状的交通系统，将各级别的城市空间联系成一个整体，这既体现出城市功能空间的集聚特点，又体现出城市整体有机协调的特点。他所强调的田园生态空间，体现出城市空间发展与环境相协调的特点。霍华德以及其后的追随者所进行的各种理论研究，在一定程度上缓解了大城市人口迅速增加、空间规模急剧膨胀所带来的矛盾（孙施文，2011）。

这一阶段，人们主要是试图通过如同细胞分裂式的空间分离方法来减小大城市的人口密度和空间规模，控制城市空间的迅速无序蔓延。但是，这种城市空间发展模式仍是平面化的，城市内部的空间形态和组织结构并没有发生重大变革。这种方法只能取得短期效益，无法解决城市空间紧缺与城市发展用地有限的本质性矛盾，因而不能从根本上解决现代城市空间发展存在的各种问题。

2.2.2.2 以"紧凑城市"为代表的城市空间集约化发展理论

紧凑城市的定义为：城市布局紧凑、功能混合，形成网络形街道，并具有良好的公共交通设施、高质量的环境控制和城市管理。其手段包括：促进城市的重新发展、再生或复兴；保护农业用地，限制农村地区的大量开发；更高的城市密度；功能混合的用地布局；优先发展公共交通，并在其节点处集中城市开发等（徐新、范明林，2010）。

紧凑城市的设计原则特点为：控制城市发展，反对城市蔓延；实现土地功能的混合使用；提倡公共交通，限制小汽车；合理利用资源和基础设施；创造适于步行的邻里空间；政策制度与法律法规保障。

目前，我国正处于快速城市化的进程中，各种类型的城市与城镇的建设规模、人口规模、经济水平都面临着空前快速的发展，各项城市建设如火如荼。而与此同时，土地消耗问题、能源问题、生态环境问题和社会问题也时刻困扰着我们。在近 10 多年时间里，西方的紧凑城市理论已经取得了丰硕的成果，并正在进行更深层次的研究。因此，在现阶段，将紧凑城市这一理念引入我国城市空间发展研究领域，从而指导我国的城市设计和城市运营是我们迫切需要的。他山之石，可以攻玉，借鉴这一西方的先进理念，结合我国实际国情，是实现城市集约化可持续发展的有效途径（姜小蕾，2011）。

2.2.2.3 以"立体城市"为代表的城市空间集约化发展理论

城市空间的立体化开发已被证明是克服目前城市矛盾、改善城市环境、改进城市面貌的一种有效途径。立体化开发，意味着在水平和垂直两个方向上发展，在垂直方向上又包括向高空和向地下发展两个方面。国外又将空间立体化发展称为"三维化发展"（赵慧敏，2017）。城市空间立体化发展集中体现在以下几个方面：

城市中心区空间的高强度立体化开发城市中心区是各种矛盾最集中的地

区，因而常常成为城市更新和改造的起点和重点。立体化开发目的是防止中心区的衰退，提高城市空间环境质量。中心区城市空间的立体开发可以从多方面着手进行，包括以交通改造为动机和结合点，使中心区交通立体化，在地面上最大限度地实现步行化，开发大面积地下空间；向高空争取空间；有计划地向地下拓展空间。

城市广场空间的立体化开发。城市广场是由城市中的建筑物，道路或绿化带围合而成的开放空间，是城市居民社会活动的中心，也是城市公共空间系统中的重要组成部分。广场能够体现城市的历史风貌、艺术形象和时代特色，有的甚至能成为城市的标志象征。广场的再开发存在平面拓展和空间立体化两种方式。

城市主要街道的立体化开发。城市的街道是由道路和两侧建筑物形成的开敞空间，也是城市空间系统的重要组成部分。历史上形成的旧街道，一般只能与当时的交通状况和技术水平相适应，无法完全满足城市快速发展后的新需求，因此需要适当的改造直至全面的再开发。在传统的街道空间再开发方法中，拓宽道路是最简单的方法，但要付出拆迁两侧建筑物和破坏传统街景的代价；人车分流也只是权宜之计，会加速周边购物环境的恶化，使原有的商业街变成"半壁街"。相比之下，街道空间的立体化开发是一个有效途径，它主要包括：通过交通立体化实现人车分流、创造立体步行空间，并开发地下商业空间。

城市巨型综合体建筑中的公共空间创造。城市巨型综合体，是近年来发展起来的一种新的建筑类型，它把商业和其他功能的城市空间综合成一体，是城市空间垂直发展的一种类型。城市巨型综合体的出现基于混合区理论，这是现有分区规划方法无视人们生活现实情况的有力修正，是由城市生活多样化功能选择的城市空间的立体复合开发（范炜，1999）。

2.2.3　地下空间集约利用发展趋势

2.2.3.1　地下空间开发受城市问题导向

从国外地下空间发展过程看，地下空间的开发从刚开始就与缓解交通、旧城再开发、环境保护、克服气候限制等城市问题相关。如日本进行地下空间开发的驱动力除了地铁客流的吸引外，还受到土地升值导致地面城市开发成本大的影响，通过地下空间的开发能来缓解地面的土地紧张问题（任彧、刘荣，2017）；蒙特利尔地下空间开发最初原因是出于城市的恶劣气候考虑，同时希望利用地下步行系统为地面商业设施带来大量客流；而欧洲国家地下空间则主要集中在市中心更新区域，主要为地下轨道交通站点与城市功能整合的大型综合体模式发展（石晓冬，2001）。

2.2.3.2 地下空间功能趋向综合开发

根据国外各发达城市的地下空间发展过程经验来看，地下空间的利用总体趋于多样化、综合化，从单一地铁建设逐步发展为不同规模地下综合体，再到地下城。可以看出，城市综合交通站点地下空间的开发不仅是以实现站点地区交通主体的换乘、转接功能为单一目标，而是发展为地下综合交通系统、地下步行系统、地下高速路系统等交通设施以及商业或其他功能相结合的综合性系统开发。在改善交通的同时，又提高了城市经济效益，改善了生态环境，从而取得城市综合效益目标。同时综合化还表现在地上、地下空间功能高度整合，协调发展（蔡庚洋、姚建华，2009）。

2.2.3.3 地下空间布局趋向点-线-面扩张

国外站点地区地下空间从分散、单一的地铁站点地下延伸的简单利用开始（点状分布），沿交通轴线，通过地下通道和将相邻站点的各个地下空间连通，从而形成带状的贯通式地下空间模式（线状形成）（Sun，K Chul，2012）。然后通过综合交通线网放射到城市各个地区地下空间，整合站点地区其他城市机能，其上部空间功能与结构全面向地下扩展，形成复杂的地下空间网络，对整个城市发展进行影响（面状扩张）。

2.2.3.4 城市交通趋向地上地下协同发展

国外城市公共交通系统的发展使各种交通方式逐渐打破了其在各自范围内孤立发展的格局，转变成为各种交通工具既有分工又有合作的主动协作模式。城市综合交通系统作为城市客运的主干与其他方式的城市交通系统的整合采用先进的换乘衔接和立体式的交通组织，保证站点地区各种交通方式的有效衔接，优化各交通方式的换乘，提高地区的可达性，大大提高了客流的出行效率（王珊、杨洁如、王进，2011）。

2.2.3.5　地下空间环境设计趋向人性化

以人为本是经济社会发展的价值取向。随着技术的进步和经济的增强，地下空间规划设计展示出更多的人文精神。各种地下空间开发活动总是通过各种技术或艺术手段的处理，来淡化地下空间与地面空间或地下空间之间的隔离和界限，克服地下空间带来的孤独感、压抑感，重视人在地下空间活动的舒适性、整体的空间内部形象和能源的节约（唐群峰、欧景雯，2012）。

2.3　综合交通枢纽地下空间利用案例借鉴

2.3.1　北京南站

2.3.1.1　概况①

北京南站于 2008 年 8 月 1 日正式开通运营，是目前全世界最大火车站，世界客流量第 3 的客运火车站，有"亚洲第一火车站"之称，同时也是我国城市铁路建设的典型代表，其功能结构和空间形态代表了我国城市铁路客运枢纽的建设进程和水平。

北京南站（原名为永定门火车站）位于北京市崇文区永定门外车站路。占地面积 50 万平方米，建筑面积 42 万平方米，主站房面积 31 万平方米，分为建筑地上 2 层和地下 3 层，主要建设内容包括铁路综合站房、地下汽车库、站房南北侧独立综合楼、高架环形桥和构成站房整体屋面的站台雨棚。从区域定位来看，北京南站既是北京市的南门入口，又是京津城际、京沪高铁的起点，是我国高标准现代化的大型综合交通枢纽。作为大型的综合交通枢纽，北京南站站台轨道层共设 24 条到发线，13 座站台，3 个客运车场。其中从北往南依次为：普速车场设到发线 5 条，3 座站台，客运专线车场设

---

① 资料来源：http://baike.baidu.com/item/北京南站/5908768? fr=aladdin。

到发线 12 条，6 座站台；城际铁路车场设到发线 7 条，4 座站台，承担着京津城际客运专线、京沪高速铁路及普速铁路的始发终到业务。同时将北京地铁 4 号线和 14 号线及多条公交线路、出租车、私家车、社会车等多种交通方式引入车站建筑。按规划，到 2030 年，北京南站日发送量将达到 28.7 万人次。

2.3.1.2　设计布局

（1）地上两层。

高架层为候车区，已被投入使用。现行开放的南站进站主要是从南进口方向、东进口和西进口方向，其中南进口设立在北京南站的主门（地面层进口），主要承接来自公交客运的旅行乘客，从进站口的左侧电梯升入到高架层，经过安检后正式进入高架层的候车区；东西进口主要承接来自东南、东北、西南、西北方向的环形出租汽车的乘客进站，这样候车区就主要集中在了高架层的广阔区域内。候车区按照贵宾区、一等座区、二等座区的级别按照对称形式从南向北排列。

在高架层候车区的旅客通过下降式电梯，经过自动和人工检票窗口后，直接进入到地下 1 层的换乘大厅，在这里登入相应的班次列车，即可坐上由北京前往各地的列车，见图 2－1。

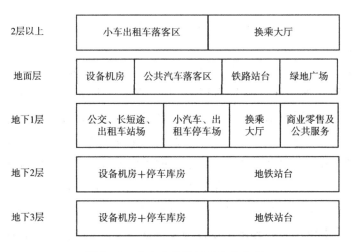

2层以上	小车出租车落客区		换乘大厅	
地面层	设备机房	公共汽车落客区	铁路站台	绿地广场
地下1层	公交、长短途、出租车站场	小汽车、出租车停车场	换乘大厅	商业零售及公共服务
地下2层	设备机房+停车库房		地铁站台	
地下3层	设备机房+停车库房		地铁站台	

图 2－1　北京南站楼层结构分布图

（2）地下 1 层。

地下 1 层分为中央换乘大厅和两侧设备用房。国铁与地铁换乘及 2 条地铁共用的站厅布置在换乘大厅的中央部位，为方便自地铁到达车站的旅客能够快速进站，在东侧设置了快速进站厅。中央换乘大厅南北端在同一标高同市政公交车场相连。

地下 1 层是主要的出站区，来自不同地区班次的列车进站后主要停靠在地下 1 层，进站的旅客有多种选择，一是继续下降到地下 2 层乘坐地铁 4 号线和 3 层乘坐地铁 14 号线；二是向北前往下沉广场，乘坐此处停靠的公交车和出租车；三是向南出站，通过地下隧道出站口前往南站公交站场，乘坐相应的公交车。

（3）地下 2、3 层。

地下 2、3 层主要设置了 4 号线、14 号线的站台，乘客可乘坐电梯来到地上一层出站或是直接坐到高架候车区候车。这一层的流线较简单，在此也不加以赘述。地铁 4 号线和 14 号线的运营使得进出北京南站的旅客可选乘地铁，不用出车站就可实现换乘，大大减轻了南站周边的地面交通压力。

在北京南站，内部层与层之间实现换乘的主要设备就是上升和下降电梯，非常方便旅客行走，同时在线路选择上，进站与出站路线实现了空间的错移。

2.3.1.3　功能组成

北京南站以城市交通功能为主，是京津城际铁路以及京沪高速铁路的起点站，是集普通铁路、城市轨道交通与公交出租等市政交通设施于一体的大型综合交通枢纽站。

（1）交通功能。

北京南站交通系统总共 5 层，由地上 2 层、地下 3 层以及高架环形车道组成。各层之间通过垂直交通实现城市不同交通方式的换乘，每个站台上都有多部直梯和扶梯，这些电梯将候车大厅，站台层和地下换乘大厅连接为一体。北京南站站内共设有 111 部电梯，旅客可以通过这些设施无障碍地进出站和到达车站的各个服务区域。环绕车站自身设置高架环形车道，主要供出租车和社会车辆通行，旅客进站可直接进入高架候车大厅；地面层主要通行公交车辆以及旅客进站；地下 1 层是换乘大厅、停车场以及旅客出站系统，并且预留了与城市铁路连接的车站；北京南站公交车站紧邻站房南北侧，北侧建成下沉式广场，设有公交车始发站和出租车停靠站，南广场设有公交停靠站；地下 2 层是北京地铁 4 号线，地下 3 层是北京地铁 14 号线。

（2）商业功能。

北京南站的商业实施主要布置在换乘大厅和高架候车厅内，特别是地下 1 层的换乘大厅内，布置了大量的餐饮店。根据不完全统计，北京南站的商业设施品类有地方特产、日常百货、便捷餐厅等，数量高达 200 家，汇集了必胜客、肯德基等大量连锁品牌门店以及书店、零售等商业设施，为出行旅客提供了便利的候车需求。同时，南站在换乘层设置了多部电梯分别连接地铁层和高铁候车层，为旅客提供了便利的交通流线（韩建丽，2016）。

（3）广场功能。

北京南站的广场空间主要位于车站北侧的北广场、高架层的候车大厅和位于地下 1 层的换乘大厅。其中北广场是城市公交、出租车等城市交通到达北京南站以及进入车站的主要场所，换乘大厅是北京南站和城市地铁两种方式的换乘空间，高架候车厅中央为候车席，约有 5000 个座位，可容纳万余名旅客同时候车。

广场空间中的地下 1 层椭圆形换乘大厅，沿中轴线分开，中间部分则是商店，可供旅客候车时购物；广场空间中的换乘区和高架候车厅均设有人工和自助售票系统，其中高架候车厅四个角，各有一个上下两层的售票办公楼，可进行人工售票，旁边的自动售票系统还设有专供站台票销售的机器。旅客可以从高架候车大厅相应检票通道下楼进入站台，也可以从地下换乘层快速进站通道上楼，进入相应站台乘车。

2.3.1.4　地下空间利用

地下 1 层分为中央换乘大厅和两侧汽车库及设备用房。国铁与地铁换乘及 2 条地铁共用的站厅布置在换乘大厅的中央部位，为方便自地铁到达车站的旅客能够快速进站，在东侧设置了快速进站厅。中央换乘大厅南北端在同一标高同市政公交车场相连。地下 2、3 层分别为北京地铁 4 号线和 14 号线的站台层，4 号线与 14 号线之间设有楼梯，可以直接台对台换乘。

地下空间的利用对于城市交通的流畅衔接发挥着至关重要的作用。坚持以人为本，尽量减少旅客走行距离为原则，北京南站采取了多层面、多方向及多种交通方式的立体交通换乘体系。如何让每天数十万的客流在车站内轻松流转是站房内部功能流线设计的重点之一。北京南站竖向分为地上 2 层、地下 3 层。地上部分分别为高架层和地面层，地下层为换乘大厅和双层汽车库，地下 2、3 层分别为北京地铁 4 号线和 14 号线的站台层。进出车站车流分别可以从 4 层面、6 个方向上与市区骨干路网衔接。其中，出租车和社会车进站通过高架环形桥直接到达高架进站层，公交车可通过地面层南北两个出入口处落客，在地下公交车场接客的出租车和社会车从地下层停车场可分别从 4 个方向驶入城市道路体系。

各种交通方式之间换乘距离的长短也是衡量车站疏解能力的众多指标中的核心。北京南站通过对地下空间的利用使换乘的距离变得合理化。北京南站设计时将地铁 4 号线及 14 号线从原始规划站位调整到客站的正下方，地下 1 层中央区域为各种交通方式的主要换乘空间，换乘区的中心为地铁 4 号线、14 号线的付费区，公交车车场与站房南北侧地面层及地下一层处直接相连站房东西两侧的地下车库，可以方便出租车、私家车的旅客换乘。在这里，旅客不出站房就可以完成与各种交通方式的换乘行为，实现了各种交通方式的"零距离"换乘。

2.3.2　上海虹桥

2.3.2.1　概况

上海虹桥枢纽位于上海中心城区西部，范围东起外环线、西至华翔路、北起北翟路、南至沪青平公路，规划区域面积约 26.26 平方公里，是集机场、铁路、磁浮、地铁、出租、公交等一系列城市对内、对外交通服务功能一体化的综合性客运交通枢纽，可实现跨区域、大范围人流物流的快速集散。2019 年虹桥枢纽总客流量达 4.2 亿人次，日均客流 116 万人次，其中，对外交通客流 51 万人次，铁路、航空和长途汽车分别为 38 万人次、12 万人次和 1 万人次，是目前国内乃至世界最大的综合交通枢纽之一（曹嘉明等，2010）。

2.3.2.2 设计布局

虹桥枢纽地面主体建筑总建筑面积约为 150 万平方米，自西向东依次布置西交通广场、高铁车站、磁悬浮车站、东交通广场和 2 号航站楼，高铁轨道、磁悬浮轨道和机场跑道南北向布置，穿插其间。枢纽地下则依次分布着各场站的站台空间和进入枢纽的 5 条城市轨道交通线路。

上海虹桥综合交通枢纽建筑体竖向层面布置见图 2 - 2，在东交通中心集中设置公交巴士东站及候车大厅，服务于机场与磁浮的到达旅客。在公交巴士站南北两侧分设单元式社会停车库，服务于机场与磁浮（缪宇宁，2010）。

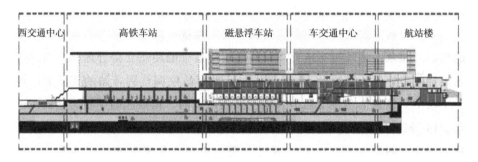

| 西交通中心 | 高铁车站 | 磁悬浮车站 | 车交通中心 | 航站楼 |

图 2 - 2　上海虹桥综合交通枢纽建筑体竖向层面布置

资料来源：缪宇宁，2010

此外，紧邻枢纽西侧还建设有虹桥商务区。商务区核心区占地约 3.70 平方公里，地上开发以商业金融、商务办公、行政办公等功能为主，地下开发以商业、公共服务、停车等功能为主，整个核心区地下空间开发面积达 260 万平方米。

（1）西交通中心。

西交通中心位于虹桥枢纽的西端，总用地面积约 1275 万平方米。广场以未来虹桥枢纽中轴线和轴线大道中心线为中心，呈南北向对称布置。在广场布置中充分考虑综合利用市政道路下地下空间，结合广场空间，合理布置社会车辆停车库和长途客运枢纽站。构筑物均结合广场半地下地形合理布置，顶部均不超过高速铁路站台标高。

西交通中心车库总建筑面积约 154 万平方米，共提供社会车辆停车位约 3028 个。长途客运枢纽站占地面积约为 12 万平方米，建筑面积约 7190 平方米，提供 20 个长途巴士上下客车位，10 个长途蓄车位，30 个巴士上下客车位及 134 个地面巴士停车位。

（2）地铁站。

地铁虹桥西站沿规划中轴线东西向布置，范围包括自磁浮西站厅的西边墙至 SN 路地下所有的轨道交通及其附属部分，在地下串连起西交通中心、高铁、磁悬浮车站，在地下 1 层形成各种交通工具的大换乘。车站西侧 300 米为车站地下明挖区间部分，结合上部绿地建设一并考虑，在地下 2 层引入轨道交通 2 号线、10 号线、青浦线，沿轴线大道呈东西向布置贯穿整个枢纽，5 号线、17 号线平行于 SM 路成南北向布置在铁路站房西站厅正下方。5 线共站实现轨道交通线相互之间的换乘及轨道交通线与其他地面交通工具的换乘。

地铁虹桥东站距离虹桥机场现有跑道西侧约 1350 米，位于同步建设的西航站楼与磁悬浮车站之间。地下 1 层为大通道并兼作轨道交通车站的站厅层，地下 2 层为 2 号线、10 号线的站台层，2 号线、10 号线平行呈东西向布置。地铁站位于上海虹桥站西侧地下层，旅客乘坐上海轨道交通 2 号线、上海轨道交通 10 号线、上海轨道交通 17 号线到达该站后，出了地铁站即为地下 1 层，坐自动扶梯可达地上 2 层的候车大厅进行购票候车。

（3）磁浮虹桥站。

磁浮虹桥站是我国首个大型磁浮客运站，位于高铁车站和东交通中心之间，站场规模 10 台 10 线，站型为通过式。站台长度 220 米，宽度 10 米成南北向布置。在高架出发层和地下通道层设置进站的客流，在夹层设置出站客流，实现磁浮轨道交通线与各类其他交通方式的换乘。

（4）机场。

在既有的虹桥机场跑道的西侧建设第 2 跑道及辅助航站楼，整个机场用地约占 7.47 平方公里。2020 年机场的旅客吞吐量规模约为 4000 万人次/年（日均为 12 万人次）。

（5）公交站。

虹桥枢纽东交通中心、虹桥机场 2 号航站楼和虹桥枢纽西交通中心均设置公交站。旅客可通过上海虹桥站与上海虹桥国际机场 2 号航站楼之间的联络通道或轨道交通 2 号线，到达第 2 航站楼前的公交枢纽站搭乘公交车。

（6）停车场。

车站停车库共分为地下 3 层，从上到下分别 BM1、BM2、B1，每层 1 圈四周为主通道，主通道与火车站到达通道相通，3 层间上下连通的通道设在中间。

2.3.2.3 功能布局

上海虹桥综合交通枢纽地区功能定位为以上海西部具有区域服务职能的综合交通枢纽核心，形成面向"长三角"的现代服务业中心（缪宇宁，2010）。

（1）功能特点。

作为综合交通枢纽，上海虹桥综合交通枢纽在功能上体现为以下五个特点：

①服务型交通枢纽。上海虹桥综合交通枢纽是服务长三角、服务长江流域、服务全国的交通枢纽，是建设上海四个中心的又一重大骨干工程。

②综合性交通枢纽。上海虹桥综合交通枢纽是多方式综合设置，形成内外交通紧密衔接、不同交通方式的集中换乘、国际一流的现代化大型综合交通枢纽。

③超大型交通枢纽。上海虹桥综合交通枢纽是独特的陆空联运枢纽，包括国内航空联运和国内铁路联运。

④高能级交通枢纽。上海虹桥综合交通枢纽是长三角地区人流、物流、信息流等的汇集地，具有重要经济、地理区位能级，对上海空间发展战略影响甚远。

（2）各层面功能。

虹桥枢纽综合体具体层面如下（见图 2 - 3）：

地上 2 层：高程 17.3 米，为铁路、磁浮进站厅（含机场）、高架车道边、公共通廊层；

地上夹层：高程 11.75 米，为磁浮到达换乘班机的廊道层；

地面层：高铁轨顶高程 6.1 米，站台高程 7.35 米，磁浮轨顶高程 7.15 米，磁浮站台高程 7.9 米，航站楼地面高程 5.0 米；

地下夹层：绝对标高 2.4 米，为西交通广场夹层中，高铁出站客流换乘长途巴士的交通转换层；

地下 1 层：高程 −4.2 米，为到达换乘通道层；是铁路、磁浮出站通道、轨道交通站厅、公共通廊层；

地下 2 层：高程 −12.14 米，为地铁 2 号线、10 号线、青浦线站台层；

地下 3 层：高程 −19.17 米，为地铁轨道 5 号线、17 号线站台层。

其中在 17.3 米层、11.75 米层和负 4.2 米层设置了枢纽重要换乘通道。

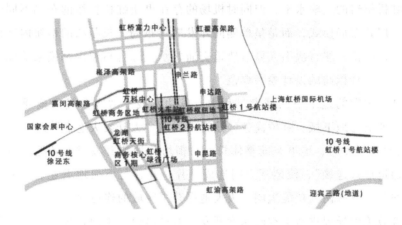

图 2 −3　上海虹桥枢纽功能示意图

资料来源：赵毅等.2018

2.3.2.4　地下空间利用

（1）利用情况。

地下空间资源作为上海城市发展的重要资源在虹桥综合交通枢纽的开发建设过程中得到了充分地利用。

目前虹桥交通枢纽核心体总建筑面积约 100 万平方米，其中地下空间面积超过 50 万平方米，是当今国内乃至世界上规模最大的地下空间综合体。其中主体建筑地下共分为 3 层，地下 1 层为各场站的换乘大厅，是地面交通与地下交通转换的主要功能层；地下 2 层为各条地铁线路；地下 3 层为地铁线路交汇节点的局部换乘空间。轨道交通进入枢纽的线路为 2 号线、10 号线、17 号线、5 号线及青浦线，其中 2 号线与 10 号线由东向西在地下 2 层横穿枢纽核心区，17 号线与 5 号线南北向在地下 3 层交于高铁西侧，并与 2 号线及 10 号线形成换乘。青浦线由西向东从轴线大道地下 2 层进入枢纽西侧，与其余轨道线形成换乘。

虹桥综合交通枢纽通过地下空间开发，合理整合交通枢纽的各项功能，将枢纽建成地下空间和交通功能完美结合的典范。

（2）经验借鉴。

①机场元素介入带来布局模式与换乘方式的创新。机场的引入极大地提升了虹桥枢纽的运输水平，但同时机场的存在也使虹桥枢纽的布局不同于常见的圈层式布局模式，而是呈单侧向外发散式布局。长距离的枢纽内部换乘需求，使虹桥枢纽首次引入城市轨道交通并承担综合枢纽内部换乘功能，成为大体量综合枢纽的设计参考典范。

②高强度的地下空间开发过程中，成功实践了"大开发大连通"的理念，铸就活力地下城。虹桥商务区建设中提出"大开发大连通"理念，要求"街坊整体开发时，地下空间整体贯通；街坊分地块开发时，各地块地下空间以通道形式连接"，使地下空间连成一片，并且与枢纽地下连通，完美衔接枢纽与商务区两大功能组团，极大地提升了区域的连通性。

③政策引导促进地下空间深度开发。通过出台《上海市地下空间规划建设条例（草案）》《上海地下建设用地使用权出让规定》等规定首次明确了不同性质、不同层次的地下建设用地使用权出让金的收取标准，有利于引导开发商更深层次地利用出让地块的地下空间。

2.3.3 成都东站

2.3.3.1 概况①

成都东站现系成都铁路局直属客运特等站，占地面积大约 68 公顷，南北长约 2.9 公里，东西宽约 520 米，自西向东依次为西广场、站房、东广场。成都东站建筑面积大约 220000 平方米，包括站房、无柱雨棚、高架等。其中，站房面积 108000 平方米，建筑高度约为 39 米。车站全面开通运营后，日均客车作业能力可达 400 对，日均发送量为 20 万人。按规划，至

---

① 资料来源：https：//baike. baidu. com/item/成都东站/5862410？ fr = aladdin#2_ 2。

2030 年，年旅客发送量将达 1.37 亿人次，日均发送量将达到 37.6 万人次。

　　成都东客运站被称为西部最大的综合交通枢纽之一，拥有"西南地区最大"的火车站和长途车站，主要办理成绵乐城际列车和成西、成渝高速动车组、达成普速车始发终到及宝成、达成、成渝、环线通过客运作业，是西部重要的综合交通枢纽。

　　成都火车东站片区的路网主要由"三横七纵"构成，形成外围通畅环和内部疏解环，完成东客站片区以及附近区域的交通疏解。南北向的"三横"主要指三环路、经四路、机场路东延线；东西向道路由北到南主要为迎晖路、纬一路至纬五路、驿都大道共七条道路，构成"七纵"。除了这些平面道路构成片区路网外，还有 13 座上跨、下穿或匝道等立交工程。这些立交工程有效地连接起各条道路，实现纵横道路之间的相互转换。

2.3.3.2　设计布局

　　成都火车东布局方式为综合服务大厅式，站场和候车大厅采用立体叠加式设置，整个车站分别设置了东西南北四个入口，见图 2－4。

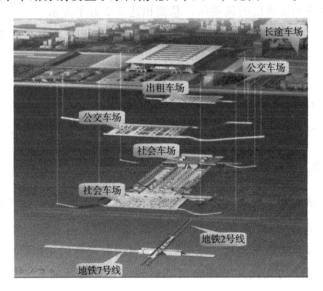

图 2－4　成都东客站分层示意图

资料来源：中国中铁二院工程集团有限责任公司：《重庆市沙坪坝铁路枢纽综合改造工程》，2012。

（1）高架层：候车厅层及夹层。高架层内主要分布了车站的办公用房、商业设施从及购票、检票设施。在大厅内，左右两边共分布7个售票厅，大厅中间分两排共有26个检票口。旅客通过高架落客平台到达此层，侧面设有扶梯到达西广场和东广场。旅客在此候车等待，发车之前通过闸机入口，向下可到达站台层。

（2）地面层：地面1层为铁路线路站台层，铁路站场建设总规模14台26线，即按26个站台面26条到发线，共有两个客运车场，从东往西分别为城际车场和达成车场。除铁路功能外，该站还聚集了城市轨道交通、城市公交系统、小汽车等多种交通方式，通过立体分层的方式集中布置。

（3）换乘层：高速铁路出站层及地铁换乘层。该层为高速铁路出站层，包括自助售票、旅游信息咨询、商业零售、快餐饮食等多种服务，由此层两侧可以通向东西广场，进行其他交通方式的接驳。在站厅中间通过自动扶梯的连接，可以进行地铁2号线和7号线的换乘。

（4）地铁层：地下2、3层分别为地铁2号线、7号线站台层。

（5）商业区：商业服务区主要分布于站房高架层的东南、东北、西南、西北四个区域和换乘层的换乘区，总面积达2.2万平方米。

此外，在成都东站东面配套有东广场（建筑面积2.8万平方米），东南侧配套有长途公交车站（建筑面积9.5万平方米），西面配套有西广场（建筑面积8.2万平方米），地面为文化景观广场；地下2层与城市公交站和东客站相连，配有18条公交发车线、60个出租车位及1140个社会车辆停车位，西南侧配套有城市公交汽车站（建筑面积5.3万平方米）（韩建丽，2016）。

2.3.3.3 功能组成

成都东站的功能构成分为三个部分：交通功能、广场功能和商业功能：

（1）交通功能。

成都火车东站是集铁路、城市轨道、城市公交系统、小汽车等多种交通换乘功能于一体的现代大型综合交通枢纽，其交通功能主要体现为高速铁路、普通铁路、城市地铁、城市公交、出租车、社会停车场和长途汽车等设置。目前，成都火车东站已经实现了多种交通方式灵活换乘的运营，并取得了良好的成果。

由于成都火车东站是成都铁路枢纽城际列车和动车组的主要始发终到站，因此对外铁路为其交通功能的主导功能。截至 2018 年 7 月，成都东站站场建设总规模 14 台 26 线。其中，普速场 6 台 11 线，用来停靠遂成铁路、成昆铁路列车；高速场 8 台 15 线，用来停靠西成高速铁路、成渝高速铁路与成贵铁路列车。

同时，作为成都铁路枢纽城际列车和动车组的主要始发终到站，成都火车东站北端衔接沪汉蓉快速客运通道、西成高速铁路，南端衔接成渝高速铁路、成贵铁路，主要办理北京、上海、武汉、兰州、西安、重庆、贵阳、昆明等各方向及成绵乐城际的动车始发终到作业以及成都环线、南北、东南动车通过作业。

（2）广场功能。

成都火车东站的广场功能由东入口广场、西入口广场、候车大厅、南高架通道以及北高架通道组成。

成都火车东站东广场和西广场是旅客集散的重要场所。两个广场均设有地下公共交通站场，其中东广场地下 1 层全部作为公交上下客，西广场地下 1 层则主要为出租车、机场大巴和社会车辆服务。两个广场共建有出租车候车区发车位 112 个，公交发车线 30 条以及社会车辆停车位 1276 个。

2 层候车大厅是旅客主要的候车空间，长 380 米、宽 150 米、建筑面积为 56000 平方米。整个大厅宽敞明亮，中部为候车进站区，两侧布置售票和商业服务空间。与南北入口相对应，设置了两组全彩色显示屏，为旅客提供铁路的各种信息和广告；南北高架入口是车站南北与城市道路直接相连的空间，乘坐私家车的旅客可从此处直接进站。

（3）商务功能。

成都火车东站的商业功能主要体现为零售商业、餐饮业以及咨询服务配套等方面，主要商业设施包括超市、便利店、贵宾休息区及一些餐饮服务，可满足乘车旅客的基本需求。车站一方面引进了"肯德基""麦当劳""乡村基""上岛咖啡"等知名品牌，提升品质和形象；另一方面，为打造西南铁旅"便利连锁店"引进了自助银行、自动售货机、电子储物柜等业态，为旅客提供一流的车站商业服务（韩建丽，2016）。

2.3.3.4 地下空间利用

（1）利用情况。

成都火车东站主体建筑的总进深为445.8米，建筑总高为39米，而地下开发深度为负25米。共分为地下三层，各层布局如下：

地下1层（B1F）：为火车到达出站层，也是去往市区的各种交通工具的换乘层，去往市区的旅客可在此便捷地换乘地铁、公交、出租车和社会车辆。车站引入了公交班线30条，出租车发车位110个，长途车发车位50个，旅游汽车发车位40个，社会车辆停车位近2000个。另外车站东南侧紧邻长途汽车站，并通过地下换乘层进行直接相连。

地下2层（B2F）：地铁2号线站台层。

地下3层（B3F）：地铁7号线站台层。

目前，成都东站15.5万平方米场站地下空间已全面打通，片区内已落地项目地下空间开发量共计110万平方米，下一步将规划建设地下环廊以期实现地下空间有效连通。

（2）经验借鉴。

①在城市交通综合体的建设中，充分利用地下空间，实现地上与地下空间的有效联接。所有的交通工具通过立体分层的布置形式以及公共通道和大台阶实现"无缝衔接"，乘客无需出站便可实现各种交通工具的任意换乘，极大的缩短了旅客到发站的换乘距离和通过时间，增强了车站内部人流的疏散能力。

②鼓励站点充分利用地下空间，提出站点地下空间开发分圈层的分层利用引导。在建设中对核心区尽可能充分开发，与站厅层直接连通的地下空间宜布局交通换乘、地下商业、步行通道；辐射影响区鼓励进行开发，地下空间宜布局步行通道、停车、市政等功能。

③重视地下空间开发安全性和有序性。在站点地下空间开发中，强调开发中充分考虑地质因素的影响，对地下综合管廊、市政管线等进行一体化设计，规划地下空间规模和建设时序。

2.3.4 京都车站

2.3.4.1 概况

京都站位于日本京都府京都市下京区，是西日本旅客铁道（JR 西日本）、东海旅客铁道（JR 东海）、近畿日本铁道（近铁）和京都市交通局的铁路车站。同时作为京都这一著名观光城市的玄关口，京都站有多条巴士、地下铁等公共交通提供前往京都市内观光旅游的交通服务。京都站是集轨道交通和城市交通于一体的综合交通枢纽，是日本城市交通综合体开发的典型案例之一。[①]

2.3.4.2 设计布局

京都车站占地 38076 平方米，总建筑面积约为 237689 平方米，车站大楼地上 16 层，地下 3 层，地面建筑高达 60 米。除了地铁车站和火车站外还包含了百货公司、购物中心、文化中心、博物馆、旅馆、地区政府办事处以及一座大型立体停车库，此外，还有大量室外、半室外的公共活动空间（沙永杰，2000）。

（1）中央大厅：位于地下 1 层车站大厦中心，横向布置，呈两端高起、中间低的谷状，两端开敞，是整个建筑的核心，连接着室内、室外层的使用空间。大厅的空间为一个整体，没有分层，但随着大厅的地面向东西两边不断抬高，在各个层面高度上与各层的使用空间都形成通道，成为整个车站的聚集场所。

（2）空中连廊：连廊长约 300 米，建在京都站房 60 米高的钢结构幕墙上，是世界上跨度最长、高度最高的半室内空中连廊。空中连廊连接大楼东西两侧，从东楼的东广场直达西楼的伊势丹购物中心，空中连廊往南可以俯瞰整个车站，在北侧可以看到京都塔。

（3）广场（露天花园）：京都站有多个广场，分别为位于西楼伊势丹的 11 层屋顶、东广场、南广场、室町小路广场、岛丸小路广场及伊势丹百货的

---

① 资料来源：https：//baike.baidu.com/item/京都站/9052094？fr = aladdin&fromtitle = 京都火车站。

露天广场。

（4）大台阶：位于西楼 4～11 层，半开敞的阶梯通过"地形"变化，连接各功能区，创造可停留空间，显示京都优美的自然地势。

（5）自由通道：位于车站大楼的 2 层，无需经过车站检票口，连接车站两侧相隔绝的站内人行通道，也是旅客自由出行和换乘的重要通道。从车站 2 楼的通道可通往正面 1 楼的巴士搭乘处，连接新干线中央检票口、一般检票口、可跨位买票的绿色窗口服务处、近铁京都线、八条口的关西空港利木津巴士站和伊势丹百货，并且 24 小时通行开放。

（6）停车场：在车站东西两侧共有 3 个停车场（汽车）和 2 个驻轮场（自行车摩托车），一共可以容纳 1250 辆汽车和 1425 辆自行车或摩托车。除了位于主楼的西 1 停车场外，其余两个停车场都是 24 小时开放。

2.3.4.3　功能布局

日本京都车站除了是京都、大阪及神户地区的客运枢纽中心，更是一个城市生活休闲的商业中心，23 万平方米的车站大厦里被注入了集交通、商业、酒店、花园、停车场等 5 大功能高度复合的综合体建筑，呈现出一个"能让旅客逗留的车站"，见图 2-5。京都火车站已经不是一个纯粹的火车站，而是城市的大型开敞式露天舞台、古城全景的观赏点、Shopping Mall 和空中城市（韩建丽，2010）。

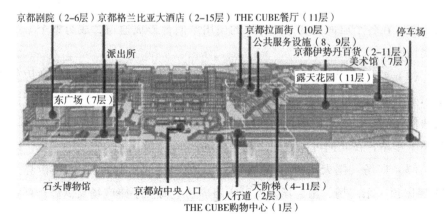

图 2-5　京都车站立体结构示意图

资料来源：韩建丽，2010

（1）交通功能。

目前京都车站汇集了 5 条 JR 线与近畿线（城市间电车/火车）、2 条新干线（高速铁路）以及 1 条私铁线（市内轨交）等多条铁路线，还有 27 条大巴线路和大体量的机动车与非机动车停车场。地铁位于车站下面，与新干线铁路呈垂直排列，可满足各种旅客的出行需求。在进站设施中，京都站没有大面积的售票厅与候车室，乘客基本都是通过"交通卡"与自动售/检票机完成购票→检票→进站的全过程。

（2）商业功能。

京都车站针对客群的特点，引入了 3 种不同的商业体系，满足差异化需求，分别为伊势丹百货、The CUBE、Porta。此外，车站大厦东楼 2～6 层是京都剧场，包括 3 个观众厅，其中最大厅有 925 座，除了承办各类演出还可作为会展场地为酒店提供服务。此外，还配套设置了 4 家餐厅，满足观众就近餐饮的需求。车站大厦东楼的 2～15 层为五星级酒店——京都格兰比亚大酒店。

（3）公共空间功能。

京都车站内设置了包括中央大厅、广场（露天花园）、连廊、大台阶、自由通路、南巡步道等多种形式的公共开敞空间，为京都车站的旅客和市民提供休闲服务。

2.3.4.4　地下空间利用

京都车站通过对地下空间的利用实现了交通的流畅和商业价值的提升。

（1）充分利用地下空间，将主要交通功能布局在地下空间内。

作为京都的交通枢纽，JR、近铁、新干线、地下铁、巴士在京都站汇合。但与传统交通枢纽不同，京都站将主要的交通设施都布局在了地下空间之内，如将所有列车站台设置在地下，并通过 1 层的一条长约 100 米的车站长廊贯连，又如在地下 2 层设置京都市营地铁乌丸线。这极大的方便了乘客换乘，提高了换乘效率，也有助于疏通巨大的客流量。另外，由于所有列车站台设置在地下，使车站的基本功能仅使用了大楼 1/20 的建筑面积，为大体量商业的出现奠定了基础。

（2）充分利用地下空间，将大量商业设施布局在地下空间内。

京都站对地下空间的利用在疏通巨大客流量的同时，也同样运用了客流量，在地下空间内布局商业设施，如站前地下区域配置了"Porta"购物中心，主营各类小资品牌快消品和手工艺品、快速的沙龙美容服务和美食简餐，还将伊势丹百货分布在车站大楼西楼的地下2层到地上11层。京都站通过将大量商业设施布局在地下空间，使商业价值达到最大化。

京都站在地下空间的利用上主要以地下交通线为发展轴，沿着轴向周围发展，建设星罗棋布的地下综合体，用地下商业街区的形式来组织区域的地下空间系统（杨振丹，2014）。

2.3.5 巴黎拉德芳斯（La Defense）枢纽

2.3.5.1 概况

拉德芳斯（La Defense）枢纽位于巴黎拉德芳斯区域的副中心，是集轨道交通（高速铁路、地铁线路）、高速公路、城市道路于一体的综合交通枢纽，也是欧洲最大的公共交通枢纽和换乘中心。如今拉德芳斯已拥有18条公交线路和RER、高速地铁、有轨电车、郊区铁路等公共交通系统，每天运送的通勤者达到45万人次。[①]

此外，拉德芳斯（La Defense）换乘枢纽所在的拉德芳斯区是世界上第一个城市综合体。

2.3.5.2 设计布局

从平面布局来看，在拉德芳斯枢纽的东侧，是公交车站层，公交线路包围了小汽车停车场，设有大量清晰的道路标志，引导车辆快速通过，有序停放；中央为售票和换乘大厅，有商业及其他服务设施；西侧为郊区铁路和有轨电车T2线。乘客通过地面出入口和换乘大厅的换乘楼梯，可以很方便地到达商业中心，地下3、4层的地铁M1和RER－A线，通过地铁线路将拉德芳斯区域与巴黎市中心区紧密联系起来（邱丽丽、顾保南，2006）。

在竖向布局方面，拉德芳斯换乘枢纽分为地上2层和地下4层。其中地

---

① 资料来源：https：//www.sohu.com/a/247553679_ 100089210。

上 3 层和 4 层为人行道平台，步行系统总面积达 67 万平方米；地上 2 层为车行快速干道、立交桥；地下 4 层则布局了各类交通设施。

2.3.5.3　功能组成

（1）交通功能。

拉德芳斯是欧洲最大的公交换乘中心，RER、高速地铁、轨道交通、高速公路等都在此交汇。目前，拉德芳斯已形成了高架交通、地面交通和地下交通三位一体的交通系统。

地下有地铁 M1、RER－A 线，将拉德芳斯区与巴黎市中心区紧密连接起来；地面 1~3 层是车行快速干道、立交桥和停车场。同时还设置了大量清晰的道路标志，引导车辆快速通过、有序停放。区内各基地间有着发达的高速运输系统，保证了各企业间的紧密联系；地面 3~5 层的平台上建有人行道，人车分离的交通系统使车行、人行互不干扰，保证了交通的通畅（欧阳一星，2018）。

拉德芳斯已拥有 18 条公交线路和 RER、高速地铁、有轨电车、郊区铁路等公共交通系统，每天运送的通勤者达到 45 万人次。到 2023 年，拉德芳斯地区将拥有 RER－A 线、RER－E 线、有轨电车 T1 线、有轨电车 T2 线、地铁 M1 线、大巴黎自动化快铁等六条轨道交通为主干的高效公共交通网络。

（2）绿化功能。

拉德芳斯换乘枢纽四周是一条高高架起的环行高速路，裙楼中间是一个巨大的广场，上面有花坛、小品、雕塑等，但没有任何车辆行驶，因为该广场建在空中，底下是公路、停车场和公共汽车站。对于拥挤的巴黎市区来说，充满艺术设计感的广场和大片的绿化以及步行系统是非常难得的绿色空间（城市交通，2010）。

（3）商业功能。

拉德芳斯综合交通枢纽区利用交通地下化实现人车分流，使地上部分解放出人流和商业的空间。1970 年 RER 通车后，在地铁站周围建成了小型的购物中心。到了 20 世纪 80 年代，其周围已建成当时欧洲最大的购物中心，包括"四季商业中心""奥尚"超级市场、C&A 商场等多种零售业态。

2.3.5.4 地下空间利用

（1）利用情况。

拉德芳斯从规划初期到更新规划保留了充分利用地下空间对区域空间规划的优化，采取了如"人车分离"、交通地下化等一系列现代化城市地下空间开发利用的措施。拉德芳斯大平台共分为 5 层，其中地下共 4 层。地下空间以综合交通功能为主，布置铁路、城市地铁、地下道路、地下停车和地下步行功能空间等。

地下 1 层：公交车站层，主要是公交车站和停车库，设置了 14 条公交线路；公交车进出站道路中央包围的是小汽车停车场。

地下 2 层：售票和换乘大厅，主要有各交通方式售票及换乘大厅、车行道路、有轨电车 T2 线和郊区铁路站台层、部分商业设施等。

地下 3~4 层：地铁站台层。地铁 1 号线终点站的站台层位于地下 3 层；RER — A 线的站台层共有 4 股轨道平行排列，位于地下 4 层。

（2）经验借鉴。

①构建人车分离、三位一体的交通系统。拉德芳斯枢纽的主要建筑全部建造在一个高度超过 10 米、巨大的步行架空平台之上，地铁、区域快线、火车和公路则分布在下方的不同层面，形成了一个巨大的立体交通系统，整个架空平台通过立交桥和周边道路连接。同时，这也使拉德芳斯枢纽实现了真正的"人车分流"：地面上的商业和住宅建筑以一个巨大的广场相连，而地下则是道路、火车、停车场和地铁站的交通网络[①]。此外，通过统筹规划，使不同交通方式之间的换乘十分流畅，近似于"零距离"换乘，并且两条地铁线路之间采用同站台换乘，换乘距离很短，方便不同方向的乘客进出换乘枢纽。

②通过竖向整合实现空间的充分利用。拉德芳斯枢纽充分利用地下空间与地上空间的功能竖向分布格局，将商务、居住、教学、休闲、娱乐、绿化、步行布置地上，将公共交通、停车、基础配套设施、市政设施地下化。形成多功能为一体的综合区域，同时增加文化艺术，吸引艺术创意产业入

---

① 资料来源：http://www.urbanchina.org/content/content_ 8172145.html。

驻，弥补夜间"空城"的局面（刘旭旸、邵楠，2016）。

③优化城市肌理，促进城市发展。拉德芳斯枢纽通过开发利用城市地下空间，将交通功能地下化，缓解了各方压力，提升了城市品质。同时拉德芳斯枢纽裙楼中建设了一个架在空中的巨大广场，上面建设了花坛、雕塑等景观小品和休闲设施，让原本拥挤的城市，梳理出城市绿地和休闲空间，优化了环境，体现了以人为本与环境友好和谐的原则。

第 3 章

综合交通枢纽地下空间地质环境
承载力研究

随着城市化进程的不断加快，城市人口持续增加，城市的发展普遍面临用地紧张、交通拥堵、发展空间受制等问题。在城市地面空间日益陷入拥挤的情况下，人们对土地的利用由地表逐渐扩展至空中和地下，城市的空间形态已由纯粹的水平式拓展转为立体综合式发展。城市综合交通枢纽是城市立体综合式发展重要方面，发展综合交通枢纽将城市交通导向城市地下空间对于缓解城市用地紧张、地面交通压力和改善城市环境有着重要意义（叶冬青，2010）。地下空间是人类宝贵的自然资源之一，适度、合理、科学地开发利用城市地下空间资源，是城市可持续发展的重要保证，必将成为未来城市发展的趋势。地质环境是承载地下空间的物理载体，地质环境条件决定了该区域是否适宜开发地下空间、适宜开发何种用途的地下空间以及施工的难易程度等。不合理地开发地下空间，可能会导致一系列严重的地质灾害，如诱发地面塌陷和变形，影响地下水系统等（金淮、黄伏莲等，2011；任幼蓉，2014）。因此，在开发地下空间之前，开展地质环境现状调查，进行地质环境承载力研究是有必要的。

3.1 影响地下空间开发的地质环境因素

地质环境不仅是地下空间规划与开发的制约与影响因素，也是地下空间开发过程中的被改造对象，地质环境不但在地下空间开发过程中受到影响和破坏，而且建成后的地下构筑物将成为地质环境的一个组成部分，并对地质环境产生长期的影响。学术界认为，影响地下空间开发的地质环境因素主要是工程地质因素、水文地质因素以及不良地质因素（任幼蓉，2014；韩文峰，谌文武等，2000；陆中玏，吴立等，2013；欧刚，2008）。

3.1.1　工程地质因素

（1）地质构造。

区域地质构造稳定性，是地下空间开发需要考虑的首要因素。强烈的构造运动，是不利于地下空间开发的因素。如活动断裂带会给断层沿线的地面建筑和地下空间带来不稳定因素，在地下空间施工时破碎带会带来支护和防水的困难，还容易引发地下建筑物的沉陷，易造成地下建筑倾斜断裂的同时也容易造成严重的漏水问题，另外断层的不断活动会给将来的地下空间运行安全带来隐患增加维护经费成本。因而，在地下空间使用期限内的工程场地应无地壳差异性升降、无活断裂和强烈地震影响而产生开裂、沉降或破坏（李相然、孙淑贤，1995）。对于不利的地质构造，应详细调查研究其类型、特征和力学性状，确定其在拟建洞室中的具体部位，分析其对工程的实际影响。在确定地下建筑工程位置时，应尽量避开区域稳定性差和上述地质构造条件不良的地段，不能避开时，则要认真加以研究，以便采取对策，防治工程地质灾害。

（2）岩土体物理特性。

土体和岩体是地下空间存在的环境介质，岩土体的物理特性也是影响地下空间开发的重要因素。反应岩土体条件的物理力学参数主要有承载力标准值、压缩模量及渗透系数等。承载力是岩土体在能保证工程安全情况下能承受的荷载，承载力越大，岩土体的建筑适宜性越好；压缩模量是表征岩土体抵抗变形能力的重要参数，压缩模量越大，说明其抵抗变形的能力越好；渗透系数是表明岩土体透水性能的参数，一般渗透系数越小，其隔水性能越强（梁晓辉，2011）。土体的承载力越大，地下空间开发利用的支护措施就相对更简单，地下结构更稳定。影响岩层地基承载力的工程性质主要是岩石强度，岩石的强度越高，承载力越大；但强度过高，岩石的挖掘难度也会增大，使工程开挖费用提高（彭建、柳昆等，2011）。

3.1.2 水文地质因素

岩土体中赋存的地下水对地下空间开发利用是不利的。地下水对岩土体具有很强的物理、化学作用，影响岩土体的工程性质，不仅会增大地下空间开发的难度和开发成本，而且会引发不利于地下工程建设及安全运营的工程地质问题。

（1）潜水层。

潜水对地下空间开发利用的影响主要表现为如下两种方式：①在地下工程施工（基坑开挖）过程中因局部改变地下水流场，可能产生渗流潜蚀突涌和管涌，影响地下工程围护结构和导致周边环境突发危险性的安全事故；②地下水对地下结构会产生巨大的托浮作用，如防水措施或抗浮措施不力，可能引发结构破坏，影响其安全运营。

（2）承压水。

当地下工程如基坑下部有承压水存在，且施工开挖减小含水层上覆不透水层的厚度到一定程度时，承压水的水头压力就可能冲破不透水层，甚至顶裂或冲毁基坑底板，造成突涌现象，基坑突涌将会破坏地基强度，造成基坑失稳，给施工带来很大困难。承压水中及其上部相邻的土层最易发生流砂和突涌现象，这将对工程造成极大的损失。在工程中常以注浆等方法提高安全指数，故承压水层顶板埋深越大，地下空间开发利用适宜性就越高。

（3）地下水运动。

地下水上升易软化岩体，软化岩体结构面及填充物，从而大大削弱岩体强度，造成洞室围岩坍方、掉块，进而造成地下构筑物失稳；若地下水位下降，使岩土体的孔隙水压力增加，有效应力减小，增大岩土的自重应力，引发沉降，地下工程会因此变形破坏；地下水还能产生动水压力和静水压力，促使岩土体变形失稳。

（4）地下水腐蚀性。

由于地下水所含有的具有侵蚀性的 CO_2、SO_4^{2-}、Cl^-、H^+ 等介质，对混凝土结构物和钢结构及设备的腐蚀破坏比较明显，故在工程上经常要对地下水的腐蚀性进行调查评价。城市地下水受污染严重，所含有的具有侵蚀性的 CO_2、SO_4^{2-}、Cl^-、H^+ 等介质浓度较大，对混凝土结构物和钢结构及设备的腐蚀破坏更为明显，因此在城市地下空间开发工程中必须对地下水的腐蚀性进行调查评价。

3.1.3 不良地质影响

软弱敏感土层、砂土液化、地面沉降等不良地质作用对地下工程的安全影响较大，有的甚至会直接损坏地下工程。因此地下空间开发前，应查明施工区域的不良地质作用的规模、结构、分布和影响情况。

（1）软弱敏感土层。

淤泥质土、游泥等软土含水量高，压缩性高，承载力低，流变性和触变性强，深厚软土对地下空间开发非常不利。在地下工程建设中，地基承载力不能满足要求，地基易产生局部或整体剪切破坏，引发基坑失稳、滑移或坑底剪切隆起。基坑开挖降低水压力，欠固结软土在自重和荷载作用下需要很长时间稳定下来会产生较大的工后沉降，会造成抗浮桩偏位过大、断桩和缩径等。有强地震时，易发生软土震陷，会影响地下空间的安全与正常使用。软土引发的地陷问题，一般不会危及建筑本身安全，因为现有高楼大厦地基都深及岩层，软土沉降主要会导致浅层地下空间的排水管道、电缆等设施遭到破坏。因此在地下空间开发时，需要查明地下软土的分布，并做好妥善的工程处理措施（葛伟亚、周洁等，2015）。

（2）砂土液化。

饱和砂土发生液化后会丧失其抗剪能力，岩土体自稳能力丧失，地下空间围岩稳定性降低，会给地下工程建设造成十分不利的影响。由于震动液化对地下空间开发利用的影响一般表现在工程建成以后，因此在地下空间规划和开发过程中，当地下结构如隧道、车站等位于液化土层上或穿越液化土层时，为保证地下结构物在运营过程中的安全和稳定，应对地基土的震动液化危害予以足够重视。设计时必须根据结构物的特点和液化土层的液化程度、埋藏条件、厚度等采取必要的抗液化措施（张弘怀、郑铣鑫，2013）。

（3）地面沉降。

地面沉降是一种地质灾害。地下空间的开发利用易引起地面沉降问题，而地面沉降反过来又会对地下空间的正常使用造成影响。地面沉降主要包括地层初始应力状态的改变引起的地表沉降和土体的固结沉降。地面沉降可能会造成周围建筑及管线的剪应力增大，致使建筑或管线断裂。由于地质环境条件在空间上的差异性，地面沉降在不同区段的表现并不一致，在沉降量与沉降速率及其沉降产生的层位等方面都不尽相同，导致沉降的差异性；另外，沉降发生的时间及其动态变化也不是均衡的，差异性沉降会造成建筑物的倾斜。地面沉降会影响地下空间开发利用的适宜性。

3.2　项目区地质条件勘察

3.2.1　地形地貌

勘察区位于重庆市沙坪坝三峡广场闹市区，属低丘地貌单元，整个场地较平坦，地形坡角多为 2°~13°，局部地段边坡坡角达 90°，均已支挡。勘察区最高点位于场地东南侧原铁路隧道洞口，高程约 258.50 米，最低点位于场地西南侧拟建站南路起点附近，高程约为 235.80 米，场地最大高差 22.7 米。综上可知，场地地形地貌简单。

3.2.2　气象、水文

重庆市属亚热带季风气候，多年平均气温 18.3℃；夏季日极端最高气温44.2℃（2006 年 8 月 23 日），冬季极端最低气温为 -3.1℃（1975 年 12 月15 日）；月平均气温最高是 8 月，平均气温高达 28.5℃；最低是 1 月，平均气温 7.2℃；多年平均相对湿度为 80%。区内大气降水形式以降雨为主，偶见冰雹及降雪，多年平均降雨量 1107.1 毫米。雨量集中分布在 5~10 月，降雨量为 873.4 毫米，占全年降雨量的 75%；又以 7~8 月最为集中，日降雨量普遍大于 50 毫米，最大时降雨量 63.5 毫米，最大日降雨量 203.6 毫米，占雨季的 55%；大雨、暴雨多出现在 7 ~ 8 月。

勘察区内地表水体以沟水为主，勘察区原排水系统较完善，仅在勘察区拟建站东路下穿道起点附近斜坡下有地下箱涵出口一个，有地表水流。

3.2.3　地质构造

勘察区位于沙坪坝背斜南东翼倾末端，且层面较平缓，产状不稳定，岩层呈单斜状产出，由于整个场地未见基岩出露，岩层产状为：150°∠10°。

根据重庆师范大学外冲沟处（离场地约 1 公里）测得裂隙产状测统计，岩体中岩体构造裂隙较发育，主要发育有 2 组：

（1）组产状 263°∠78°（N7°W/78°SW），裂面平直，裂缝张开，宽 0.2 ~ 6.5 厘米，间距 1.5 ~ 2.8 米/条，有少量岩屑充填，结合差，属硬性结构面。

（2）组产状 350°∠83°（N80°E/83°NW），平直，裂隙宽 0.3 ~ 5.4 厘米，间距 0.7 ~ 2.1 米/条，有少量岩屑充填，结合差，属硬性结构面。

泥岩中多见网状风化裂隙。

3.2.4　地层岩性

根据钻探揭露，勘察区岩土层从新至老依次为第四系全新统人工填土、残坡积层，下伏侏罗系中统沙溪庙组粉砂岩、泥岩及砂岩，分述如下：

（1）人工填土。

分布于整个场地地表，揭露厚度为 0.50 ~ 15.1 米。在原沙坪坝火车站表层部分为修建站台的混凝土，部分为原铁路路基填土，杂色。根据钻探，密实度为中密。根据现场调查，部分稍密，稍湿。填土时间约 33 年，成分为泥岩、砂岩、石灰岩质碎石及混凝土等。碎石含量 50% ~ 60%，粒径 20 ~ 200 毫米，充填部分为粉质粘土。其余大部分区域为人类工程建筑所形成的填土，为褐色，中密，稍湿，主要由砂、泥岩及粉质黏土组成。碎石粒径 50 ~ 100 毫米，含量 30% ~ 40%，次棱角状，部分为抛填，部分为夯填土，填土时间约 10 年。

（2）残坡积层。

该层的分布于勘察人工填土层之下，分布不连续，无规律，揭露厚度为 0.60 ~ 4.5 米。粉质黏土：黄色、褐色等。稍湿，韧性中等，干强度中等，全部为可塑状，切面有光泽，无摇震反应，局部夹少量砂、泥岩质碎石及角砾。

（3）侏罗系中统沙溪庙组。

该层分布于勘察区内填土及粉质黏土之下，该层分布连续稳定，岩性为泥岩和砂岩，该层顶部局部区域有强风化粉砂岩分布。

①粉砂岩：灰黄色。主要成分为石英和长石。细粒结构，中—厚层状构造，钙质胶结，岩芯均很破碎，呈块状、短柱状，强度低，手捏易碎，均为强风化带，揭露厚度为 0.20 ~ 10.0 米。局部不均匀的分布于场区内人工填土之下，地表未见出露。

②泥岩：紫红色。泥质结构，中厚层状构造，部分含砂质成分，偶含灰绿色钙质团块，含砂质成分，分布于整个场地，该层厚度未钻穿。

③砂岩：灰褐色、灰绿色。矿物成分以石英为主，长石次之，并含云母等。细—中粒结构，中厚—厚层状构造，钙质胶结，部分含泥质成分，分布于整个场地，该层厚度未钻穿。

整个场地砂、泥岩为互层关系，局部砂、泥岩呈透镜状。

（4）基岩面的起伏情况。

根据剖面图分析及现场调查，基岩面形态呈波状随地形起伏，除沙坪坝火车站内原站台及路基区域基岩埋深稍深外，大部分地段基岩埋深均较浅。

（5）风化带特征。

①强风化带：泥岩强风化主要表现为网状裂隙发育，岩体较破碎，岩芯多呈碎块状、短柱状，用手捏易碎，强度低。砂岩强风化主要表现为岩体较破碎，岩芯多呈碎块状、短柱状，强度低。粉砂岩主要表现为岩芯强度低，手捏易碎。根据钻孔揭露，勘察区强风化厚度 1.20 ~ 10.00 米，平均厚度 2.5 米。

②中等风化带：勘察区基岩中风化主要表现为岩体较完整，力学强度较高，岩芯呈柱状、长柱状，强度较高。

3.2.5　水文地质条件

勘察区根据地下水赋存介质及水动力特征，分为松散岩类孔隙水和基岩裂隙水：

（1）松散岩类孔隙水。

松散岩类孔隙水赋存第四系土层中，接受大气降水补给，运移至低洼处排泄。勘察区内部分地段人工填土层厚度较大，人工填土层的岩性为粉质黏土夹砂泥岩碎块石，局部地段因粉质黏土层相对隔水，通过人工填土的孔隙汇集地下水，形成上层滞水，由于场地处于相对低洼洼地，有利于该类地下水向场地内汇集，该类地下水的汇水面积大，其富水性与降雨密切相关。该类水在雨季形成短暂的含水层，然后向低洼处排泄，由于场地处于相对低洼洼地，有利于该类地下水在场区富集，该类水体水量主要受降雨影响，水量变化明显。

（2）基岩裂隙水。

该类水主要赋存于泥岩、砂岩类风化裂隙及构造裂隙中，主要受降雨或土层中的地下水补给，通过泥岩、砂岩类风化裂隙及构造裂隙等通道向深层地下水补给，或者在地势低洼含隔水层交接处以泉的形式出露地表。根据本次钻探揭露，场地内岩性以砂、泥岩较均匀产出为主，揭露的强风化层网状风化裂隙较发育，极少部分裂隙面见水蚀痕迹。本次勘察对各钻孔终孔后抽干孔内残留水 24 小时后进行钻孔水位观测，场地内大部分钻孔为干孔，只有 10 个钻孔中水位有恢复（BPK6、ZDK1、TLK21、TLK64、ZNK2、BCK1、GCK36、GCK105、GCK79、GCK85），但未见统一地下水水位。

综上可知，场地内基岩较完整，场地内基岩裂隙水较贫乏，只在局部裂隙较发育区域存在该类地下水，该类地下水贫乏。根据环境，并结合工程经验判断，场地水和土对建筑材料具微腐蚀性。

3.2.6　不良地质现象

经调查分析，场区内未发现危岩崩塌、滑坡、泥石流等不良地质现象，也未见活动性断层。

3.3 地下空间开发地质环境承载力测算设计

3.3.1 地下空间开发地质环境承载力测算思路

地质环境承载力是指一定时期、一定区域范围内、一定的环境目标下维持地质环境系统结构不发生质的改变，在地质环境系统功能不朝着不利于人类社会、经济活动方向发展的条件下，地质环境所能承受人类活动的影响与改变的最大潜能（马传明、马义华，2007；姚治华、王红旗等，2010）。也就是说，地质环境承载力是地质环境系统的最大承载力，在极限值允许的区间范围内，地质环境系统具有完全的自我调整与恢复能力，不会沿着不利于人类社会的方向变化。因此，地下空间的开发利用应该在地质环境承载力的极限值之内。地质环境是多个因素相互关联的系统，每一个因素都有可能反映出区域地质环境承载力的一个方面，综合考虑各个因素，即得出该区域的地质环境承载力。

本书借鉴李树文，曾维华等学者提出的地质环境承载力综合剩余率概念，来测算地下空间开发的地质环境承载力（李树文、康敏娟，2010；曾维华、杨月梅等，2007；陈永才，2009）。

$$p_i = \frac{x_i - x_{i0}}{x_{i0}} \tag{1}$$

$$p = \sum_{i=1}^{n} p_i w_i \tag{2}$$

式中：

p_i——第 i 个指标的相对剩余率；

x_i——指标实际值；

x_{i0}——指标 i 或 j 的理想值或阈值；

p——区域地质环境承载力综合剩余率；

n——指标个数；

w_i——指标 i 的权重。

当 p > 0 时，区域人类活动或开发强度尚未超过地质环境承载力的阈值，而且 p 越大，区域越有开发潜力；当 p≤0 时，区域开发强度超过了地质环境承载力阈值或区域生态地质环境已超载，不利于区域的可持续发展。

3.3.2　指标体系构建

研究邀请 34 位熟悉重庆地区地质条件的地质调查、城乡规划和土地利用管理方面的专家参与指标体系构建。专家组根据地下空间地质环境评价研究成果，结合沙坪坝综合交通枢纽规划区勘察成果，对项目区地质环境基本特征进行了全面分析，认为综合交通枢纽站地下空间地质环境承载力，主要取决于地质结构、岩土体特性、地下水环境以及不良地质作用四个方面（如表 3 - 1 所示）。

表 3 - 1　　　　　　　地下空间开发地质环境承载力指标体系表

目标层	因子层	因素层	
地下空间地质环境承载力 X	地质结构 X_1	地质稳定性 X_{11}	$X_1 = f(X_{11}, X_{12})$
		地形坡度 X_{12}	
	岩土体特性 X_2	岩体承载力 X_{21}	$X_2 = f(X_{21}, X_{22}, X_{23})$
		土体承载力 X_{22}	
		土体压缩系数 X_{23}	
	水文地质条件 X_3	地下水水位 X_{31}	$X_3 = f(X_{31}, X_{32}, X_{33})$
		渗透系数 X_{32}	
		地下水侵蚀性 X_{33}	
	不良地质 X_4	砂土液化 X_{41}	$X_4 = f(X_{41}, X_{42}, X_{43})$
		地面沉降 X_{42}	
		边坡失稳 X_{43}	
$X = f(X_1, X_2, X_3, X_4)$			

地质结构是地下空间开发利用的基础，主要选取了地质稳定性、地形坡度两个指标。

岩土体特性直接影响地下工程硐室开挖的难易程度及硐室围岩的稳定

性，主要选取了岩体承载力、土体承载力、土体压缩系数三个指标。

地下水环境对地下工程开发的稳定性和安全性有重要影响，主要选取了地下水水位、渗透系数、地下水侵蚀性三个指标。

不良地质对地下工程具有破坏性作用，是地下空间开发主要的限制性因素，选取了砂土液化、地面沉降、边坡失稳三个指标。

3.4　项目区地下空间地质环境承载力测算

3.4.1　指标量化

（1）指标分级和赋值依据。

在参考《建筑地基基础设计规范》（DBJ50—047—2006）、《铁路隧道设计规范》（TB10003—2005）、《地铁设计规范》（GB50157—2003）、《铁路路基设计规范》（TB10001—2005）、《建筑抗震设计规范》（GB50011—2010）等国家标准的基础上，咨询专家的意见并结合学者们已有的研究经验和重庆地区的特点进行修正。

（2）指标分级和赋值说明。

本书将各地质环境承载力指标分为四级：Ⅰ级，即在自然状态下，适宜于地下空间开发利用；Ⅱ级，即自然状态下对地下空间开发具有一定的限制性，经过人工局部处理后，适宜于地下空间开发利用；Ⅲ级，即经过人工复杂处理后，适宜于地下空间开发利用；Ⅳ级，不适宜于地下空间开发。

各级赋值：Ⅰ级赋值（8~10分）；Ⅱ级（6~8分）；Ⅲ级（4~6分）；Ⅳ级（<4分）如表3-2所示。

表3-2　　　　　　　　　地质环境承载力指标分级

评价因素		地质环境承载力指标分级			
		Ⅰ级（8~10）	Ⅱ级（6~8）	Ⅲ级（4~6）	Ⅳ级（<4）
地质结构 X_1	地质稳定性 X_{11}	无	少量活断层	少量活断层	全新世活断层
	地形坡度 X_{12}	<5°	5°~10°	10°~30°	>30°

续表

评价因素		地质环境承载力指标分级			
		Ⅰ级（8~10）	Ⅱ级（6~8）	Ⅲ级（4~6）	Ⅳ级（<4）
岩土体特性 X_2	岩体承载力（Mpa）X_{21}	>0.8	0.6~0.8	0.3~0.6	<0.3
	土体承载力（Mpa）X_{22}	>0.25	0.2~0.25	0.15~0.2	<0.15
	压缩系数（Mpa^{-1}）X_{23}	<0.1	0.1~0.3	0.3~0.5	>0.5
水文地质条件 X_3	地下水埋深（m）X_{31}	>25	25~15	15~5	<5
	渗透系数（$m \cdot d^{-1}$）X_{32}	<3	3~5	5~10	>10
	地下水侵蚀性 X_{33}	无	小	中	大
不良地质 X_4	砂土液化 X_{41}	无	少量发生	一定数量发生	大量发生
	地面沉降（mm）X_{42}	累计沉降量<300	累计沉降量300~500	累计沉降量500~1000	累计沉降量>1000
	边坡失稳 X_{43}	自然稳定	需要简单支护	需支护且降水	需复杂支护

3.4.2　项目区域地质环境指标取值

根据项目区域工程地质勘察报告相关数据，以及上述地下空间地质环境承载力评价指标分级和赋值研究成果，对沙坪坝综合交通枢纽地下空间地质环境承载力评价指标进行赋值，如表3-3所示。

表3-3　沙坪坝综合交通枢纽项目地下空间地质环境承载力指标取值

评价因素		项目区地质条件	赋值
地质结构 X_1	地质稳定性 X_{11}	位于沙坪坝背斜南东翼倾末端，层面较平缓，产状稳定，区域未见活动性断层	9.2
	地形坡度 X_{12}	5°~10°	7.8

续表

评价因素		项目区地质条件	赋值
岩土体特性 X₂	岩体承载力（Mpa）X₂₁	项目区域岩体主要为侏罗系中统沙溪庙组泥岩和砂岩。泥岩地基承载力为2.1MPa，砂岩地基承载力为1.16MPa	9
	土体承载力（Mpa）X₂₂	拟建场地土层分布上层为人工素填土、下层为粉质黏土。根据重庆地方经验，土体承载力0.15MPa	4
	土体压缩系数（Mpa⁻¹）X₂₃	0.373（Mpa⁻¹）	4.73
水文地质条件 X₃	地下水埋深（m）X₃₁	场地内主要为上层滞水，基岩裂隙水较贫乏	8.7
	渗透系数（m·d⁻¹）X₃₂	粉质黏土透水性弱，泥岩渗透系数为0.13m/d，砂岩渗透系数为0.4m/d	7.8
	地下水侵蚀性 X₃₃	场地水和土对建筑材料具微腐蚀性	7.5
不良地质 X₄	砂土液化 X₄₁	无砂土液化情况	9.3
	地面沉降（mm）X₄₂	人工填土土质松散，且极不均匀，基础跨越岩土承载力不同的地段，易引起基底不均匀沉降	5.5
	边坡失稳 X₄₃	拟建工程地处沙坪坝，边坡多为泥岩，质软易风化，开挖边坡须防浅表层滑坡和坍塌，高边坡应采取加固防护措施	5.4

3.4.3 X_{i0}理想值确定及各指标权重

（1）理想值确定

地质环境承载力是地质环境能够承受人类活动的最大潜能，而每一个指标都高度适宜于地下空间开发的理想环境，在自然界状态下是很难找到的，因此，X_{i0}标准值取值时，以"经过人工局部处理后，适宜地下空间开发利用"为依据。

（2）指标权重

①权重确定原则。评价指标权重根据评价范围以及指标对项目区域地下空间开发的影响程度来确定。权重值应在0~1确定，且各评价范围权重值之和，同一评价范围下的各目标层（因素层、因子层）的权重值之和

都为 1。

②权重确定方法。各目标层（因素层、因子层）和指标权重采用德尔菲法确定。通过对评价各目标层（因素层、因子层）、指标的权重进行多轮专家打分，并按下列公式计算权重值：

$$W_i = \frac{\sum\limits_{j=1}^{n} E_{ij}}{n} \qquad (3)$$

式中：

W_i——第 i 个目标、子目标或指标的权重；

E_{ij}——专家 j 对于第 i 目标、子目标或指标的打分；

n——专家总数。

本研究邀请 34 位熟悉重庆地区地质条件的地质调查、城乡规划和土地利用管理方面的专家参与权重评价。打分过程中，专家在熟悉项目背景材料和评价要求的基础上，在不互相协商的情况下独立进行；打分进行了 3 轮，从第 2 轮打分起，参考上一轮的打分结果。

3.4.4　地下空间地质环境承载力测算

利用公式（1）、公式（2）可以计算得出沙坪坝综合交通枢纽地质环境承载力综合剩余率 P = 0.1177，如表 3 - 4 所示。

3.4.5　测算结果分析

地质环境承载力综合剩余率表现了地质环境现实条件与地质环境最大承载力之间的关系，当地质环境承载力综合剩余率大于 0，说明区域人类活动或开发强度尚未超过地质环境承载力的阈值，而且 p 与区域开发潜力成正比。

经过综合计算得出沙坪坝综合交通枢纽项目地质环境综合剩余率 P = 0.1177，说明沙坪坝综合交通枢纽的地下空间开发未超过区域的地质环境承载力，具有一定的开发潜力。

表3-4　　　　沙坪坝综合交通枢纽站地下空间地质环境承载力测算表

评价指标	地质稳定性 X_{11}	地形坡度 X_{12}	岩体承载力 X_{21}	土体承载力 X_{22}	土体压缩系数 X_{23}	地下水埋深 X_{31}	渗透系数 X_{32}	地下水侵蚀性 X_{33}	砂土液化 X_{41}	地面沉降 X_{42}	边坡失稳 X_{43}
理想值 X_{i0}	7.0000	4.0000	7.0000	6.5000	6.5000	7.0000	7.0000	7.0000	7.0000	6.0000	5.0000
权重 W_i	0.2807	0.0090	0.1072	0.1032	0.0984	0.0952	0.0820	0.0523	0.0606	0.0508	0.0606
实际值 X_i	9.2000	7.8000	9.0000	4.0000	4.7300	8.7000	7.8000	7.5000	9.3000	5.5000	5.4000
P_i	0.0882	0.0086	0.0306	-0.0397	-0.0268	0.0231	0.0094	0.0037	0.0199	-0.0042	0.0048

　　对比单个指标的相对剩余率，可以看出土体承载力、土体压缩系数、地面沉降三个指标值小于 0，主要原因是拟建场地内地层中，分布了 0.00 ~ 9.10 米的人工填土层和 0.00 ~ 4.50 米的粉质黏土层。人工填土层和粉质黏土层，厚度变化较大、均匀性较差，且土质较为松散，土体承载力较小、压缩系数较大，建筑性能比较差；另外土层的不均匀性也易导致地面不均匀沉降。因而，土体性质是项目区域地下空间开发中需要特别注意的因素。

第 4 章

城市地下空间利用现状分类研究

文献研究表明，城市地下空间利用现状调查评价是编制城市地下空间规划的基础，城市地下空间利用现状分类是城市地下空间利用现状调查评价的关键（仇文革，2011）。近年来，我国各个城市都加快了对地下空间的开发，交通枢纽、商务中心、人防工程等城市地下空间设施的建设越来越多。如此种类繁多且错综复杂的地下空间综合网络系统，要求更精确更细致的城市地下空间信息化管理和更合理更科学的城市地下空间利用调查评价规划。然而一个突出的问题在于，我国缺乏系统科学的城市地下空间利用现状分类体系，城市地下空间利用调查评价规划不适应新型城市化的要求。如果城市地下空间利用现状搞不清楚则无法推进城市地下空间节约集约利用。由此可见，深入研究城市地下空间利用现状分类，统一城市地下空间利用分类标准及编码迫在眉睫。

4.1 城市地下空间利用现状分类科学原理

4.1.1 分类对象

（1）城市地下空间。

广义的地下空间是相对于以空气为介质的地面以上空间即地上空间而言，指岩土和地下水为介质的地面以下空间。狭义的地下空间，是指在地面

以下的岩层或土层中天然形成或经过人工开发形成的，可用于满足人类社会
生产、生活需求的空间。广义地下空间更多是从潜在资源角度定义的，狭义
地下空间更多的是从可供人类利用的实际空间角度定义。城市地下空间是城
市国土空间不可或缺的部分，与城市地面空间具有联动关系，城市地下空间
是指为了满足人类社会生产、生活、交通、环保、能源、安全、防灾减灾等
需求，而在城市规划区内地表以下进行开发、建设、利用与保护的空间
（《城市地下空间规范》，2007）。

（2）地下空间利用单元。

指地下某一地段，它是该地段自然要素和人类活动相互作用形成的国
土空间综合体。地球表层存在着多种多样的地下空间利用单元，它们在尺
度、规模、属性、功能等方面存在着相似性和差异性。每一个地下空间利
用单元都具有相对一致的资源环境特征和经济社会属性，并具有相对明确的
地理边界或权属界线。地下空间利用单元是城市地下空间利用现状分类研究
的对象。

（3）地下空间利用类型。

每一个地下空间利用类型都是若干个地下空间利用单元的集合，它们具
有相对一致的发生过程和资源环境条件，具有相对一致的生产潜力、适宜性
和限制性，具有相对一致的利用方式和用途管制特征，是地下空间资源调
查、评价和规划的研究对象。

（4）地下空间利用现状分类。

在一定区域内，对地下空间利用单元进行类型划分，即根据地理属性、
利用特征、用途管制和产权管理的相似性和差异性，对地下空间利用单元进
行分组，划分出各种地下空间利用类型，并将它们表示在专题地图上（王
曦、刘松玉，2014）。

4.1.2　分类依据

城市地下空间利用现状分类的依据是：地下空间是否被人类利用和
利用类型；地下空间利用的方式、特征、程度，以及上盖特征等因素，
它只反映地下空间利用现状差异，不以部门管理为依据。即根据地下空

间用途和利用方式的现状进行分类，用以反映地下空间利用现状，为地下空间规划建设管理提供决策依据，为地下空间开发利用保护提供技术支撑。但它不能替代地下空间适宜性分类、地下空间承载力评价和地下空间利用规划，也不能据此划分部门管理范围（郭士博、钱建固等，2011）。

城市地下空间利用现状分类依据以下技术规范编制：《土地利用现状分类》（GB/T21010—2017）、《城市规划用地分类与代码》（GBJ137—90）、《城市地下空间设施分类与代码》（GB/T28590—2012）。这有利于体现国土空间资源地上地下一体化管理，按照相对一致的指标体系，统筹划分地上地下国土空间类型，实现国土空间分类的"全覆盖"。

4.1.3 分类原则

城市地下空间利用现状分类的原则是：利用的相似性、分类的统一性、层次的科学性和地域的差异性。具体来讲：

（1）利用的相似性是指根据地下空间利用方式和结构的相似性，用以反映不同地下空间类型的基本特性和本质差异，便于地下空间规划建设管理中应用。

（2）分类的统一性是指地下空间利用现状分类，应有利于全国地下空间统一管理和地区间地下空间利用的比较分析，应有利于城市国土空间资源地上地下统筹开发利用保护。

（3）层次的科学性是指地下空间利用现状分类体系，必须客观反映地下空间利用现状，该分类体系应构建由大到小，由一般到特殊，由高级到低级的等级层次，层次之间存有明确的从属和逻辑关系，统一编码且不重复，便于资料整理和建立全国统一的地下空间数据库，实行科学管理。

（4）地域的差异性体现在保持统一性的前提下，因地制宜地对地下空间利用现状分类系统加以增减和细化，以反映不同地区的不同地下空间利用特点。

4.1.4　分类方法

城市地下空间利用现状分类方法研究薄弱。但是，地下空间利用现状分类与土地利用现状分类具有诸多共性，因此借鉴土地利用现状分类的科学方法是可行的。本书尝试构建地下空间利用现状分类体系，采用的科学方法主要有以下三种：

（1）顺序分类法。

它是按种、属、科的分类顺序直接列出地下空间利用现状分类系统。如在一个地区进行地下空间利用单元的分类，可以先划分出所有的地下空间利用单元个数，然后将这些地下空间利用单元，按某种分类指标分组，生成若干个地下空间利用单元类，在此基础上还可做更深层次的分组，生成若干个地下空间利用单元型。

（2）网格分类法。

具体做法是建立空间分类直角坐标系，纵坐标表示地下空间利用方向，自上而下依次列出从高级至低级的地下空间类型；横坐标表示地下设施类型，自左至右依次列出从重要至常规的地下设施类型。在直角坐标系内，纵横两列交叉构成分类网络，每一个网格就是一个可能的地下空间利用类型，这样就能构建地下空间利用现状分类系统。

（3）专家咨询法

具体的做法是采用两步咨询：一是依据"头脑风暴法"的原理和方法，邀请数量合规、结构合理的专家参加专题研讨，大家就构建地下空间利用现状分类体系的原则、依据、方案等重要问题，各抒己见后达到共识；二是依据"德尔菲法"的原理和方法，再次组织数量合规、结构合理的专家参加专题研讨，填写咨询意见表，经过三轮专家填表及统计分析，生成地下空间利用现状分类系统。

4.2　城市地下空间利用现状分类草案

城市地下空间利用现状分类草案如表 4-1 所示。

表 4 - 1　　　　　　　　城市地下空间利用现状分类表

类别代码		类别名称	内容
大类（9）	中类（34）		
DX - JT		地下交通空间	地下轨道交通设施、地下公交场站、地下道路设施、地下停车设施、地下人行通道等
	DX - JT 01	地下道路设施空间	地下机动车、非机动车通道等设施的空间
	DX - JT 02	地下对外交通设施空间	铁路、公路、管道运输、机场等城市对外交通运输及其场站等设施的地下部分
	DX - JT 03	地下公共交通设施空间	地下公共交通场站及线路等设施的空间
	DX - JT 04	地下停车设施空间	独立地段地下公共停车库和各类用地配建停车库
	DX - JT 05	其他地下交通设施空间	除上述地下交通设施之外的地下交通设施
DX - SZ		地下市政空间	地下市政场站、地下市政管线及管廊等
	DX - SZ 01	地下市政场站空间	给水处理厂、污水处理厂、泵站、变电站、通信机房、垃圾转运站和雨水调蓄池等
	DX - SZ 02	地下市政管线设施空间	电力管线、通信管线、热力管线、燃气管线、给水管线、再生水管线、雨水管线、污水管线等
	DX - SZ 03	综合管廊设施空间	综合管廊的管线、管道及配套设施
	DX - SZ 04	电缆隧道设施空间	电缆隧道的管线、管道及配套设施
	DX - SZ 05	其他地下市政设施空间	除上述地下市政公用设施之外的地下市政设施
DX - GG		地下公共空间	地下行政、文化、教育、卫生等设施
	DX - GG 01	地下行政办公设施空间	地下党政机关、社会团体、事业单位等设施
	DX - GG 02	地下文化设施空间	地下图书、档案馆、展览馆等公共文化活动设施
	DX - GG 03	地下教育科研设施空间	地下实验室等设施
	DX - GG 04	地下体育设施空间	地下体育场馆设施等
	DX - GG 05	地下医疗卫生设施空间	地下医疗、保健、卫生、防疫、急救等设施
	DX - GG 06	地下文物古迹空间	具有历史、艺术、科学价值且没有其他使用功能的地下建筑物、构筑物、遗址、墓葬等
	DX - GG 07	地下宗教设施空间	地下宗教活动场所设施
	DX - GG 08	其他地下公共空间	除上述地下公共空间以外的其他地下公共空间

续表

类别代码		类别名称	内容
大类（9）	中类（34）		
DX - SF		地下商服空间	地下商业、服务业，如餐饮、娱乐、商务等设施利用的地下空间
	DX - SF 01	地下商业设施空间	地下商铺、商场、超市、餐饮等设施
	DX - SF02	地下商务设施空间	地下金融保险、艺术传媒、技术服务等综合性办公设施
	DX - SF03	地下娱乐康体空间	地下娱乐康体等设施
	DX - SF04	地下其他服务设施空间	地下民营培训机构、私人诊所、殡葬、宠物医院等其他服务设施
DX - CC		地下工业仓储空间	地下工业和物资储备配送等设施利用空间
	DX - CC 01	一类地下工业仓储设施空间	对公共环境基本无干扰、污染和安全隐患的地下物流仓储设施
	DX - CC 02	二类地下工业仓储设施空间	对公共环境基本有一定干扰、污染和安全隐患的地下物流仓储设施
	DX - CC 03	三类地下工业仓储设施空间	易燃、易爆和剧毒等危险品的专用地下物流仓储设施
	DX - CC 04	其他地下工业仓储空间	除上述以外其他物流仓储空间
DX - FZ		地下防灾空间	人民防空、地下消防、地下防洪、地下抗震等设施
	DX - FZ 01	人民防空设施空间	通信指挥工程、医疗救护工程、防空专业队工程、人员掩蔽工程等设施
	DX - FZ 02	安全设施空间	地下消防、防洪、抗震等设施
	DX - FZ 03	其他地下防灾空间	除上述以外的其他地下防灾空间
DX - JZ		地下居住空间	地下住宅建设占用空间
	DX - JZ01	地下居室空间	地下居住设施利用空间
	DX - JZ02	地下居室配套空间	地下居住配套设施利用空间
DX - WY		未利用地下空间	尚未开发利用的地下空间
	DX - WY01	禁止开发地下空间	因生态保护、文物保护等禁止开发的地下空间
	DX - WY02	其他未用地下空间	其他尚未开发利用的地下空间
DX - QT		其他地下空间	上述地下设施之外的地下设施利用的地下空间
	DX - QT01	其他地下空间	上述地下设施之外的地下设施利用的地下空间

4.3 城市地下空间利用现状分类说明

《城市地下空间利用现状分类（草案）》采用一级、二级两个层次的分类体系，共分 9 个一级类、34 个二级类。其中一级类包括：地下交通空间、地下市政空间、地下公共空间、地下商服空间、地下工业仓储空间、地下防灾空间、地下居住空间、未利用地下空间、其他地下空间。

《城市地下空间利用现状分类（草案）》确定的城市地下空间利用现状分类，严格按照管理需要和分类学的要求，对城市地下空间利用现状类型进行归纳和划分。一是区分"类型"和"区域"，按照类型的唯一性进行划分，不依"区域"确定"类型"；二是按照地下空间用途、功能特征、地下设施利用方式和地下设施类型四个主要指标进行分类。一级类主要按地下空间用途和功能特征进行划分；二级类按地下设施利用方式和类型特征进行续分，所采用的指标具有唯一性；三是体现地上地下一体化原则，按照相对一致的指标体系，统筹划分地上地下国土空间类型，实现了国土空间分类的"全覆盖"。这个分类系统既能与国土资源、城乡规划等有关部门颁发、使用的国土空间分类技术规范相衔接，又与时俱进，满足当前和今后节约集约利用地下空间的需要，为地下空间利用规划、建设、管理和调控提供基本信息，具有很强的实用性。同时还可根据管理和应用需要进行续分，开放性强。该分类系统能够与以往的土地利用现状分类、城市地下空间设施分类进行有效衔接，不至于由于新的分类方案出现造成国土空间基本信息的"断档"或"冲突"。

据调查可知，由于客观历史原因，多年来我国国土空间资源分类标准不统一，国土空间资源基础数据源出多门、口径不一、数据矛盾，对国土资源规范化管理和国家宏观管理科学决策带来了不利影响。特别是城市地下空间利用现状未受到应有重视，城市地下空间利用现状分类研究薄弱，导致城市地下空间利用现状分类方案缺失，对地下空间资源规范化管理和国家宏观管理科学决策带来了不利影响。《城市地下空间利用现状分类（草案）》有利于地下空间利用现状分类标准的统一，将有效避免各部门因国土空间利用分类不一致引起的统计重复、数据矛盾、难以分析应用等问题，对科学划分地下空间类型、掌握真实可靠的地下空间基础数据、实施全国国土空间和城乡地政统一管理乃至国家宏观管理和决策具有重大意义。

《城市地下空间利用现状分类》（草案）编制工作从 2013 年开始筹备，于 2015 年列入重庆市科委专项。为了全面了解城市地下空间利用现状、规划、建设和管理情况，重庆工商大学、重庆邮电大学、西南大学地理科学学院、重庆市国土资源和房屋管理局成立了城市地下空间集约利用调研组，分别对重庆的渝中区、江北区、南岸区、沙坪坝区、北碚区等主城九区进行了实地调研。调研采取了座谈、问卷调查、走访等多种形式。一是在各级国土部门、规划部门、人防部门通过发放调查问卷及座谈的形式了解相关基本情况并搜集相关资料；二是通过走访城市综合交通枢纽、城市综合商务中心、城市综合人防工程等地下空间，获取大量城市地下空间集约利用信息；三是举办专题学术研讨会和文献研究，集思广益、梳理总结学术界关于城市地下空间集约利用和城市地下空间利用现状分类的研究成果。调研组共计发放问卷 860 余份，从不同角度收集到了丰富翔实的基础材料。课题组立足 SPD（social investigation、political analysis、documentary study）技术平台，运用国土管理科学、城乡规划科学的原理和方法，加强科学论证，着力提升城市地下空间利用现状分类研究成果的科学化水平。

4.4　研究小结

4.4.1　城市地下空间利用现状分类研究具有重要的意义

《城市地下空间开发利用"十三五"规划》中特别强调，合理开发利用城市地下空间，是优化城市空间结构和管理格局，缓解城市土地资源紧张的必要措施，对于推动城市由外延扩张式向内涵提升式转变，提高城市综合承载能力具有重要意义。随着城市化进程的加速，我国各个城市都加快了对地下空间的开发，而种类繁多、错综复杂的地下空间综合网络系统，要求更精确更细致的城市地下空间信息化管理，信息化管理也需要统一的分类标准及代码，故深入研究城市地下空间利用现状分类，统一城市地下空间利用分类标准及编码迫在眉睫。

4.4.2　我国尚无统一的城市地下空间利用现状分类体系

目前，城市地下空间利用现状分类研究薄弱，城市地下空间利用现状分类方案缺失。研究组织完成的《城市地下空间利用现状分类》（草案）有利于地下空间利用现状分类标准的统一，将避免各部门因国土空间利用分类不一致引起的统计重复、数据矛盾、难以分析应用等问题，对科学划分地下空间类型、掌握真实可靠的地下空间基础数据、实施全国国土空间和城乡地政统一管理乃至国家宏观管理和决策具有重大意义。

4.4.3　《城市地下空间利用现状分类》（草案）具有很强实用性

《城市地下空间利用现状分类》（草案）采用一级、二级两个层次的分类体系，共分9个一级类、34个二级类。一级类主要按地下空间用途和功能特征，二级类按地下设施利用方式和类型特征进行续分，所采用的指标具有唯一性。该分类系统能够与以往的土地利用现状分类和城市地下空间设施分类进行有效衔接，同时，还可根据管理和应用需要进行续分，实用性强，适合我国发展现状。

第 5 章

综合交通枢纽地下空间利用现状调查技术体系研究

5.1 现状调查的目的和任务

5.1.1 调查目的

地下空间利用现状是人类根据一个地区地下空间的自然条件进行经济社会活动的产物。地下空间利用现状调查是指以一定行政区域或自然区域或用地单位为调查对象，以查清调查对象的各种地下空间利用类型的面积、结构、分布、利用状况和产权状况为目的而开展的国土空间利用调查活动（代朋，2012；刘黎明，2012）。地下空间利用现状调查是我国现阶段进行的国土资源调查的重要组成部分。它通过划分地下空间利用类型，研究、分析地下空间利用的特点及各类地下空间之间的相同性和差异性，如实反映地下空间利用的现状，掌握地下空间利用变化和权属变化的特征和规律，揭示地下空间利用方面存在的问题和原因，提出合理开发、集约利用、切实保护地下空间的对策建议，为制定经济社会发展规划、国土规划、城乡规划等提供科学依据，同时为推进生态文明建设，提升国土资源节约集约利用水平提供决策支撑。主要调查任务有：

（1）查明一定行政区域或自然区域或用地单位的各种地下空间利用类型的数量、质量、分布状况，为建立健全国土空间统计体系而服务。

（2）查明一定行政区域或自然区域或用地单位的各种地下空间利用类型的行政区界与权属界线，为建立健全地籍管理和不动产统一登记管理而服务。

（3）查明一定行政区域或自然区域或用地单位的各种地下空间利用类型的经济效益、社会效益、生态效益和环境影响，为节约集约利用地下空间提供经验借鉴。

（4）调查分析并梳理总结各个地方和各个单位地下空间利用的成效、经验、问题、原因，为建立健全有中国特色的地下空间管理机制、体制、制度提供决策建议。

（5）梳理总结、创新探索各个地方和各个单位地下空间利用调查的研究成果，为建立健全我国地下空间利用调查的理论基础和技术体系提供科学依据。

5.1.2　调查内容

地下空间利用现状调查的实施单位是县（区），县（区）以下按行政区划和权属单位进行调查。行政区划调查的基本单位是街、镇，国有土地地下空间利用现状调查的基本单元是农、林、牧场以及居民点以外的厂矿、机关、部队、学校等全民所有制单位的地下空间。就本书的案例区域而言，地下空间利用现状调查的实施单位是重庆市沙坪坝综合交通枢纽地下空间，即该项目区红线范围内的地下空间。

综合交通枢纽地下空间利用现状调查的基本内容包括：开展项目区境界、土地权属界线和地下空间权属界线调查；开展地下空间利用现状分类与利用类型调查；开展辖区范围内土地和地下空间规模、结构、布局调查；开展辖区范围内的土地和地下空间利用效益和影响调查；编制地下空间利用现状图、土地权属线图；总结地下空间利用的经验教训，提出合理利用地下空间的建议；开展地下空间利用现状调查总结，编写地下空间利用现状报告。

综合交通枢纽地下空间利用现状调查的主要成果包括：项目区各类土地面积和地下空间面积统计表；项目区土地和地下空间利用效益统计表；项目区土地权属界线图、地下空间利用现状图；项目区地下空间利用现状调查报告和说明书等。

5.1.3　调查程序

地下空间利用现状调查技术路线见图 5-1。

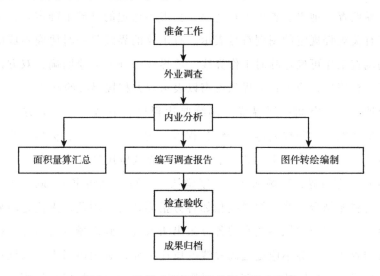

图 5-1　地下空间利用现状调查技术路线

5.2　现状外业调查

目前，我国尚未颁发地下空间利用现状调查的技术规范，本书遵循《第二次全国土地调查技术规程》有关要求，以沙坪坝综合交通枢纽为研究案例，结合其地下空间利用的实际情况，开展地下空间利用现状外业调查。

5.2.1　境界与权属界调绘

境界包括国界及各级行政区划界线。土地和地下空间权属界包括村队、居民点、厂矿、机关团体、部队、学校、企事业单位的土地和地下空间的所有权和使用权界。国界以调查区所使用的地形图为准。调查区的省、地、县、区、乡等各级行政界线和村的土地和地下空间权属界线，无论是同期调查，还是不同期调查，均应由相邻单位共同签署确认。若以线状地物为界，应明确线状地物的归属关系，标明注记。

境界线调绘的目的是查清各级行政区域界线。境界线调绘主要是乡镇界和县市界调查。地界、省界可在乡镇、县市界认定的基础上确定。各级境界线应按有关规程规定的图例符号表示。有争议的界线且一时协商不成的，如不影响调查工作可确定临时工作界线。境界线经外业调绘明确，双方认可并在底图上标清后，应签订境界认可书以表示双方相接界线的确认。

土地和地下空间权属界线的调绘要达到权属清楚、界线双方确认的要求。土地和地下空间权属界线调绘过程可分为通知、指界、标界、签订权属界线协议书等项工作。土地和地下空间权属界线应用规定符号表示：

（1）三方指界，现场标绘，签字确认，填写《认可书》。调查访问和查阅有关资料相结合，并组织界线相邻各方指界认可。因此，无论是境界还是权属界的调查都应组织界线有关各方派出法人代表到现场进行指界，接受调绘人员的查访。指界不应是远离界线的概述指界，必须由指界人陪同调绘人员踩踏界线边走边陈述，而调绘人员则边踩界边标绘。权属界线野外调查后应及时填写《土地和地下空间权属界线认可书》，绘制好附图，由界线相邻各方签章认可。

（2）确认依据：具有法律效力的土地权属证明。

（3）争议地界：填写《原由书》，按《中华人民共和国土地管理法》《中华人民共和国物权法》，处置争议地界。

（4）界线标绘准确、规范，误差＜0.3毫米。无论是行政境界还是权属界线均标绘准确，任何一个点在航片上的位移不应超过0.3毫米。在界线与线状地物重合情况下，界线的标绘精度依线状地物标绘精度而论，界线本身只起到符号的作用。

5.2.2　地下空间利用类型调查

地下空间利用类型调查是地下空间利用现状调查的一项外业工作。它的任务就是通过实地踏勘，摸清各种土地和地下空间利用类型的结构和分布，即确定每个用地单位的土地和地下空间利用类型后将它们标注在工作底图上。地下空间利用类型调绘按《城市地下空间利用分类》（草案），在实地对照航片逐一判读、调绘、标记于透明纸上，并填写外业手簿。调绘时应认真掌握分类含义，注意区分相近地类；地类界线应当封闭并以实线表示；地类应按规定的图例符号注记于航片上。

　　土地和地下空间利用类型调绘工作主要包括对土地和地下空间类型和图斑界线，通过实地调查和对照航片判辨，将他们标绘在蒙片或工作底图上，并作相应的注记和记录。按统一的土地和地下空间利用现状分类方案实施；正确判定地类，规范填写标记；明确地类图斑面积的下限，图斑面积小于下限的，采用打点注记；为了充分翔实地反映土地和地下空间利用的实际情况，也为了避免图面负担过大和制图的不便，工作底图比例尺为 1：500。界线标绘的点位精度要求偏离不大于 0.3 毫米，调绘困难地区或片上影像不明显处可放宽至 1.0 毫米。调绘好的图斑应给予编号，并将其编号、地类、利用状况等载入调绘外业手簿。

5.3　现状调查成果制作

　　目前，我国尚未颁发地下空间利用现状调查的技术规范，因此建议遵循《第二次全国土地调查技术规程》（TD/T1014—2007）、《第三次全国国土调查技术规程》（TD/T1055—2019）的有关要求，结合各具体研究案例地下空间利用的实际情况，开展地下空间利用现状调查成果制作。综合交通枢纽地下空间利用现状调查成果制作的工作内容通常应包括：地下空间利用现状图件编制、地下空间利用现状面积量算以及地下空间利用现状调查报告编写。

5.3.1　图件编制

　　地下空间利用现状图是一种专题地图，它将地下空间开发、利用和保护的空间分布情况，各个地下空间利用类型用各种不同的地图要素表示在地图上。由于它必须形象、直观地表示地下空间利用的现实状况，因此在图幅内容上不仅要有定性、定位和定量的概念，而且还应该兼顾到专题图的表现科学性、生产实用性与制图艺术性的完美结合。

依据《第二次全国土地调查技术规程》（TD/T1014—2007）、《第三次全国国土调查技术规程》（TD/T1055—2019）的有关要求，土地利用现状调查采用航片转绘编制土地利用类型分布图。航片转绘是指把航片上调绘的内容转绘到地形图上的过程。航片转绘包括航片投影误差的改正、倾斜误差的改正和统一比例尺三项内容。地形图上的控制点、地貌、地物的高程和平面位置是航片转绘的控制基础。以地形图为底图的转绘必须寻找航片上与地形图上能够相互对应的点、线、面，充分利用地形图上的正确位置进行转绘。同时注意要将航空像片的倾斜误差和投影误差限制在成图精度要求的范围内，即按照统一的制图比例尺，将航片上中心投影的地物、地类图斑通过科学方法转绘，改变为垂直投影地形图的地物、地类图斑。航片转绘的方法很多，根据转绘手段的不同，大致可归纳为图解转绘和仪器转绘两大类。图解转绘法是根据航片和地形图上已知同名地物点，借助作图工作通过图解来进行转绘。图解转绘法有图解格网法、交会法、平行尺转绘法、单辐射分带转绘法、全能转绘法和单辐射计算转绘法。仪器转绘法有单投影仪分带转绘法、多信仪立体转绘法、微机—数字化仪—绘图仪结合的解析转绘法和HCZ—02型简易仪器转绘法。

综合交通枢纽地下空间利用类型分布图以原工程规划设计资料为基础，结合现场调查和实测，进行编制。

5.3.2 面积量算

依据《第二次全国土地调查技术规程》（TD/T1014—2007）、《第三次全国国土调查技术规程》（TD/T1055—2019）的有关要求，土地利用类型面积量算的原则是：图幅为基本控制，分幅进行量算，按面积比例平差，自上而下逐级汇总。土地利用现状调查中，面积量算工作都是在地形图上进行的，这些图件的每一幅都有一定的理论面积。根据图幅编号或图廓的经纬度，从高斯投影图廓坐标表中可以查取到图幅面积。由于每幅图有其自身的理论面积，因而面积量算工作应当逐幅进行。即使一个行政单位的土地分布在相邻

的两张地形图内，也必须先将它视为两块或几块，分别在所在图幅理论面积
的控制下量算出正确的面积，然后将其加总。由于面积量算误差存在，各部
门量算面积之和与控制面积之间总会出现闭合差，当闭合差超过允许误差
时，需要重新量算。当闭合差小于允许误差时，可以进行平差。

综合交通枢纽地下空间利用类型面积量算以原工程规划设计资料为基
础，结合现场调查和实测，采用 GIS 技术进行量算。

5.3.3　报告编制

依据《第二次全国土地调查技术规程》（TD/T1014—2007）、《第三次全
国国土调查技术规程》（TD/T1055—2019）的有关要求，土地利用现状调查
报告是对现状调查的综合陈述，是重要的研究成果。编写调查报告的目的在
于对调查工作进行全面总结，反映调查工作的全过程，汇报调查的成果和质
量，分析土地利用的程度和效益，总结土地利用的经验和存在的问题并提出
充分合理利用土地的建议，为日后的调查成果完善提供技术接口。综合交通
枢纽地下空间利用现状调查报告的主要内容：

（1）自然和社会经济概况。

主要包括调查区的地理位置、行政区划和总面积。自然概况中应包括地
貌、气候、土壤、植被、地质、水资源等内容。还包括人口、劳力、各业产
值、人均收入水平等社会经济概况。

（2）调查工作情况。

组织、技术（包括工作步骤和方法、技术规程的执行情况、技术资料的
收集和应用、保证成果质量的主要措施等）和其他（包括调查内外业的工作
量统计、各阶段安排的时间、经费的筹集和使用，以及工作经验教训、存在
问题等）。

（3）调查成果内容。

完成的各项调查成果名称、主要内容。地下空间类型结构分析、地下空
间利用特点分析，地下空间权属状况分析、成果质量评价、地下空间开发利
用保护的经验、存在的问题以及节约集约利用地下空间的对策建议。

（4）调查报告的附件。

附件一般包括地下空间利用现状调查统计表、地下空间利用现状图、地下空间利用现状调查中的专题研究报告等。

5.4 沙坪坝区地下空间利用现状分析

5.4.1 社会经济条件分析

重庆位于我国西部地区，集大城市、大农村、大山区、大库区以及少数民族聚居区于一体，正处于经济社会发展与资源环境保护并重的关键时期。人多地少、土地资源相对不足、环境承载能力较差成为城市发展的基本特征。充分挖掘城市地下空间资源潜力，实现有计划、有步骤地开发，形成系统化、立体化、现代化的城市地下空间体系，对提高重庆城市基础设施容量、改善城市功能结构具有重要意义。

沙坪坝区位于重庆市主城区，定位为重庆对外开放先行区、重庆科技教育的核心支撑、重庆电子信息产业集群的核心载体、重庆商贸物流中心的重要支柱、承担市级两大城市副中心职能的现代化宜居城区。近年来经济社会发展良好。总体经济稳中有进，初步核算，2015 年实现地区生产总值（GDP）714.3 亿元，按可比价格计算，比上年增长 8.0%。从不同产业看，第一产业实现增加值 5.6 亿元，比上年下降 1.5%；第二产业实现增加值 328 亿元，比上年增长 4.6%；第三产业实现增加值 380.7 亿元，比上年增长 11.2%。三次产业结构比为：0.8∶45.9∶53.3，产业结构为"三二一"。从三次产业对经济增长的贡献程度看：第一产业的贡献率为负百分之 0.1；第二产业贡献率为 27.6%，拉动经济增长 2.2 个百分点，其中工业拉动经济增长 1.6 个百分点；第三产业贡献率为 72.5%，拉动经济增长 5.8 个百分点。全年物价水平相对温和，城市居民消费价格指数（CPI）基本稳定，比上年上涨 1.3%，涨幅比去年同期回落 0.5 个百分点。沙坪坝区居民人均消费性支出 20630 元，比上年增长 8.2%。其中城镇居民人均消费性支出 21278 元，比上年增长 7.7%；农村居民人均生活消费支出 10265 元，比上年增长 20.2%。

　　根据世界工业发达国家城市地下空间开发利用与人均国内生产总值（GDP）的统计分析，人均 GDP 超过 3000 美元的国家或地区就具备适度规模开发城市地下空间的能力（陈志龙，张平等，2015）。据国家统计局发布的《2015 年国民经济和社会发展统计公报》披露，我国 2008 年 GDP 总量达到 676708 亿元人民币，按 2015 年平均汇率 6.3865 计算，折合 105959.133 亿美元；依据 2015 年统计公报披露的年末人口统计数字，2015 年我国人口为 137462 万人，以此计算我国 2015 年人均 GDP 为 7708.25 美元。以常住人口计算，2015 年重庆市人均 GDP 已经达到了 8402 美元。因此我国在对开发、利用地下空间的需求和经济发展水平具备的条件下，大规模开发利用地下空间的时机已经成熟。

　　沙坪坝属于重庆市主城区域，经济发展良好，《2015 年重庆市沙坪坝区国民经济和社会发展统计公报》显示，2015 年沙坪坝区人均 GDP 已经超过 1 万美元，具备适度规模开发地下空间资源的经济条件。具体如表 5-1 所示。

表 5-1　　　　　　　重庆市部分主城区 GDP 排名

GDP 排名	区县	2015 年 GDP（亿元）	2015 年常住人口（万）	人均 GDP（元）	人均 GDP（美元）	人均 GDP 排名
3	渝中区	958.17	64.95	147524.25	23685.74	1
2	九龙坡区	1003.57	118.69	84553.88	13575.54	2
7	江北区	687.31	84.98	80879.03	12985.52	3
8	南岸区	679.38	85.81	79172.59	12711.55	4
1	渝北区	1193.34	155.09	76945.00	12353.90	5
5	涪陵区	813.19	114.08	71282.43	11444.74	6
6	沙坪坝区	714.30	112.83	63307.63	10164.35	7
11	巴南区	568.34	100.58	56506.26	9072.36	8

5.4.2　沙坪坝区地下空间利用特点

（1）数量众多。

2012 年该区土地利用变更调查成果显示，全区土地面积 396.2 平方公里，建设用地面积约 205.98 平方公里，其中城镇村及工矿用地 123.59 平方公里。近年来随着地上地下空间开发利用技术的发展，沙坪坝区利用自身独特的地形地貌，依托现有的大量人防工程，根据城市发展的需要，开始大规模的开发地上地下空间。据调查，全区地下空间利用面积达到12.41平方公里，占全区土地面积的3.13%，占建设用地面积的6.02%，占城镇村及工矿用地面积的10.02%。

（2）分布广泛。

由于沙坪坝区独特的地形地貌和城市发展的需要，全区国土空间利用已呈现纵横交错的立体局面，各类地上地下空间利用随处可见。商务中心的地下商场、高层建筑修建的地下停车库、规模庞大的地下防空洞室、纵横全区的轨道交通1号线（地铁），2号线（轻轨）和3号线（轻轨）高空和地下轨道以及站台、大量的公路隧道、铁路隧道及跨江大桥、旱桥。据调查，62%的地表公里网格都有地下空间利用图斑。

（3）类型多样。

经过多年的建设，沙坪坝区的地上地下空间开发衍生了众多利用类型以满足不同的功能需要。据调查，《城市地下空间利用分类》（草案）中9个一级类和34个二级类在该区都有分布。据调查，全区地下空间的开发利用主要以地下人防工程、地下交通网络、地下市政设施为主，其利用面积约占全区地下空间利用面积的84%。

（4）效益明显。

沙坪坝区地下空间开发利用保护取得了良好的经济效应、社会效益和生态效益。据调查，2015年该区地下空间综合产值达到56.22亿元，占全区GDP的7.87%。地下空间利用促进了该区经济发展。同时地下空间开发利用保护缓解了该区城市建设与土地供给的矛盾，为平衡生态空间、生产空间和生活空间作出了贡献。

5.4.3 沙坪坝区地下空间产权管理现状

沙坪坝区目前对于空间使用权的确权登记颁证主要遵循《中华人民共和国物权法》《中华人民共和国土地管理法》等法律法规的要求实施。由于该区国土空间产权管理法规相对完备，管理体制相对健全，空间使用权的确权登记颁证工作推进顺利。由于经营性空间使用权是以出让方式取得，具有资产属性，产权人有强烈意愿要求确权登记颁证。据调查，该区城市国土空间（土地）确权登记颁证率达到98%。城市国土空间（地下空间）确权登记颁证率仅为26%。

目前，沙坪坝区城市地下空间产权管理中存在的主要问题是：

（1）城市地下空间确权登记颁证存在不足。

由于国土空间管理历史沿革和产权制度建设滞后，地下空间确权登记颁证工作尚不能适应经济社会发展要求。沙坪坝区存在大量的地下防空洞室等民防工程，同时还有大量的地上地下空间以道路、绿化、广场或轨道交通用地等公益性形式存在。这些空间的管理部门多为市政部门及交通部门，这些权利主体没有办理登记的需求和愿望，也没有完成确权登记办证。此外，国土空间地役权特别是通行地役权的登记，主要取决于需役地人的需求。如轻轨建设在市政道路以及绿地上空的高架桥以及在市政用地上、绿地上以及其他使用权主体地下线路的站点出入口和风亭占地，都涉及地役权的登记，但是由于权利双方没有登记需求，故目前轨道交通相关线路（含站台和轨道）均没有办理登记。

（2）城市地下空间权利范围界定存在不足。

当前，大部分规划的建设用地使用权已经划拨或出让给法人及其他社会组织、公民，但是对于其建设用地使用权的竖向界限以及纵向范围、垂直深度等没有进行明确。一方面，空间使用人对其所享有的地下空间使用权范围没有相关的法律法规依据，极有可能导致土地使用者对地下空间深度的延伸利用，严重妨碍城市地下空间的开发利用保护；另一方面，没有相关法律规范城市地上地下空间使用权的主体、主体的权利、责任和义务，不利于保护合法取得地下空间使用权的投资人的合法权益。

（3）城市地下空间建构筑物权属界定存在不足。

虽然《中华人民共和国物权法》（以下简称《物权法》）对建设用地使用权可以在地表、地下或者地上设立做了相关规定，但目前大部分省市在实际操作中，地下空间供给及确权登记发证程序也是参照地表建构筑物的方式来进行管理，并享有同样的权利。目前还没有一部专项法律法规对城市地下空间建构筑物的权利作出明确的规范，在国土空间管理实际工作中地下建筑作为一种不动产，其权属是模糊的。据调查，大量未进行确权登记颁证的人防工程的使用人在《物权法》出台后已经逐渐表现出强烈的登记意愿。目前国家尚未有相关的正式法律、法规可以参照执行。近年来，为保护使用人及产权人的合法权益，重庆市国土房管局和重庆市民防办公室相互配合连续出台了系列文件，但该区城市地下空间建构筑物权属界定仍存在不足。

（4）城市地下空间权属管理体制存在不足。

城市地下空间开发利用保护涉及国土、规划、民防、建委等多个管理部门，实际操作中由于部门之间责权界限的划定不清晰、相互之间协调机制的缺失，造成城市地下空间权属管理职责不清，形成"九龙治水"都管又都不管的局面。从管理方式看，目前的地籍管理主要采用二维地籍管理模式，由于二维地籍表达自身特有的局限性，不能清晰、直观地反映各种宗地空间立体开发利用保护的现状，导致城市建设的三维空间利用状况没有进行完全的登记、记载，城市建构筑物在宗地图和地籍图上缺失或记载不全。

5.5 沙坪坝综合交通枢纽地下空间利用现状分析

5.5.1 沙坪坝综合交通枢纽地下空间利用调查指标

为摸清沙坪坝综合交通枢纽地下空间利用的基本情况，揭示沙坪坝综合交通枢纽地下空间利用存在的问题，提出沙坪坝综合交通枢纽地下空间集约利用的建议，遵循国土空间利用调查的技术规范，结合沙坪坝综合交通枢纽地下空间利用现状的实际情况，构建了沙坪坝综合交通枢纽地下空间利用调查指标体系。

该指标体系由 6 个一级类指标和 39 个二级类指标构成，详见附件 4《沙坪坝综合交通枢纽地下空间利用调查指标体系》。其中 6 个一级类指标是：交通枢纽地下空间利用强度指标、交通枢纽地表空间利用强度指标、交通枢纽综合效益指标、交通枢纽外部效应指标、交通枢纽土地利用类型结构指标和交通枢纽地下空间利用结构指标。通过现场调查勘测、资料统计分析，完成了 39 个二级指标现状值的取值（参数体系）、校正和核实，并经组织专家论证会初审得到了认可。该指标体系和参数体系达到设计要求并且能够满足沙坪坝综合交通枢纽地下空间利用现状分析和集约利用评价的要求。

5.5.2　沙坪坝综合交通枢纽地下空间利用现状特征

本书遵循国土空间利用调查的技术规范，结合沙坪坝综合交通枢纽地下空间利用现状的实际情况，按照相关要求，分析了沙坪坝综合交通枢纽地下空间利用特点：

（1）从地下空间利用强度看，沙坪坝综合交通枢纽地下空间利用强度较低。其利用强度指标体系为：

①地下空间利用最大深度现状值 A1：31.00 米；

②地下空间利用平均深度现状值 A2：5.00 米；

③地下空间最大投影面积现状值 A3：12351.64 平方米；

④地下空间平均投影面积现状值 A4：7896.71 平方米；

⑤地下空间建筑总面积现状值 A5：15793.41 平方米；

⑥地下空间建筑容积现状值 A6：78967.05 立方米（A5 × A2）；

⑦地下空间建筑密度现状值 A7：4.66%（A7 = A3/B3）；

⑧地下空间建筑容积率现状值 A8：0.06（A8 = A5/B3）。

（2）从地下空间利用结构看，沙坪坝综合交通枢纽地下空间利用结构类型完备。其利用结构指标体系为：

①地下交通空间建筑面积现状值 DX - JT：8237.84 平方米；

②地下市政空间建筑面积现状值 DX - SZ：947.60 平方米；

③地下公共空间建筑面积现状值 DX - GG：325.34 平方米；

④地下商服空间建筑面积现状值 DX - SF：1934.69 平方米；

⑤地下仓储空间建筑面积现状值 DX - CC：3539.30 平方米；

⑥地下防灾空间建筑面积现状值 DX - FZ：619.00 平方米；

⑦地下居住空间建筑面积现状值 DX - JZ：0.00 平方米；

⑧地下其他利用空间建筑面积现状值 DX－QT：189.52平方米；

⑨地下未利用空间面积现状值 DX－WY：252722.38平方米。

（3）从地下空间利用布局看，沙坪坝综合交通枢纽地下空间利用布局以单层布局为主体。其利用分布指标体系为：

①地下空间利用平均深度现状值 A2：5.00米；

②地下空间最大投影面积现状值 A3：12351.64平方米；

③地下空间平均投影面积现状值 A4：7896.71平方米。

（4）从地下空间利用效益看，沙坪坝综合交通枢纽地下空间利用效益良好。其利用效益指标体系为：

①交通枢纽旅客流量现状值 C1：2.52万人/日；

②交通枢纽就业人口现状值 C2：0.40万人；

③交通枢纽综合产值现状值 C3：3.86亿元/年；

④交通枢纽固定资产现状值 C4：40.16亿元；

⑤交通枢纽地表人口集聚效应现状值 D1：常住人口密度5.28万人/平方公里；

⑥交通枢纽地表资产集聚效应现状值 D2：固定资产密度285.21亿元/平方公里；

⑦交通枢纽地表商服集聚效应现状值 D3：商服产值密度326.00亿元/平方公里；

⑧交通枢纽地表交通集聚效应现状值 D4：公交客流流量14.27万人/日；

⑨交通枢纽基础设施集聚效应现状值 D5：基础设施资产密度11.28亿元/平方公里；

⑩交通枢纽人居环境集聚效应现状值 D6：人均绿地面积6.41平方米/人。

5.5.3 沙坪坝综合交通枢纽地下空间利用存在问题

根据国土空间利用调查的技术规范，结合沙坪坝综合交通枢纽地下空间利用现状的实际情况开展研究，分析表明沙坪坝综合交通枢纽地下空间利用存在以下问题：

（1）地下空间产权管理存在不足。

一是沙坪坝综合交通枢纽地下空间权利范围勘察、定界、确认有待完善，其用地范围边界清楚、用途明确，但是对于其地下空间使用权的竖向界限、纵向范围、垂直深度等没有进行勘界、确认，这种"有空间无勘界"的状况，难以办理地下空间产权登记，不利于维护权利主体的合法权益；二是沙坪坝综合交通枢纽地下空间确权登记颁证有待完善，由于国土空间管理历史沿革和产权制度建设滞后，沙坪坝综合交通枢纽地下空间确权登记颁证工作尚未办结，这种"有空间无证书"的状况不利于维护权利主体的合法权益。

（2）地下空间用途管制存在不足。

国土空间用途管制的方式有空间利用分类管制、空间利用规划管制、空间利用计划管制以及空间转用审批管制。据调查，沙坪坝综合交通枢纽地下空间用途管制存在不足表现在：一是地下空间利用规划及相关资料缺失，不能适应地下空间开发利用保护的要求，不利于提高地下空间节约集约利用水平；二是地下空间利用分类管理制度建设滞后，不能适应地下空间规划建设管理的要求，不利于提高地下空间节约集约利用水平。

（3）地下空间资产管理存在不足。

地下空间既是宝贵的国土资源，又是重要的国土资产，我们不仅要珍惜每一块土地，也要珍惜每一方地下空间。据调查显示沙坪坝综合交通枢纽地下空间资产管理存在不足表现在：一是地下空间资产价值搞不清楚，谁也说不清自己的地下空间资产价值几何，这种状况不能适应保护产权主体权益的要求；二是地下空间资产管理制度建设滞后，不能满足加强国有资产管理的需要。

（4）地下空间安全管理存在不足。

2004 年 8 月，渝遂高速公路歌乐山隧道施工引发歌乐山天池村地面塌陷，影响 300 余户居民和西藏中学上千师生安全。2012 年 12 月，沙坪坝区歌乐山镇渝生装饰板材厂厂区发生地面塌陷，导致房屋损毁，工厂停工。此次地面塌陷表明，歌乐山地区的地面塌陷已进入人口聚集区，危险等级提高。据统计，目前沙坪坝歌乐山镇、中梁镇发生的地面塌陷已超过 110 处，严重威胁人民群众生命财产安全。据调查显示，许多地面塌陷的发生与该区域近年来密集的地下工程建设有紧密联系（梅秀英，2016）。如前所述，沙坪坝综合交通枢纽地下空间利用强度不大，地质环境安全性较好，但地下空间安全管理意识不能放松。由此可知，沙坪坝综合交通枢纽地下空间开发利用保护存在安全隐患，一是地下空间安全管理制度有待完善；二是地下空间安全监测预警设施有待完善。

第6章

综合交通枢纽地下空间集约利用评价技术体系研究

6.1 集约利用评价的需求分析

综合交通枢纽区域地下空间集约利用评价必要性是由地下空间的特殊性、经济社会发展要求和综合交通枢纽区域的特殊性决定的。

6.1.1 地下空间的特殊性

（1）相对不可逆性。

地下空间一旦被开发，地层结构将不可能恢复到原来的状态，已建的地下建筑物的存在将影响到邻近地区的使用。有些地下空间即使理论上可以恢复，也需要付出高昂的成本。

（2）地下建设项目的相对独立性。

地下空间与地上空间的重要区别在于地上空间一般具有天然的空间联通性，但地下空间由于受地质条件限制，一般是不联通的，不同的地下建设项目之间被图层和岩层阻断，呈现相对独立的状态。

（3）地下空间深受地上、地表利用状态的影响。

从城市发展的进程来看，地上和地表空间一般先得到开发和利用。这种"先地上，后地下"的发展脉络决定了地下空间的开发利用必然要考虑地上开发现状，要与地上建设衔接，不仅不能影响地上建设的功能，而且要尽可能实现对地上建设的补充。

（4）大型地下空间建设具有投资大、回报晚、工期长、风险高的特点。

大型地下空间建设往往受水文地质等条件的限制。因此地下空间开发一定要符合地区的地质结构和水文等条件，否则有可能造成地下空间资源的破坏，并引发地质灾害。

6.1.2　经济社会发展要求

20 世纪 60 年代以来，针对城市无序扩张带来的负面影响，西方发达国家中形成了诸如区域主义、新城市主义、精明增长、紧凑城市以及公共交通导向开发模式等治理城市扩张的理论观点。当前我国正处于城市化高速发展的进程中，人口过分密集、生态恶化和交通拥堵等城市问题越来越严重，空间环境压力的骤增使城市发展面临严峻的挑战，如何集约和节约用地成为人多地少的发展中大国城市发展的主要议题。集约和节约用地也是作为拥有 13 亿人口的中国确保粮食安全、生存安全的必然选择。土地资源随着城市发展变得日益稀少，土地开发利用的重点也已由平面扩张转移到向地上、地下寻求立体发展的方向上来。合理的开发利用城市地下空间是新时期我国节约集约用地的重要方面。节约集约用地是经济发展进程的必然环节，也是资本积累到一定水平的必然选择。

根据国际上发达国家地下空间大规模开发利用的情况，工业化快速发展阶段，也就是人均 GDP1000 美元到人均 GDP3000 美元的阶段，这也是城市地下空间大规模开发利用的初始阶段，而我国目前已经进入了这一发展阶段。

6.1.3　综合交通枢纽区域城市功能多元性

在《发展改革委关于印发促进综合交通枢纽发展的指导意见的通知》（发改基础〔2013〕475 号）中明确提出："要在保障枢纽设施用地的同时，集约、节约用地，合理确定综合交通枢纽的规模"。

目前，综合交通枢纽逐渐突破单一的交通功能开始向多元化的城市功能拓展。首先，它是交通节点，是城市交通空间的一部分；其次，随着综合交通枢纽的发展，其便利性和可达性不断提高，越来越多的城市功能在其周边发展并繁荣起来，所以它又是城市其他功能空间的一部分，即城市的空间场所。我国早期的交通枢纽建设中的功能分区不明显，写字楼、酒店、商场等物业与交通业分区常混杂在一起，相互干扰。"铁路＋物业"的枢纽综合体建设思路将成为我国下一代铁路旅客枢纽车站的发展方向。另外，综合交通枢纽区域对未来城市发展有引领作用。因此，搞好综合交通枢纽区域实施集约利用评价具有十分重要的意义。

6.2　集约利用评价设计

6.2.1　评价目的

综合交通枢纽地下空间集约利用评价的目的是为全面掌握综合交通枢纽区域地下空间节约集约利用状况及集约利用潜力，科学管理和合理利用城市地下空间，提高地下土地利用效率和科学性，为国家和各级政府制定土地政策和调控措施，为土地利用规划及城市等相关规划的制订提供科学依据。

6.2.2　基本原理

6.2.2.1　地下空间集约利用评价维度与模式

土地利用是指人类为经济或社会目的和土地相结合以获得物质产品及服务的一种经济活动，故土地利用是在一定时间、空间下，人类的一种带有目的性的活动。时间、空间和功能就成了土地利用的三个维度。在农业上通过改进作物生产周期，更新播种时段，从时间维度提高农业集约水平。集约用地追求的是在特定区域、特定社会经济发展阶段，通过时空和功能组合优化，在尽可能少的投入基础上，使土地利用的价值最大化。根据地下空间的开发利用维度，城市地下空间集约利用模式大致也可以包括空间、功能和时间三个维度。

空间方面包括立体型拓展型、平面型拓展型和联通形式上的改善。功能型包括扩展式混合利用型和用途转换与功能整合两方面。时间型指如何通过改变用地利用的时间节奏，提高用地效益，包括周期性利用和不定期利用情况。对于地下空间而言，时间维度应该从利用地下空间的各个行业的管理上下工夫，提高时间效益。地下空间的利用具有阶段性和周期性（规划周期）特征。它主要是项目完成后如何营运管理的事情，不属于本研究的内容。

6.2.2.2 集约利用评价内容

地下空间集约利用评价主要是对城市地下空间集约利用的现状和潜力进行评价。现状评价主要是针对城市地下空间当前利用水平，评价当前城市地下空间的利用效率和效益。而潜力评价就是以国家标准和有关行业规定为依据，采用一定标准，从城市自然和社会经济特点出发，通过增加土地投入、合理配置土地、优化地下空间用地结构等措施，提高土地利用经济效益、生态环境效益和社会效益的潜力。

6.2.2.3 评价模型与方法

集约利用评价方法有投入产出模型、基于驱动因子的评价方法和从因果关系角度分析。比较普遍的方法是基于驱动因子的评价方法。

6.2.3 评价对象和范围

本书的案例是沙坪坝综合交通枢纽，是对沙坪坝综合交通枢纽改造工程项目地下空间的节约和集约利用状况进行评价，评价对象是沙坪坝综合交通枢纽的地下空间。

本书的研究范围是一个立体空间，边界涉及地面工程施工区域边界和地下工程地面投影边界。采用上述两边界求并集得到的最大边界作为研究范围（以下称研究范围）。研究范围地表投影面积 265074.07 平方米（397.61亩），其中核心区域范围涵盖站西路、站东路以南、站南路以北、西至西侧连接道、东抵东侧连接道，铁路站场上盖东西长约 750 米，南北长约 66 米，其地表项目用地面积约 115500 平方米（包含站东路、火车站东侧和南侧规划道路面积）。

6.2.4 评价的技术路线

6.2.4.1 评价工作目的

综合交通枢纽地下空间土地集约利用是以符合有关法规、政策、规划等为导向，通过增加对土地的投入，改善经营管理，挖掘土地利用潜力，不断提高综合交通枢纽土地利用效率和经济效益的一种开发经营模式。

综合交通枢纽地下空间土地集约利用旨在通过基础调查、分析评价土地集约利用程度、测算土地集约利用潜力，为全面掌握区域、城市建设用地节约集约利用状况及集约利用潜力，科学管理和合理利用建设用地，提高土地利用效率，为国家和各级政府制定土地政策和调控措施，为土地利用规划，计划及相关规划的制订提供科学依据。

6.2.4.2 评价工作原则

开展综合交通枢纽地下空间集约利用评价工作，主要遵循政策导向性、综合性、因地制宜性等原则：

（1）政策导向性原则。

评价工作以符合有关法律、法规和规划为前提，以城市管理的各项政策为导向，充分体现项目区域的定位和发展方向。

（2）综合性原则。

评价工作从地下空间的利用强度、负荷强度、安全强度和影响强度等方面构建指标体系综合评价土地集约利用状况。

（3）因地制宜原则。

评价工作充分考虑项目区域开发的自然条件、经济社会发展的差异，从实际出发、因地制宜的确定土地集约利用程度评价标准。

（4）定性分析和定量分析相结合的原则。

土地集约优化配置应从定性分析入手，工作过程则尽量以定量分析为主，定性分析为辅。

（5）可操作性原则。

评价方法与所选用的指标要简单明确，易于收集，统计口径一致，指标的独立性强，要尽量采用现有的统计数据、图件和相关部门所掌握的资料。

6.2.4.3 评价的技术路线

根据《建设用地节约集约利用评价规程》（以下简称《规程》）要求，综合交通枢纽地下空间土地集约利用评价工作主要由土地利用状况调查、土地集约利用程度评价和土地集约利用潜力测算三部分构成。

评价宜从土地利用状况调查分析入手，全面查清综合交通枢纽地下空间利用状况，掌握地下空间基础数据，对各类基础数据进行整理，同步进行综合交通枢纽地下空间土地利用基础信息数据库建设。参考《规程》要求，对调查结果进行汇总分析，依据有关指标体系及评价方法，确定相应指标的理想值和权重，计算综合交通枢纽地下空间土地利用集约度分值。

根据用地调查和程度评价结果，对截至评价时点综合交通枢纽地下空间土地集约利用的城市用地规模潜力测算、经济潜力测算和城市可节地率测算等方面进行测算，推算综合交通枢纽地下空间用地潜力规模，并对结果进行分析论证，结合综合交通枢纽具体项目地下空间实际情况，提出用地管理和相关政策建议。

6.3 沙坪坝综合交通枢纽地下空间集约利用程度现状评价

6.3.1 评价类型的确定

本次评价的对象为沙坪坝区综合交通枢纽，因该项目是单宗地块项目，属于微观层次的土地节约和集约利用评价。依据《建设用地节约集约利用评价规程》，是基于全面改造的单块功能区的用地评价（见图6-1）。

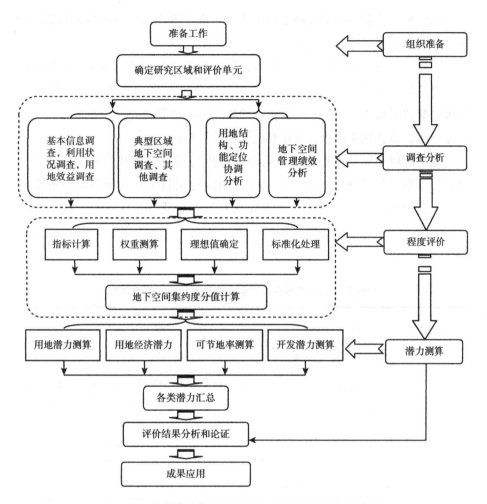

图 6-1　综合交通枢纽地下空间集约利用评价技术路线

6.3.2　评价方法

6.3.2.1　指标确定与计算

指标体系建设在城市综合体理念和可持续发展理念的指导下，参考《开发区土地集约利用评价规程》（2014 年度试行）、《城市土地集约利用评价规程》等规范，依据科学性、可操作性和综合性原则确定指标体系。

根据评价范围和特定的评价类型，从地下空间的利用强度、负荷强度、安全强度和影响强度四个方面进行评价。程度评价体系主要包括因素层、因子层和指标三个层次，如表 6 - 1 所示。

在地下空间用地调查的基础上，依据土地集约利用指标体系开展程度评价，计算地下空间土地集约度。土地集约度分值在 0 ~ 100 分。集约度分值越大，集约利用程度越高。评价指标的现状值的计算是在评价指标体系建立的基础上，结合现状调查，采用相应方法计算得到。

地下空间利用强度指地下空间开发利用与项目空间开发利用的分布关系；地下空间负荷强度指地下空间开发利用与项目主体功能负荷的分布关系；地下空间安全强度指地下空间开发利用对地质环境生态安全的影响程度；地下空间影响强度指地下空间开发利用对地上空间地段品质的影响程度。各因子定义与指标测度方法见因子层。

表 6 - 1   沙坪坝综合交通枢纽地下空间集约利用评价指标体系

因素层	因子层	指标测度方法
地下空间利用强度 A	深度分布指数 （A1）	地下空间利用深度与地下空间可用深度的比值（%），它反映当前利用技术水平条件下，地下空间竖直利用强度
	面积分布指数 （A2）	地下空间地表投影面积与地下空间投影面积的理想值之间的比值（%），它反映地下空间水平利用程度。如果是多层地下空间，取投影面积比的最大值
	容积分布指数 （A3）	地下空间容积率与容积率的理想值之间的比值（%），这里规划区范围内地下空间总建筑面积与规划区面积比来计算地下空间容积率
	建筑分布指数 （A4）	地下空间建筑分布比与建筑分布比理想值比值（%），即它反映地下空间与总建筑面积的比例关系
地下空间负荷强度 B	客流负荷指数 （B1）	高峰小时地下空间客流量与理想值之间的比值，它反映地下空间载负的交通枢纽客流规模。用高峰小时地下空间客流量表示（万人）
	就业负荷指数 （B2）	范围内地下空间的就业人数与理想值之间的比值，它反映规划范围内地下空间载负的就业人数（人）
	产值负荷指数 （B3）	规划范围内单位地下空间的综合产值与理想值之间的比值，反映单位地下空间载负的综合产值
	资产负荷指数 （B4）	规划范围内单位地下空间的资产与理想值之间的比值，反映单位地下空间载负的资产价值

续表

因素层	因子层	指标测度方法
地下空间安全强度 C	地质容量适宜指数（C1）	在目前的技术水平条件下地下空间开发的地质适宜程度，分别从地质结构、地形地貌、岩土体特征、水文地质条件等方面对地质容量适宜性进行定量评价，它反映了地下空间开发的地质环境质量的好坏
	地质环境稳定指数（C2）	指地质环境支撑地下空间开发利用的稳定程度，主要从地层岩性、地下水、地质结构、地震、水文地质特征和不良地质与特殊性岩土等方面进行评价
	地质灾害影响指数（C3）	指地质灾害一旦发生可能产生的后果的严重性，它用地下空间开发活动与地质条件相互作用可能导致的工程风险和环境风险来表示。风险的大小决定地质灾害影响指数的大小
	地质灾害防治指数（C4）	反映研究区域地灾预警保障和地质灾害防治的情况，主要从危险源预警设备设施与安全意识、应急管理和过程监控方面的措施来评价
地下空间影响强度 D	商服繁华影响指数（D1）	表示研究区域或区段地表商服集聚效应对地下空间开发利用的影响强度。用商服产值密度或商业服务业建筑面积规模（用地规模）和年销售营业额等表示
	交通便捷影响指数（D2）	表示研究区域地表交通的便捷或集聚程度对地下空间开发利用的影响程度。它也反映了地下空间本身到周边区域的方便程度。可用公交客流强度或从项目区的对外交通便捷度、公交便利度和道路通达度等方面评价
	基础设施影响指数（D3）	表示研究区域地表的能源供应、供水排水、交通运输、邮电通讯、环保环卫、防卫防灾安全等系统的基础设施的完备程度，可用基础设施产值密度等表示
	人居环境影响指数（D4）	表示研究区域地表的人居环境评价要素的集聚程度，可用地表绿地覆盖率等要素表示

6.3.2.2　指标权重测算

（1）指标权重确定原则。

评价指标的权重依据评价的因素层、因子层、指标对开发区土地集约利用的影响程度确定。因素层、因子层、指标的权重值在 0~1，各因素层权重值之和、同一因素层下的各因子层权重值之和、同一因子层下的各指标权重值之和都应为1。

（2）指标权重确定方法。

各目标层（因素层、因子层）和指标权重采用德尔菲法确定。通过对评价各目标层（因素层、因子层）、指标的权重进行多轮专家打分，并按公式（1）计算权重值：

$$W_i = \frac{\sum_{j=1}^{n} E_{ij}}{n} \tag{1}$$

式（1）中：

W_i——第 i 个目标、子目标或指标的权重；

E_{ij}——专家 j 对于第 i 目标、子目标或指标的打分；

n——专家总数。

（3）指标权重测算结果。

本次评价邀请的专家均为熟悉研究区域的经济社会发展，也是城乡规划和土地利用管理方面的专家，人数有24人。打分过程中，专家在熟悉项目背景材料之后，在不互相协商的情况下独立进行；打分共进行了3轮，从第2轮打分起，参考上一轮的打分结果。求取相应的平均值，得到各评价指标权重值，如表6-2所示。

表6-2　沙坪坝综合交通枢纽地下空间集约利用评价指标权重表

因素层	权重值	因子层	权重值
地下空间利用强度 A	0.3495	深度分布指数（A1）	0.0847
		面积分布指数（A2）	0.0529
		容积分布指数（A3）	0.1085
		建筑分布指数（A4）	0.1034
地下空间负荷强度 B	0.2499	客流负荷指数（B1）	0.0750
		就业负荷指数（B2）	0.0612
		产值负荷指数（B3）	0.0758
		资产负荷指数（B4）	0.0379

续表

因素层	权重值	因子层	权重值
地下空间安全强度 C	0.2085	地质容量适宜指数（C1）	0.0618
		地质环境稳定指数（C2）	0.0457
		地质灾害影响指数（C3）	0.0392
		地质灾害防治指数（C4）	0.0618
地下空间影响强度 D	0.1921	商服繁华影响指数（D1）	0.0608
		交通便捷影响指数（D2）	0.0523
		基础设施影响指数（D3）	0.0527
		人居环境影响指数（D4）	0.0263

6.3.2.3　指标理想值的确定

理想值指项目区土地集约利用各评价指标在评价时点应达到的理想水平。理想值依照节约集约用地原则，在符合有关法律法规、国家和地方制定的技术标准、土地利用总体规划和城乡规划等要求的前提下，结合项目区实际确定，具体有目标值法、经验借鉴法和专家咨询法等。

参照《建设用地节约集约利用评价规程》对理想值的解释，本书将指标理想值界定为"截至评价时点，评价指标在理想状态条件下达到的目标值"。以下将结合对案例沙坪坝综合交通枢纽地下空间集约利用的评价来具体进行诠释：

（1）指标理想值确定方法和依据。

①深度分布指数。该指标理想值的确定方法为目标值法、专家咨询法和经验借鉴法。截至评价时点，沙坪坝区综合交通枢纽地下空间开发深度最深为 31 米。综合考虑地下空间开发中的地下水位、用途以及现有技术水平等因素，结合专家建议，确定沙坪坝综合交通枢纽深度分布指数的理想值为 80 米。

②面积分布指数。截至评价时点，通过地图量算获得沙坪坝综合交通枢纽现状地下空间的最大地表投影面积为 12351.64 平方米，研究范围面积为 265074.07 平方米。经过专家咨询同时借鉴其他综合交通枢纽区域的相关经验，按照项目区域（研究范围）的 40% 计算地下空间投影面积的理想值，得到该

区域的理想开发面积为 106029.61 平方米，据此得到面积分布指数为 11.65。

③容积分布指数。该指标理想值的确定方法为目标值法，采用地下空间的规划容积作为理想值。

④建筑分布指数。这里采用先进值方法，结合专家的建议并参考上海虹桥综合交通枢纽工程，地下空间建筑面积比为 50% 作为理想值（100），来计算现状建筑分布指数（缪宇宁，2010）。

⑤客流负荷指数。该指标理想值的确定方法为目标值法、专家咨询法和经验借鉴法。截至评价时点，沙坪坝综合交通枢纽工程施工前地下空间高峰客流为 0.83 万人次。根据《沙坪坝铁路枢纽综合改造工程可研报告》，枢纽工程日均客流量 22 万人次左右。按照高峰小时客流量 2.6 万人次，高峰小时系数 0.08 来计算，日客流量为 32.5 万人次，由此确定理想值为 32.5。

⑥就业负荷指数。该指标理想值的确定方法为目标值法、专家咨询法和经验借鉴法。截至评价时点，沙坪坝综合交通枢纽就业人数为 4000 人。据专家建议，结合重庆市具体情况，确定就业负荷理想值为 13600 人。

⑦产值负荷指数。该指标理想值的确定方法为目标值法、专家咨询法和经验借鉴法。截至评价时点，沙坪坝综合交通枢纽产值负荷为 2.44 万元/平方米。沙坪坝综合交通枢纽产值负荷指数理想值为 4.24 万元/平方米。现状指数为 57.55。

⑧资产负荷指数。该指标理想值的确定方法为目标值法、专家咨询法和经验借鉴法。资产包括土地资产和房屋资产等，土地资产按基准地价评估，房屋价值按资产重置方式评估或拆迁赔偿方式评估。截至评价时点，资产负荷现状值为 25.43 万元/平方米，理想值为 48.22 万元/平方米。经过标准化处理，沙坪坝综合交通枢纽资产负荷指数理想值为 100。现状指数为 52.74。

⑨地质容量适宜指数。该指标理想值的确定方法为目标值法、专家咨询法和经验借鉴法。截至评价时点，沙坪坝综合交通枢纽地质容量适宜指数为 73.51。在综合考虑沙坪坝区地质条件，受现有技术水平限制，沙坪坝综合交通枢纽地质容量适宜指数理想值为 100。

⑩地质环境稳定指数。该指标理想值的确定方法为目标值法、专家咨询法和经验借鉴法。截至评价时点，沙坪坝综合交通枢纽地质环境稳定指数为 83.75。在综合考虑地质、水文和工程技术安全性等方面的条件分析是否能

够支撑城市地下空间开发，同时地下空间开发是否有利于城市地面生态环境的优化与环境质量的提升，而不影响和破坏地面生态环境质量，沙坪坝综合交通枢纽地质环境稳定指数理想值为100。

⑪地质灾害影响指数。该指标理想值的确定方法为目标值法、专家咨询法和经验借鉴法。截至评价时点，沙坪坝综合交通枢纽地质灾害影响指数为65.25。该指标为负向指标，分值越高，风险越小。综合考虑地质条件、环境条件以及地下水等因素的影响，沙坪坝综合交通枢纽地质灾害影响指数理想值为100。

⑫地质灾害防治指数。该指标理想值的确定方法为目标值法、专家咨询法和经验借鉴法。截至评价时点，沙坪坝综合交通枢纽地灾预警保障指数为80.6。在考虑安全意识、应急管理和过程监控等方面，并结合专家意见，确定沙坪坝综合交通枢纽地灾预警保障指数理想值为100。

⑬商服繁华影响指数。采用地表商服产值密度指标来评价，该指标理想值的确定方法为目标值法、专家咨询法和经验借鉴法。截至评价时点，沙坪坝综合交通枢纽商服繁华指数为47.31，参考根据集约和节约利用评价标准，商服产值密度的理想值为689亿元/平方公里。

⑭交通便捷影响指数。采用公交客流强度表示。该指标理想值的确定方法为目标值法、专家咨询法和经验借鉴法。根据调查，沙坪坝综合交通枢纽现状客流强度为14.27万人/日，综合分析发达城市综合交通枢纽区域客流强度，确定公交客流强度理想值26.29万人/日。确定沙坪坝综合交通枢纽交通便捷指数理想值为100。截至评价时点，沙坪坝综合交通枢纽交通便捷指数为54.28。

⑮基础设施影响度。采用基础设施产值密度来衡量。该指标理想值的确定方法为目标值法、专家咨询法和经验借鉴法。将基础设施产值密度23.23亿元/平方公里作为理想值，确定沙坪坝综合交通枢纽理想值为100。截至评价时点，沙坪坝综合交通枢纽基础设施影响度为48.56。

⑯人居环境影响指数。采用区域绿化覆盖率表示。该指标理想值的确定方法为目标值法、专家咨询法和经验借鉴法。根据《沙坪坝铁路枢纽综合改造工程可研报告》，项目区域2020年绿化覆盖率为43%。若提高工程措施，优化广场种植条件，绿化覆盖率可达到60%以上，故而理想值取60%作为理想值。

截至评价时点，沙坪坝综合交通枢纽人居环境影响指数为33.33。

（2）指标理想值确定。

参考《建设用地节约集约利用评价规程》关于指标理想值确定的原则、方法并根据重庆市沙坪坝区综合交通枢纽项目区域土地利用实际情况确定。同时参考国家和地方相关部门的系列技术标准、文件、规定，确保评价指标的含义相同及统计口径一致。确保理想值确定的科学性和合理性，如表6－3所示。

表6－3 　　　　地下空间集约利用程度评价指标理想值确定

单位:%、人/百平方米、人/平方米、亿元/万平方米

因素层	因子层	现状值	理想值	指数（%）（标准化值）	说明
地下空间利用强度A	深度分布指数（A1）（米）	31	80	38.75	参考地质结构、水文特征等经过专家咨询
	面积分布指数（A2）（平方米）	12351.64	106029.61	11.65	地下空间投影面积与项目范围面积的40%为理想值
	容积分布指数（A3）	0.1367	5.2	2.63	地下空间容积率的规划值作为理想值
	建筑分布指数（A4）（%）	4.73	50	9.46	采用地下空间建筑面积分布比
地下空间负荷强度B	客流负荷指数（B1）（高峰小时客流量，人）	0.83	32.5	2.55	采用地下空间高峰小时客流量
	就业负荷指数（B2）（人）	4000	13600	29.41	采用项目区地下空间解决的就业人数计算
	产值负荷指数（B3）（万元/年·平方米）	2.44	4.24	57.55	地下空间综合产值万元/年·平方米
	资产负荷指数（B4）（万元/平方米）	25.43	48.22	52.74	单位地下空间资产承载量

续表

因素层	因子层	现状值	理想值	指数（%） （标准化值）	说明
地下空间 安全强度 C	地质容量适宜指 数（C1）（%）	73.51	100	73.51	
	地质环境稳定指 数（C2）（%）	83.75	100	83.75	
	地质灾害影响指 数（C3）（%）	65.25	100	65.25	
	地质灾害防治指 数（C4）（%）	80.6	100	80.6	
地下空间 影响强度 D	商服繁华影响指 数（D1）（亿元/ 平方公里）	326	689	47.31	采用地表商服产值 密度指标来评价
	交通便捷影响指 数（D2）（万人/ 日）	14.27	26.29	54.28	采用地表公交客流 强度指标来评价
	基础设施影响指 数（D3）（亿元/ 平方公里）	11.28	23.23	48.56	采用地表基础设施 资产密度指标来评 价
	人居环境影响指 数（D4）（绿化 覆盖率%）	20%	60%	33.33	采用地表绿地覆盖 率面积指标来评价

6.3.2.4　指标标准化处理

（1）指标标准化处理方法。

①正向指标标准化方法

正向指标标准化采用理想值比例推算方法，以指标实现度分值进行度量，按式（2）计算：

$$S_{ijk} = \frac{X_{ijk}}{T_{ijk}} \times 100 \tag{2}$$

式（2）中：

S_{ijk}——i 目标 j 子目标 k 指标的实现度分值；

X_{ijk}——i 目标 j 子目标 k 指标的现状值；

T_{ijk}——i 目标 j 子目标 k 指标的理想值。

②负向指标标准化

工程风险和环境风险等按式（3）计算，以指标实现度分值进行度量：

$$S = (1 - X) \times 100 \tag{3}$$

式（3）中：

S——工程风险和环境风险的实现度分值；

X——工程风险和环境风险的现状值。

（2）指标标准化处理结果。

按照各评价指标含义及计算方法，分别计算出重庆市沙坪坝综合交通枢纽核心区域各指标现状值，根据指标标准化处理方法，计算出重庆市沙坪坝综合交通枢纽地下空间土地集约利用评价指标标准化处理值，如表 6 - 4 所示。

表 6 - 4　　　　　　　地下空间土地集约利用评价指标标准化值

因素层	因子层	标准化值
地下空间利用强度 A	深度分布指数（A1）	38.75
	面积分布指数（A2）	11.65
	容积分布指数（A3）	2.63
	建筑分布指数（A4）	9.46
地下空间负荷强度 B	客流负荷指数（B1）	2.55
	就业负荷指数（B2）	29.41
	产值负荷指数（B3）	57.55
	资产负荷指数（B4）	52.74
地下空间安全强度 C	地质容量适宜指数（C1）	73.51
	地质环境稳定指数（C2）	83.75
	地质灾害影响指数（C3）	65.25
	地质灾害防治指数（C4）	80.60

续表

因素层	因子层	标准化值
地下空间影响强度 D	商服繁华影响指数（D1）	47.31
	交通便捷影响指数（D2）	54.28
	基础设施影响指数（D3）	48.56
	人居环境影响指数（D4）	33.33

6.3.3　评价过程

6.3.3.1　现状评价各指标的具体计算过程

（1）深度分布指数（A1）。

①现状深度数据获取。根据利用技术水平和开发程度可将地下空间的利用分为浅层利用、中层利用和深层利用。目前重庆市的地下空间利用基本上属于中浅层利用。通过查阅相关资料，重庆轻轨 1 号线车站已运营，位于三峡广场下，有效站台中心轨顶标高约为 221 米，与地表相差 31 米。9 号线（规划）车站埋深与地表相差 31 米。环线（规划）轨顶标高 210 米，地表标高 252 米，相差 42 米。高架候车站房与上盖广场标高基本一致，为259.00 米。

②理想值的确定依据。钱七虎教授认为，重庆城市发展要"减肥"，不要"摊煎饼"式的发展。目前地下空间的开发可深达 100 米，可以按浅层、次浅层、次深层和深层来布局不同的功能，形成一座立体的"地下城市"（杜莉莉，2013）。

地下空间的开发受到多种自然要素的影响，地下空间的复杂性使并非所有的城市建设用地都适宜进行开发。

地下空间可用深度与地下水水位有关。地下水的水位、水量和水质与地下空间的建设关系紧密，尽量避免低洼或山谷等地方开发地下空间，应重视地表水对地下空间的渗漏的问题。重庆地下水贫乏，水位较深，浅层岩体地下水一般为地面降水补给（任幼蓉、韩文权，2013）。洪水位通常也会对地下空间的开发产生影响。从洪水位来看，嘉陵江李子坝 50 年一遇洪水位

193.17 米，20 年一遇洪水位 190.17 米，常年水位 187.63 米。三峡水库按175 米方案蓄水后，回水末端长江在江津猫儿沱，嘉陵江在北碚附近。附近河流的洪水对该区域基本没有影响。

地下空间可用深度与用途有关。芬兰学者 K Ronka 等人提出的具有普遍适用形式的城市地下空间竖向功能布局模式，认为地下 50 米以上比较适合停车场、交通隧道等交通基础设施的建设（K Ronka et al.，1998）。

为保证安全疏散，地下轨道交通站厅层的深度宜控制在 40 米以内；从防火的角度来看，地下商业设施、地下文化娱乐设施、地下体育设施的最大开发深度不得超过 10.0 米，人行地道的最大建设深度宜控制在 10 米以内。

相邻或相似区域地下空间开发情况。南岸区南坪中心交通枢纽标志性工程采取深层开挖方式，开挖深度达 32 米（王剑锋，2014）。

根据沙坪坝区域地质结构、水文特征和项目具体情况，综合考虑上述因素，沙坪坝综合交通枢纽区域地下可开发深度在当前的技术条件下确定 80 米左右是合适的。综上所述，确定理想开发深度为 80 米。

③参数计算的方法。深度分布指数（A1）利用下式计算：

$$I_{现状深度分布指数} = \frac{现状开发深度}{地下可开发深度} \times 100 = \frac{31}{80} \times 100 = 38.75 \quad (4)$$

（2）面积分布指数（A2）。

①现状数据获取。通过地图量算获得现状地下空间地表投影面积为12351.64 平方米，项目区域总面积为 265074.07 平方米。

②理想值的确定。参考其他区域综合交通枢纽地下空间投影面积占项目区域的面积比重，这里按照 40% 计算，则地下空间投影面积的理想值为106029.61 平方米。

③参数计算的方法。通过下面公式得到现状面积指数：

$$I_{现状面积分布指数} = \frac{现状地下空间地表投影面积}{地下空间投影面积的理想值} \times 100 = \frac{12351.64}{106029.61} \times 100 = 11.65$$

$$(5)$$

（3）容积分布指数（A3）。

①现状数据获取：

$$C_{现状容积} = \frac{现状地下空间建筑面积}{地下空间最大投影面积} = \frac{15793.41}{115500} = 0.1367 \quad (6)$$

②理想值的确定。按照可开发深度 80 米计算，地下空间主要用于铁路交通枢纽工程建设，建筑层高不一，这里按 6 米层高计算，则可开发 13 层，按项目面积 115500 平方米计算，建筑面积 1501500 平方米，40% 可供开发，则理论上可以开发 600600 平方米。

$$C_{理想容积} = \frac{地下空间理想建筑面积}{地下空间最大投影面积} = \frac{600600}{115500} = 5.2 \quad (7)$$

③参数计算的方法：

$$I_{现状容积分布} = \frac{C_{现状容积}}{C_{理想容积}} \times 100 = \frac{0.1367}{5.2} \times 100 = 2.63 \quad (8)$$

现状容积分布指数为 2.63。

（4）建筑分布指数（A4）。

①现状数据获取。根据调查，项目区域现状总建筑面积为 333882.65 平方米。这里现状建筑面积指截至 2012 年 12 日 31 日前的项目区域总建筑面积。其中地表空间建筑面积现状值为 318089.24 平方米（用地范围内拆迁总面积为 198327 平方米），地下空间总建筑面积 15793.41 平方米。

②理想值的确定。在现实、经济条件允许的范围内，应当以发展的眼光增加地下空间容量，既可以降低建筑的总高度，又缩短竖向的通行距离，方便使用，充分提高地下空间的比例，从而释放出地面空间给公众使用（杜莉莉，2013）。根据规划，地上占总建筑面积的 66.85%，地下占总建筑面积的 33.15%。

这里采用先进值方法，参考上海虹桥综合交通枢纽工程，地下空间建筑面积比为 50% 作为理想值（100）（缪宇宁，2010），来计算现状建筑分布指数。

③参数计算的方法。地下空间建筑分布比现状值：

$$J_{现状建筑分布比} = \frac{现状地下空间建筑面积}{项目区域总建筑面积} = \frac{15793.40}{333882.65} = 4.73\% \quad (9)$$

地下空间现状建筑分布指数（A4）：

$$J_{现状建筑分布指数} = \frac{现状地下建筑分布比}{理想值} \times 100 = \frac{4.73}{50} \times 100 = 9.46 \quad (10)$$

（5）客流负荷指数（B1）。

①现状数据获取。根据调研可知，沙坪坝综合交通枢纽工程施工前地下空间客流现状为 0.83 万人/日。

②理想值的确定。根据本书第六章《综合交通枢纽地下空间集约利用评价技术体系研究》和《沙坪坝铁路枢纽综合改造工程可研报告》可知，枢纽工程日均客流量 22 万左右。按照高峰期 2.6 万，高峰小时系数 0.08 来计算，客流量为 32.5 万，由此确定理想值为 32.5。

$$I_{K现状} = \frac{x}{标准值} \times 100 = \frac{0.83}{32.5} \times 100 = 2.55 \tag{11}$$

客流负荷指数现状值为 2.55。

（6）就业负荷指数（B2）。

①现状数据获取。据调查，拆迁范围内共有总户数 1720 户，按户均 2 人就业计算，有 3440 人就业；目前 1 号线沙坪坝站有员工 53 人，合计 3500 人；再加上其他相关就业人数 500 人计算，推算研究区域共计有就业人口 4000 人。

②理想值的确定。根据可行性研究报告，沙坪坝综合交通枢纽规划区域直接就业人口将增加 5000 人，达到 9000 人，考虑到未来有多种交通枢纽在此交汇，不仅包括高铁，还包括轻轨环线、轨道 1 号和和远期轻轨，通过调研和咨询，预测远期就业人口可达到 13600 人左右。

$$I_{K现状} = \frac{x}{x_{标准值}} \times 100 = \frac{4000}{13600} \times 100 = 29.41 \tag{12}$$

（7）产值负荷指数（B3）。

①现状数据获取。通过调查获得重庆沙坪坝综合交通枢纽综合产值现状值为 3.86 亿元/年。

地下空间建筑面积为 15793.41 平方米，则单位地下空间建筑面积产值负荷为 2.44 万元/平方米。

②理想值的确定。根据先进地区经验值法，地下空间产值负荷的理想值 4.24 万元/年·平方米。

③参数计算的方法。采用极值标准化方法计算得到现状产值负荷指数（B3）

$$z = \frac{x_{现状}}{max} \times 100 = \frac{2.44}{4.24} \times 100 = 57.55 \tag{13}$$

现状产值负荷指数为 57.55。

（8）资产负荷指数（B4）。

①现状数据获取。资产包括土地资产和房屋资产等。土地资产按基准地价评估。房屋价值按资产重置方式评估或拆迁赔偿方式评估。依据国务院《国有土地上房屋征收与补偿条例》（国务院令第 590 号）、《重庆市国有土地上房屋征收与补偿办法（暂行）》（渝办发〔2011〕123 号），参考《沙坪坝火车站综合交通枢纽改造工程（二期）国有土地上房屋征收补偿方案》（征求意见稿）和《沙坪坝火车站综合交通枢纽改造工程（二期）国有土地上房屋征收补偿方案补充实施办法》（征求意见稿）、《沙坪坝区人民政府办公室关于印发沙坪坝区国有土地上房屋征收与补偿工作流程及部门职责（试行）的通知》（沙府办发〔2012〕7 号）等有关文件规定进行房屋和土地资产评估。

房屋资产评估：总拆迁量 198327 平方米，按每平方米 15320 元计算，总计 30.3837 亿元。沙铁大厦 B 栋 6 户 ×30 楼 ×130 平方米，约 23400 平方米；沙铁大厦 A 栋 4 户 ×30 楼 ×140 平方米，约 16800 平方米；天安仕大楼约 25000 平方米。共计 65200 平方米，按 15000 元计算，9.78 亿元，总计 40.16 亿元，单位地下空间资产负荷为 25.43 万元/平方米。

②理想值的确定。现阶段技术水平和项目区域特点，取 48.22 万元/平方米作为标准值，则采用极值标准化方法。

③参数计算的方法。标准化方法：

现状资产负荷（B4）

$$z = \frac{x}{x_{理想}} \times 100 = \frac{25.43}{48.22} \times 100 = 52.74 \tag{14}$$

式（14）中：

x——资产现状负荷值；

z——资产负荷指数；

$x_{理想}$——资产负荷标准值；

则：现状资产负荷指数为 52.74。

（9）地质容量适宜指数（C1）。

①评价方法。

A. 分别从地质结构、地形地貌、岩土体特征、水文地质条件等方面对地质容量适宜性进行定量评价（韩文峰，谌文武等，2006）。

B. 高度适宜赋值 80～100 分；较适宜赋值 60～80 分；适宜赋值 40～60分；不适宜赋值 <40 分。

C. 采用德尔菲法，对每一因子赋予不同的权重，并采用加权求和模型对地质容量适宜指数进行评价，如表 6-5 所示。

表 6-5　　　　　　　　　　地质容量适宜度评价标准

地质环境适宜性分级		I (80～100分)	II (60～80分)	III (40～60分)	IV (<40分)
地质结构	活断层	无	少量活断层	少量活断层	全新世活断层
地形地貌	地貌单元	阶地	阶地	牛轭湖	河漫滩
	地形坡度	<5	5～10	10～30	>30
	场地土类型	无膨胀土	弱膨胀土	中膨胀土	强膨胀土
岩土体特性	岩体承载力（MPa）	>0.8	0.6～0.8	0.3～0.6	<0.3
	土体承载力（MPa）	>0.25	0.2～0.25	0.15～0.2	<0.15
	土地压缩系数（MPa-1）	<0.1	0.1～0.3	0.3～0.5	>0.5
水文地质条件	地下水位（米）	>15	10～15	5～10	<5
	地下水位综合污染指数	<0.3	0.3～0.5	0.5～1	>1
	土体渗透性	<3	3～5	5～10	>10
地质灾害与环境工程地质问题	地震灾害	无	小	中	大
	地面变形	无	轻度	一定程度	严重程度
	砂土液化	无	少量发生	一定数量发生	大量发生
	边坡失稳	自然稳定	需要简单支护	需支护且降水	需复杂支护

注：参考欧刚《南宁市城市地下空间开发地质环境适宜性评价》，2008，有修改。

②项目区域地质容量适宜性评价。在地质条件方面，重庆城区地层属侏罗系中统上沙溪庙组，岩层大都为砂页岩互生，少数地区为石灰岩，这

易于开挖；且岩层产状平缓，倾角基本都小于 20°，不具备发震条件，无大断层和应力很集中的部位，也无再活动的形迹。在场地选择和工程设计中须充分考虑到因地质条件可能出现的各种地质问题。在地下水方面，重庆除背斜轴部和低洼地带有地下水或潜水外，其他地方的地下水位都很低，仅存在的地表渗漏水和裂隙水也较好处理。在地形条件方面，重庆地属河谷低山丘陵，相对高差较大，地势起伏明显，如表 6－6 所示（周琴，2015）。

表 6－6　　　　　沙坪坝区域地质容量适宜指数指标体系及权重

地质容量适宜性分级		权重	沙坪坝区地质情况	得分
地质结构 0.3114	活断层	0.3114	建筑区均为上沙溪庙组砂、泥岩地层。未见断裂，节理较发育	80
地形地貌 0.0737	地貌单元	0.0168	阶地	80
	地形坡度	0.0090	5～10	80
	场地土类型	0.0478	根据沿线公路、铁路、房屋建筑开挖剖面调查，泥岩夹砂岩临时边坡较陡，虽经日晒雨淋，稳定性一般较好，测区泥岩夹砂岩自然陡坎较多，不具有明显的膨胀岩地貌特征。属于弱膨胀土	70
岩土体特性 0.1812	岩体承载力（MPa）	0.0604	为侏罗系中统上沙溪庙组地层，以紫红色、紫色、紫褐色泥岩为主，夹岩屑长石砂岩，粉砂泥质结构，中厚层－块状构造。可以推算岩体承载力为 1.2MPa	70
	土体承载力（MPa）	0.0604	拟建区主要有第四系地层（Q）：主要为人工填土和粘性土，人工填土成分为砂、泥岩碎块，松散－稍密，厚薄不一，黏性土，含少量碎石、角砾组成。土体承载力可以推算为 0.4MPa（重庆地区地基承载力的确定）（方玉树，2007）	65
	土地压缩系数（MPa－1）	0.0604	属于弱膨胀土	65

续表

地质容量适宜性分级		权重	沙坪坝区地质情况	得分
水文地质条件 0.2257	地下水位（米）	0.0705	地下水不发育	75
	地下水位综合 污染指数	0.0141	地下水对混凝土结构具硫酸盐侵蚀，环境作用 等级为H1，相关工程需防护	65
	土体渗透性	0.1411		60
地质灾害与 环境工程地 质问题0.2080	地震灾害	0.0360	重庆及邻区的地震震级皆小，地震设防烈度6， 属地震频率高，震级小的弱震区。处于稳定状态	65
	地面变形	0.0508	人工填土土质松散，且极不均匀，基础跨越岩 土承载力不同的地段，易引起基底不均匀沉降、 边坡的不均匀坍滑，故对基底须加固处理，边 坡须加强支挡防护	40
	砂土液化	0.0606	无砂土液化情况	60
	边坡失稳	0.0606	拟建工程地处沙坪坝，边坡多为泥岩，质软易 风化，开挖边坡须防浅表层滑坡和坍塌，高边 坡应采取加固防护措施	40

③具体计算。利用公式（4）计算得到项目区域地质容量适宜指数值为73.51。

（10）地质环境稳定指数（C2）。

①评价方法。

A. C2 地质环境稳定指数主要从地层岩性、地质构造与地震、水文地质特征和不良地质与特殊性岩土四个方面进行评价。

B. 地下空间开发地质环境稳定指数分为四个等级，并分别赋予不同的分值：（i）良好并适宜于建设区域（90~100分）；（ii）适宜于建设但须进行局部处理地区（80~90分）；（iii）可进行地下空间开发但须进行复杂处理（60~80分）；（iv）工程建设条件较差区域（<60分）（万汉斌，2013）。

C. 采用德尔菲法，对每一因子赋予不同的权重，并采用加权求和模型对地质环境稳定指数进行评价，如表6-7所示。

表 6 - 7　　　　　　　　　　地质环境稳定指数评价内容

地质环境	权重	定性评价	改良措施	评价	总体评价
地层岩性	0.25	拟建区主要有第四系地层：主要为人工填土和黏性土。厚 0 ~ 10 米不等，属Ⅲ级硬土，基岩为侏罗系中统上沙溪庙组地层，以紫红色、紫色、紫褐色泥岩为主，夹岩屑长石砂岩。其厚度不同，全风化带厚 0 ~ 5 米，强风化带厚 4 ~ 8 米		85	解决好了上述问题，场地的工程地质条件对于修建工程是适宜的
地质构造与地震	0.25	项目区位处沙坪坝背斜西南倾伏端，为上沙溪庙组砂、泥岩地层。未见断裂，节理较发育。基本处于稳定状态。地震设防烈度 6，属地震频率高，震级小的弱震区		90	
水文地质特征	0.25	（1）地下水类型。区内地下水主要有第四系松散堆积层中孔隙水、基岩裂隙水。处于两江岸坡附近，径流条件好，不利地下水储集，故砂岩仅局部含少量地下水；测区地下水不发育 （2）地下水特征。在环境作用类别为化学侵蚀环境及氯盐环境时，水中 SO_4^{2-}、pH 值、Mg^{2+}、侵蚀性 CO_2、$Cl-$ 对混凝土结构均无侵蚀性	在环境作用类别为化学侵蚀环境及氯盐环境时，建议设计考虑地下水具硫酸盐侵蚀，环境作用等级为 H1，相关工程需防护	85	
不良地质与特殊性岩土	0.25	（1）人工填土土质松散，且极不均匀，基础跨越岩土承载力不同的地段，易引起基底不均匀沉降、边坡的不均匀坍滑 （2）泥质岩边坡风化剥落。路线大部分地段岩质边坡以泥岩、页岩为主，其主要矿物成分为粘土矿物，亲水性强，遇水易软化，失水龟裂，表层易风化剥落，局部形成浅表层坍滑，对路堑边坡和基坑的稳定有一定影响 （3）泥岩的膨胀性。路基段下伏基岩为侏罗系中统沙溪庙组（J2s）泥岩夹砂岩，泥岩为紫红色，泥质结构，泥质胶结，含有较多亲水矿物，中厚层状，岩质较软，易风化剥落，其遇水软化崩解、失水收缩开裂等特性，含水率变化时发生较大体积变化，具有一定的膨胀性	（1）对基底须加固处理，边坡须加强支挡防护 （2）凡泥岩、页岩质边坡均应按规范采取相应的坡面防护措施，基坑开挖应及时支挡防护 （3）对工程有一定影响。路堑边坡应加强防护。根据沿线公路、铁路、房屋建筑开挖剖面调查，泥岩夹砂岩临时边坡较陡，虽经日晒雨淋，但稳定性一般较好，测区泥岩夹砂岩自然陡坎较多，不具有明显的膨胀岩地貌特征	75	

②地质环境稳定指数评价。利用公式计算得到地质环境稳定指数为83.75分。

（11）地质灾害影响指数（C3）。

①评价方法。

A. 地质灾害风险分为工程风险和环境风险。风险越大，一旦发生地质灾害，其影响也越大。从工程风险和环境风险两方面建立指标体系对地质灾害风险进行评价。

B. C3地质灾害影响指数分为四个等级，并分别赋予不同的分值：（ⅰ）风险小（80～100分）；（ⅱ）有一些风险（60～80分）；（ⅲ）风险较大（40～60分）；（ⅳ）风险很大（<40分）（万汉斌，2013）。

C. 采用德尔菲法，对每一因子赋予不同的权重，并采用加权求和模型对地质灾害影响指数进行评价，如表6-8所示。

表6-8　　　　　地下空间开发的地质与环境风险性影响评估

风险类型	地下空间开发活动与地质条件相互作用	权重（%）	评分标准及其结果	风险	分值
工程风险	地质条件对地下空间开发活动的影响	35	人工填土土质松散，且极不均匀，基础跨越岩土承载力不同的地段，易引起基底不均匀沉降，边坡的不均匀坍滑。路基段下伏基岩为侏罗系中统沙溪庙组（J2s）泥岩夹砂岩，泥岩为紫红色，泥质结构，泥质胶结，含有较多亲水矿物，中厚层状，岩质较软，易风化剥落，具遇水软化崩解、失水收缩开裂等特性，含水率变化时发生较大体积变化，具有一定的膨胀性	有一些风险	60
	环境条件对地下空间开发活动的影响	25	测区附近地下埋设有天然气输气管道，施工时应注意安全	有一些风险	62
环境风险	地下空间开发活动对地下水环境的影响	15	地下水不发育，建议设计考虑地下水具硫酸盐侵蚀	有一些风险	75
	地下空间开发活动对建成环境的影响	25	本设计范围内的通信管线，多为不规则布线，交叉、横穿、变向等均有。管线密集，部分管线与其他管线重合。布线较为混乱。建议由电信部门牵头，协助施工单位对该部分管线进行迁改和还建	风险小	70

②地质灾害影响指数评价

通过计算得到项目区域地质灾害影响指数值为 65.25。

（12）地质灾害防治指数（C4）。

地质灾害防治指数从危险源预警设备设施与安全意识、应急管理和过程监控方面的措施来评价。

危险源预警设备设施与安全意识包括火灾、水灾、工程与环境灾害等危险源预警设备设施的配备情况；安全意识与行为指地下空间设施使用者管理者等人的安全意识与行为是否符合基本的安全要求；安全培训指管理者是否对地下空间及设施的使用进行定期有效培训和检查。应急管理主要从监控人员、监控设备设施、信息化手段、监控效果等方面量化。过程监控从风险分析、应急预案、事故防范、应急物资力量和预案演练等方面量化评价。

综上计算得到现状地灾预警保障指数为 80.6 分，如表 6-9 所示。

表 6-9　　　　　　　　　地质灾害防治指数现状评价

地下空间防灾设施	权重（%）	调查结果	评分
设备设施	40	原火车站始建于 1979 年，1998 年 5 月至 1999 年 9 月，重庆铁道部和重庆市实施火车站抗震加固沙坪坝站大修改造工程，沙坪坝火车站引进，开发和使用了自动喷淋消防系统	80
应急管理	30	1999 年，沙坪坝火车站引进了电视监视监控系统，进一步提高了科技管理水平	77
过程监控	30	每一位枢纽站的工作人员都应接受防灾训练，提高在灾害来临时的应变能力，而且会不定期的进行防灾演练，提高防灾意识，加强防灾教育	85

（13）商服繁华影响指数（D1）。

采用地表商服产值密度指标来评价，根据调查，2012 年沙坪坝商圈面积 0.27 平方公里，商服产值达到 88.02 亿元，沙坪坝综合交通枢纽区域商服产值密度为 326 亿元/平方公里。

参考先进值，重庆市最高商服产值密度达到 689 亿元/平方公里。

$$z = \frac{x}{x_{理想}} \times 100 = \frac{326}{689} \times 100 = 47.31 \tag{15}$$

式（15）中：

x——商服产值密度现状值；

z——商服繁华影响指数；

$x_{理想}$——商服繁华影响指数标准值。

通过计算得到沙坪坝商圈商服繁华程度为 47.31。

（14）交通便捷影响指数（D2）。

计算方法。交通便捷影响指数反映地表交通集聚对地下空间开发的影响。这里采用公交客流强度表示。根据调查显示，沙坪坝综合交通枢纽现状客流强度为 14.27 万人/日，综合分析发达区域，公交客流强度标准值采用 26.29 万人/日。

$$z = \frac{x}{x_{理想}} \times 100 = \frac{14.27}{26.29} \times 100 = 54.28 \tag{16}$$

通过式（16）计算得到交通便捷现状评价值为 54.28。

（15）基础设施影响指数（D3）。

基础设施影响指数采用基础设施产值密度来衡量。根据调查显示，现状基础设施产值密度为 11.28 元/平方公里。理想值采用 23.23 亿元/平方公里。

$$z = \frac{x}{x_{理想}} \times 100 = \frac{11.28}{23.23} \times 100 = 48.56 \tag{17}$$

基础设施影响指数值为 48.56。

（16）人居环境影响指数（D4）。

人居环境影响指数采用绿化覆盖率表示。根据调研，研究区域绿化覆盖率约 20%，根据《沙坪坝铁路枢纽综合改造工程可研报告》，项目区域 2020 年绿化覆盖面积：30530㎡，绿化覆盖率 43%。若提高工程措施，优化广场种植条件，绿化覆盖率可达到 60% 以上，故而理想值取 60%。通过式（18）计算得到人居环境舒适指数值为 33.33。

$$z = \frac{x \times 100}{x_{理想}} = \frac{20 \times 100}{60} = 33.33 \tag{18}$$

6.3.3.2　土地利用集约度分值计算

（1）子目标（因子层）分值计算。

项目区域土地利用集约利用度目标分值按式（19）计算：

$$F_{ij} = \sum_{k=1}^{n} (S_{ijk} \times W_{ijk}) \qquad (19)$$

式（19）中：

F_{ij}——评价范围内 i 目标 j 子目标的土地利用集约度；

S_{ijk}——评价范围内 i 目标 j 子目标 k 指标的实现度分值；

W_{ijk}——评价范围内 i 目标 j 子目标 k 指标相对于 j 子目标的权重值；

n——表示指标个数。

（2）因素层分值计算。

项目区土地利用集约度目标分值按照下面公式计算：

$$F_{i} = \sum_{j=1}^{n} (F_{ij} \times W_{ij}) \qquad (20)$$

式（20）中：

F_{i}——评价范围内 i 目标的土地利用集约度；

F_{ij}——评价范围内 i 目标 j 子目标的实现度分值；

W_{ij}——评价范围内 i 目标 j 子目标相对于 i 子目标的权重值；

n——表示指标个数。

（3）项目区综合分值计算。

$$F = \sum_{i=1}^{n} (F_{i} \times W_{i}) \qquad (21)$$

式（21）中：

F——评价范围的土地利用集约度；

F_{i}——评价范围内 i 目标的实现度分值；

W_{i}——评价范围内 i 目标的权重值；

n——表示指标个数。

根据项目区土地利用集约度分值计算公式，截至评价时点，计算出重庆市沙坪坝区综合交通枢纽项目区域地下空间土地集约度现状综合分值为 38.57 分，如表 6-10 所示。

表 6 – 10　重庆市综合交通枢纽工程地下空间集约度综合分值计算过程表

因素层	集约度分值	因子层	权重值	实现度分值（加权前）	集约度现状值
地下空间利用强度 A	0.3495	深度分布指数（A1）	0.0847	38.75	3.28
		面积分布指数（A2）	0.0529	11.65	0.62
		容积分布指数（A3）	0.1085	2.63	0.29
		建筑分布指数（A4）	0.1034	9.46	0.98
地下空间负荷强度 B	0.2499	客流负荷指数（B1）	0.0750	2.55	0.19
		就业负荷指数（B2）	0.0612	29.41	1.80
		产值负荷指数（B3）	0.0758	57.55	4.36
		资产负荷指数（B4）	0.0379	52.74	2.00
地下空间安全强度 C	0.2085	地质容量适宜指数（C1）	0.0618	73.51	4.54
		地质环境稳定指数（C2）	0.0457	83.75	3.83
		地质灾害影响指数（C3）	0.0392	65.25	2.56
		地质灾害防治指数（C4）	0.0618	80.60	4.98
地下空间影响强度 D	0.1921	商服繁华影响指数（D1）	0.0608	47.31	2.88
		交通便捷影响指数（D2）	0.0523	54.28	2.84
		基础设施影响指数（D3）	0.0527	48.56	2.56
		人居环境影响指数（D4）	0.0263	33.33	0.88

6.3.4　结果分析

截至评价时点，沙坪坝区综合交通枢纽地下空间土地集约利用度的分值为38.57分。采用综合加权评价模型进行计算，分别从地下空间的利用强度、负荷强度、安全强度和影响强度四个方面对项目区域的土地集约利用程度进行了评价。现状值的总体判断是集约利用度偏低。从分项指标的实现度来看，现状利用强度、负荷强度、安全强度和影响强度分别处于低、低、中和低水平。

地下空间利用强度值总体比较低，实现度均分 15.62 分，在利用强度指标中，现状的容积指数（2.63）、建筑分布指数（9.46）和面积指数（11.65）都比较低，表明现状的开发还处于零星、孤立和浅层开发状态。

正是由于地下空间的利用强度低，导致其负荷强度也较低，实现度平均

35.56 分，其中客流负荷（2.55）、就业负荷（29.41）也不高。该区域作为综合交通枢纽，开发前就业、客流等较低，其功能有待合理发挥。该区域又处在商业发达的三峡广场区域，如何发挥区位优势（交通优势、商业优势），并整合资源，是所有类似区域需要考虑的问题（见图 6 – 2）。

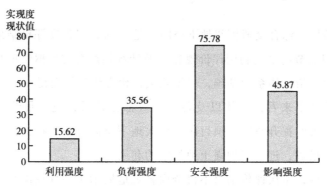

图 6 – 2　地下空间集约利用程度一级指标实现度现状值

　　该区域已经利用的地下空间安全强度较高，表明该区域地质条件较优越，从现有的利用程度来看，地质容量适宜指数、地质环境稳定指数、地质灾害影响指数和地质灾害防治指数基本上都在 65 分以上（均分为 75.78分）。这也在一定程度上说明，该区域地下空间开发的潜力十分巨大。在用地十分紧张的情况下，随着技术和经济瓶颈逐步打破，应该加大对地下空间的开发力度。当然地质灾害防治指数比较高的原因在于地下空间利用程度不高，安全要求也不高（见图 6 – 3）。

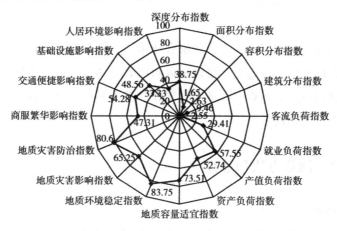

图 6 – 3　地下空间集约利用实现度现状值

地下空间影响强度属于低等水平，均分为45.87分，其中人居环境影响指数偏低，只有33.33分。

6.3.5　成果应用

此次沙坪坝综合交通枢纽地下空间土地集约利用程度评价结果是严格按照《建设用地节约集约利用评价规程》及沙坪坝综合交通枢纽项目区域实际情况，以评价指标体系为基础，根据相关评价方法计算而得。

从评价结果来看，总体以及各项分值都比较低，说明集约利用水平不高，还有很大的提升空间。项目区应加大地下空间开发，提高面积分布指数和容积分布指数，进一步加强土地的集约利用。

总的来说，本次评价结果不仅全面客观地展示了沙坪坝综合交通枢纽地下空间土地利用状况，还为综合枢纽地下空间的升级、扩区、动态监控提供了技术支撑，同时也为沙坪坝区制定促进其地下空间土地集约利用的规章制度提供依据。

6.4　沙坪坝综合交通枢纽地下空间集约利用潜力测算

6.4.1　基本规定

建设用地集约利用潜力是指在现有技术、经济和制度条件下，通过提高土地集约利用程度，进而提升建设用地利用效率和经济效益的空间。潜力测算主要包括规模潜力测算、经济潜力测算、潜力利用时序配置和城市可节地率测算四个方面的内容。

6.4.2　测算方法和过程

（1）用地规模潜力测算。

用地规模潜力测算，需分别测算绝对规模潜力和相对规模潜力。其中，绝对规模潜力测算按式（22）计算：

$$Q_c = Q \times (R_c - F_c) \div R_c \qquad (22)$$

式（22）中：

Q_c——项目核心区域地下空间用地绝对规模潜力，单位为公顷；

Q——项目核心区现状土地面积，单位为公顷；

R_c——项目核心区规划的地下空间容积率；

F_c——项目核心现状地下空间容积率。

沙坪坝区综合交通枢纽项目核心区现状土地面积为 11.55 公顷，现状地下空间建筑面积为 15793.41 平方米，规划地下空间建筑面积为 247815 平方米。通过以上公式可以得出沙坪坝区综合交通枢纽项目核心区域地下空间用地绝对规模潜力为 10.81 公顷。

相对规模潜力可根据式（23）进行计算：

$$q_c = Q_C / Q \times 100\% \qquad (23)$$

式（23）中：

q_c——项目核心区地下空间用地相对规模潜力，单位为%；

Q_C——项目核心区域地下空间用地绝对规模潜力，单位为公顷；

Q——项目核心区现状土地面积，单位为公顷。

沙坪坝区综合交通枢纽项目核心区现状土地面积为 11.55 公顷，地下空间用地绝对规模潜力为 10.81 公顷，通过式（23）可以得出项目核心区地下空间用地相对规模潜力为 93.59%。

（2）用地经济潜力测算。

按照法定规划，测算改造所能产生的土地经济价值增值状况。具体按式（24）和式（35）分别测算土地经济潜力和单位土地经济潜力：

$$E_a = Q \times (R_c \times J_c - F_c \times J_x - R_c \times C_c) \qquad (24)$$

$$G_a = E_a / Q \qquad (25)$$

式（25）中：

E_a——项目核心区土地经济潜力，单位为万元；

G_a——项目核心区的单位土地经济潜力，单位为万元/公顷；

Q——项目核心区域现状土地面积，单位为公顷；

R_c——项目核心区规划的地下空间容积率；

F_c——项目核心现状地下空间容积率；

J_c——新建交通枢纽单位建筑面积市场价格，单位为元/平方米；

C_c——新建交通枢纽单位建筑面积开发成本，单位为元/平方米；

J_x——现有物业单位建筑面积市场价格，单位为元/平方米。

沙坪坝区综合交通枢纽项目核心区现在土地面积为 11.55 公顷，新建交通枢纽单位建筑面积市场价格为 100000 元/平方米，新建交通枢纽单位建筑面积开发成本为 14908.06 元/平方米，现有物业单位建筑面积市场价格 60000 元/平方米。据此可以根据上面公式得出项目核心区土地经济潜力为 201.4282 万元，项目核心区的单位土地经济潜力为 17.4397 万元/公顷。

（3）可节地率测算。

一般指绝对规模潜力总量与用地状况评价工作地域面积的比值。可节地率主要针对整体进行测算，得到总节地率。一般可以按照式（26）进行计算：

$$\lambda = Q_c / Q \times 100\% \tag{26}$$

式（26）中：

λ——可节地率；

Q_c——项目核心区域地下空间用地绝对规模潜力，单位为公顷；

Q——项目核心区域现状土地面积，单位为公顷。

沙坪坝区综合交通枢纽项目核心区域现状土地面积为 11.55 公顷，据此可以得出可节地率为 93.59%。

（4）地下空间开发潜力。

地下空间开发潜力也包括相对潜力和绝对潜力。

①潜力指数

$$Q_i = G_i - X_i \tag{27}$$

式（27）中：

Q_i——i 因素或因子的潜力指数；Q_i 越大，表示 i 因素或因子的土地的集约利用的潜力越高。

G_i——i 因素或因子的集约利用规划指数。

X_i——i 因素或因子的集约利用现状指数。

根据本项目的现状和规划评价结果，按照评价分值和式（27）可以得出各指标的潜力指数，具体潜力指数值如表 6-11 所示。

表 6 - 11　　沙坪坝综合交通枢纽集约利用评价各因子潜力指数表

因素层	因子层	现状值	规划值	潜力指数
地下空间利用强度 A	深度分布指数 （A1）	38.75	53.25	14.50
	面积分布指数 （A2）	11.65	98.55	86.90
	容积分布指数 （A3）	2.63	41.35	38.72
	建筑分布指数 （A4）	9.46	66.30	56.84
地下空间负荷强度 B	客流负荷指数 （B1）	2.55	67.69	65.14
	就业负荷指数 （B2）	29.41	66.18	36.77
	产值负荷指数 （B3）	57.55	82.55	25.00
	资产负荷指数 （B4）	52.74	69.00	16.26
地下空间安全强度 C	地质容量适宜指数 （C1）	73.51	73.51	0.00
	地质环境稳定指数 （C2）	83.75	88.75	5.00
	地质灾害影响指数 （C3）	65.25	90.00	24.75
	地质灾害防治指数 （C4）	80.60	92.40	11.80
地下空间影响强度 D	商服繁华影响指数 （D1）	47.31	73.39	26.08
	交通便捷影响指数 （D2）	54.28	83.68	29.40
	基础设施影响指数 （D3）	48.56	97.12	48.56
	人居环境影响指数 （D4）	33.33	71.67	38.34

②综合潜力指数

$$Z = F_P - F_C = \beta_i \sum (G_i - X_i) \tag{28}$$

式 （28） 中：

Z——项目区综合潜力指数；Z 越大，表示评价单位土地集约利用的综合潜力越高。

F_P——项目区的规划集约利用度；

Fc——项目区的现状集约利用度；

β_i——i 因素或因子的权重系数。

综合潜力指数根据式 （28） 进行计算，各指标具体的权重值可见沙坪坝集约利用评价各因子权重表，通过计算可以得出综合潜力指数等于 34.17 分。

③地下空间绝对可开发量。依据一定时期可供开发的地下空间资源体量相对于区域空间开发体量 （地表地下） 的贡献来评估地下资源的开发潜力。

这里引入区域建筑体量指标来表示地下空间绝对可开发量，建筑体量指建筑内部空间的外在表现，即表现于外的大小、尺寸，建筑物所占的空间规模（姜云，吴立新，2005）。此指标可以推算地下空间在空间上有多少体积的潜力可以进行挖潜，具体可以根据以下式（29）进行计算：

$$Q_m = （Q_{pv}K_P - Q_{cv}K_C） \times h \tag{29}$$

式（29）中：

Q_m——地下空间建筑体量，单位为立方米；

Q_{pv}——项目区规划建筑面积，单位为平方米；

Q_{cv}——项目区现状建筑面积，单位为平方米；

K_P——规划地下空间比例系数，即项目区地下空间规划建筑面积占总建筑面积的比重；

K_C——现状地下空间比例系数，即项目区地下空间现状建筑面积占总建筑面积的比重；

h——单位楼层的高度（假设地表地下以及规划和现状楼层高度相同）。

根据本项目规划，规划地下空间比例系数 K_P 为 33.15%，现状地下空间比例系数 K_C 为 4.73%，规划建筑面积 Q_{pv} 为 747485.2 平方米，现状建筑面积 Q_{cv} 为 333882.65 平方米，单位楼层高度 h 按照 6 米计算。根据式（29）可以计算出建筑体量 Q_m 为 1392129.6 立方米，即地下空间绝对可开发量为 1392129.6 立方米。

（5）用地潜力利用时序配置。

用地潜力利用时序配置区分短期（两年内）、近期（3~5 年）、长期（6~10 年）三种情形。本项目属于整体拆除现有物业进行改造挖潜的，面临拆迁、规划的许多方面的因素约束，改造完全的难度相对较大，可确定潜力使用的时序为长期时序配置。

6.4.3　测算结果分析

（1）用地规模潜力。

截至评价时点，重庆市沙坪坝区综合交通枢纽地下空间用地绝对规模潜力为 10.81 公顷，用地相对规模潜力为 93.59%。

（2）用地经济潜力。

重庆市沙坪坝区综合交通枢纽项目核心区土地经济潜力为 201.4282 万元，项目核心区的单位土地经济潜力为 17.4397 万元/公顷。

（3）可节地率。

通过对项目区整体进行计算，得到重庆市沙坪坝区综合交通枢纽项目区可节地率为 93.59%。

（4）地下空间开发潜力。

通过各指标权重值测算可得到沙坪坝区综合交通枢纽项目综合潜力指数为 33.05 分。地下空间绝对可开发量为 1392129.6 立方米。

（5）用地潜力利用时序配置。

本项目属于整体拆除现有物业进行改造挖潜的，面临拆迁、规划的许多方面的因素约束，改造完全的难度相对较大，可确定潜力使用的时序为长期时序配置。

6.4.4 测算成果应用

此次沙坪坝综合交通枢纽地下空间土地集约利用潜力测算结果严格按照《规程》及重庆市沙坪坝区综合交通枢纽的实际情况，以用地调查结果和土地集约利用程度评价结果为基础，根据相关评价方法计算而得。本次评价结果不仅全面客观地展示了重庆市沙坪坝区综合交通枢纽用地规模潜力、用地经济潜力、用地潜力利用时序配置以及可节地率，还为综合交通枢纽项目规划、集约利用、动态监控提供技术支撑。

6.5 沙坪坝综合交通枢纽地下空间集约 利用评价综合分析

6.5.1 沙坪坝综合交通枢纽地下空间集约利用主要特点

（1）地下空间集约利用现状水平。

截至现状评价时点，重庆市沙坪坝区综合交通枢纽项目区域面积为

11.55 公顷。加权后最终评估得到项目区域地下空间集约利用程度的现状值为 38.57 分，总体来看，重庆市沙坪坝区综合交通枢纽地下空间利用强度值总体比较低。主要体现在地下空间利用强度和负荷强度两大指标方面，其中在利用强度中的面积分布指数、容积分布指数、建筑分布指数以及在负荷强度中的客流负荷、就业负荷、资产负荷得分值都很低，影响了整个综合交通枢纽区域的集约度综合分值。

（2）地下空间集约利用潜力。

随着整体拆迁改造，在综合交通枢纽的评价指标规划值当中，相关指标的潜力得到了一定程度的挖潜（见图 6-4）。

根据规划，该区域的利用强度和负荷强度得到很大的提高，通过地表站场加盖建设双子楼和地下空间的大力开发增强了其负荷强度。安全强度一直处于较高水平，表明该区域的地质条件较为优越，在社会经济条件容许的情况下提高该区域的开发强度是可行的。根据规划，该区域的影响强度也将得到提高，无论是商服繁华指数、交通便捷指数、基础设施完备指数还是人居环境舒适指数都将得到一定程度的改善。

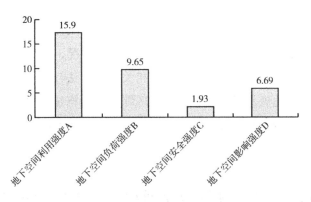

图 6-4　沙坪坝综合交通枢纽地下空间集约利用潜力

6.5.2　沙坪坝综合交通枢纽地下空间集约利用存在的问题

（1）集约利用水平总体偏低。

重庆市沙坪坝综合交通枢纽项目区域位于沙坪坝目前既有火车站及其周

边区域，属丘陵河谷侵蚀地貌，地势平坦，局部较陡，地理环境优良。但由于多种原因导致城市功能、城市环境、城市空间、建筑形态等方面都已经与城市中心区不协调，地下空间土地集约利用率比较低下。经现状评价后，在地下空间利用强度和负荷强度方面仅得 5.16 分和 8.35 分，在城市用地非常紧张的山地城市中心区，如此低的土地利用率是不利于社会经济发展的。因为地下空间的深度、容积以及客流和就业等指标的开发都很低，严重地阻碍了中心区城市空间的拓展，制约了城市中心区核心功能的释放，影响沙坪坝区社会经济的进一步发展。

（2）集约利用结构不合理。

首先，重庆市沙坪坝综合交通枢纽项目区域地下空间利用强度实现度分值 15.62 分，地下空间负荷强度 35.56 分，地下空间安全强度 75.78 分，地下空间影响强度 45.87 分，结构上分布不合理。地下空间利用强度实现度最低，其次是地下空间负荷强度。地下空间安全强度相对来说比较高。另外该区域主要用途为综合交通，现状综合开发不够，需要进一步实行混合开发。

（3）集约利用布局需要优化。

沙坪坝火车站周边用地基本开发完毕，可利用潜力较小，因此实现土地利用效率最大化必须本着集约用地的原则，通过整合既有土地，合理安排建筑空间结构。该区域需借助现有经济技术条件，加大对地下空间深度、面积的挖潜，以提高地下空间容积，增加客流负荷能力。

重庆市沙坪坝综合交通枢纽项目区域不尽合理表现在深度分布指数、面积分布指数、容积分布指数和建筑分布指数的实现度都不高。与理想值比较，深度分布指数的实现度是 38.75 分，面积分布指数的实现度是 11.65 分，容积分布指数的实现度是 2.63 分，建筑分布指数的实现度是 9.46 分。

（4）集约利用效益偏低。

重庆市沙坪坝火车站为老旧车站，沙坪坝综合交通枢纽项目区域集约利用效益不高，表现在客流负荷指数、就业负荷指数和资产负荷指数的实现度都不高。客流负荷指数实现度只有 2.55 分，就业负荷指数只有 29.41 分，资产负荷指数只有 52.74 分。有待进一步加强铁路综合交通枢纽区域的综合开发，促进集约利用效益提高。

6.5.3 成果应用

此次重庆沙坪坝区综合改造项目地下空间集约利用评价严格遵循《规程》及实际情况计算而得。从地下空间安全角度和影响强度来看，沙坪坝区本身地理条件优越，地质条件相对比较稳定。故在短期的利用中，如果没有技术的革命性进步，地下空间安全强度挖潜值并不大。在经过改造后，商圈影响力和交通能力都能得到很不错的改善，将进一步提高项目区地下空间集约利用程度。

总体来说，本次评价结果不仅全面客观地展示了沙坪坝改造区地下空间利用强度、负荷强度、安全强度和影响强度，还为沙坪坝区改造区未来发展提供了方向，同时也为沙坪坝区制定促进其土地集约利用的规章制度提供依据。

6.5.4 研究小结

地下空间的特殊性、经济社会发展的时代性和综合交通枢纽区域城市功能多元化趋势等决定了开展综合交通枢纽区域地下空间集约利用评价的必要性。针对目前我国缺乏城市地下空间的集约评价标准这一现象建立了综合交通枢纽区域地下空间集约指标体系和评价方法。以沙坪坝综合交通枢纽项目区为研究区域，以地下空间为评价对象，采用综合加权评价模型对地下空间集约利用现状进行评价。评价过程中兼顾地表与地下资源的协调整合，从地下空间的利用强度、负荷强度、安全强度和影响强度四个方面构建指标体系，因子层涉及地下空间利用的深度、地下空间投影面积、容积、建筑面积指数、客流负荷、就业负荷、产值负荷、资产负荷、地质容量适宜指数、地质环境稳定指数、地质灾害影响指数、地质灾害防治指数、商服繁华影响指数、交通便捷影响指数、人居环境影响指数 16 个方面。

结果显示：研究区域地下空间集约利用程度的现状总分值为 45.94 分，现状土地集约利用程度属于低等水平，集约利用潜力较大；从分项指标来看，现状利用强度、负荷强度、安全强度和影响强度分别处于低、低、高、中水平。研究表明：该指标体系能较客观地评价地下空间的集约利用状况，评价结果既可从总体上给出集约利用程度判断，也可依据分项指标提出有针对性的诊断措施。

从规模潜力测算、经济潜力测算、潜力利用时序配置和城市可节地率测算等四个方面对研究区域地下空间利用潜力进行了评价。结果显示截至评价时点，重庆沙坪坝综合交通枢纽地下空间用地绝对规模潜力为 10.81 公顷，用地相对规模潜力为 93.59%。土地经济潜力为 201.4282 万元，项目核心区的单位土地经济潜力为 17.4397 万元/公顷。可节地率为 93.59%。综合潜力指数为 33.05 分。地下空间绝对可开发量为 1392129.6 立方米。

该研究成果从需求分析、现状评价和潜力测算三方面多角度着手，通过指标体系和模型的构建，建立了综合交通枢纽区域地下空间集约利用定量评价标准。该成果填补了该领域研究空白，为地下空间开发管理提供了科学依据和方法论基础，为研究区域地下空间开发指明了方向，同时对指导类似区域地下空间集约和节约利用提供了指南，具有重要参考价值。

第 7 章

综合交通枢纽地下空间集约利用
规划技术体系研究

7.1 地下空间集约利用规划影响因素研究

7.1.1 地下空间集约利用规划影响因素

地下空间开发越来越重要的同时，也会受到诸多条件的影响，最终能否成功开发利用很大程度上要受众多影响条件的制约，概括起来主要包括地质地貌、经济状况、人口密度、法规政策和科学技术。

7.1.1.1 地质地貌

地下空间开发作为在地下的工程建设，对于开发区域的地质地貌条件是有一定要求的（吴炳华等，2016），如果不了解区域内的地质地貌条件就进行开发，不仅会加大工程的难度和资金投入，甚至可能会引起安全事故造成人员伤亡。所以对开发区域地质地貌条件的掌握是地下空间开发至关重要的因素，一般包括土层分布、地质构造和水文地质三方面：

（1）土层分布。

地下空间开发需要了解区域地下土层的分布，要清楚拟开发深度内土层是如何分布的，每种土层的工程条件如何，如果不符合工程设计是否有可能通过工程手段解决，如果解决不了就需要改变开发深度或者重新选址；同时还需要考虑每层土层的厚度以及土层地基大概的承载力，避免出现开发规模过大超出承载力而出现的不规整沉降等问题。

（2）地质构造。

掌握地质构造主要是为了避免出现地质灾害所带来的损失，要了解开发区域及四周的地质构造情况，确定断裂带、褶皱、节理与裂缝等地质问题的位置和影响区域，推断开发区域有无滑坡、地面塌陷等问题，以判定地下空间开发的安全性，一般来讲在地质构造活动频繁的区域不适合地下空间开发。

（3）水文地质。

水文地质条件也对地下空间开发有着重大影响（朱大明，2007），需要了解开发区域内的水系、暗河、地下水等情况，譬如掌握地下空间开发区域与地表水系的距离以及距地下水最高水位的距离等，以确定地下空间开发是否可行和是否需要进行特殊防水、防潮处理。如若地下水位距地面较近，需要较大工程量才能抽空，一般另外选址较妥。

7.1.1.2　经济状况

综合交通枢纽地下空间开发前期需要进行很大经济投入，其所在城市的经济状况决定了地下空间开发利用的可行性。世界发达国家地下空间利用进程印证了经济发展与地下空间开发利用的关系，如英、法等国在 1954～1957 年进行初具规模的地下空间开发时，国内的人均收入刚好跨过 1000 美元，而日本在 20 世纪六七十年代开始大规模修建地铁和地下商业街时，也恰好符合这个规律，20 世纪六七十年代日本人均收入分别为 1000 美元和 1940 美元。国内地下空间开发利用起步较晚，成规模开发的区域一般处于经济较发达的城市，如北京、上海、广州等城市（邵继中，2015）。不仅如此，城市的经济状况还决定了综合交通枢纽地下空间开发的规模和质量，所以一般中小城市地下空间开发只会出现地下车库、地下车行隧道等小规模开发，而大城市则会出现综合交通枢纽大规模、现代化的地下空间开发。总之，城市的经济状况是城市综合交通枢纽地下空间开发利用环节中不可忽视的影响因素。

7.1.1.3　人口密度

综合交通枢纽工程是建立在城市规模、城市综合发展实力基础上的。而城市发展所进行的一切开发和更新最终目的都只有一个，那就是为了人类更好的生活。而人类也更愿意到环境良好、设施完善的地区生活，所以大城市总能吸引大量的外来人口。但是当人口聚集度过高、人口密度过大时，城市就会出现环境恶化、交通堵塞、基础设施落后等问题，城市的各种社会效益也会大大降低。综合交通枢纽地下空间开发成为城市与城市之间、城市内部改善交通条件、缓解因人口过多造成拥堵的必要选择。

7.1.1.4 法规政策

地下空间的开发利用在一定程度上也会受国家或地区相关法规政策的影响，特别是地下空间的权属、管理办法、相关规划等因素对其开发影响尤甚。国外发达国家对于地下空间开发较早，也出台了当地相关法规政策，如德国在《德国民法典》中就明确规定土地的转让包含地上或地下设置工作物的转让，因此在德国不具有利益的土地，地下空间任何人都是可以使用的，如果涉及有利益的土地，国家将采取征收或者限制使用权的方式控制。而日本对于地下空间权属的确定更为准确，日本《民法典》中明确规定："地下或空间，因定上下范围及有工作物，或以之作为地上权的标的。于此情形，为行使地上权，可以以设定行为对土地的使用加以限制。"（王丽姣，2012；高磊，2017）。反观国内，关于地下空间的法规政策很不完善，不论是《中华人民共和国土地管理办法》《中华人民共和国矿产法》还是《物权法》都没有对城市地下空间的权属作出明确的划定，并且除了建设部的《城市地下空间开发利用管理规定》这一部门规章外，无全国范围内的法规制度，都是地方的法律制度，除了上海和天津，也基本没有省级关于地下空间的法律法规，再观地方的法律法规，效力也不太理想，缺乏对地下空间开发的指导意义。

7.1.1.5 科学技术

科学技术的发展影响着人类社会的变革，也影响着综合交通枢纽地下空间的开发利用。它直接影响着综合交通枢纽地下空间开发的规模、深度、安全、功能等诸多方面。前期的勘察、设计，后期的施工、维护都会影响着地下空间开发的进程。如今，在发达国家，地下50米以内地下空间的开发技术已经相对较为成熟，相信随着科学技术的不断进步，工程手段的日益增多，地下空间开发将会朝着更深更大更多样的方向发展。

7.1.2　地下空间集约利用规划影响因素研究方法

综合交通枢纽工程集约规划涉及地质地貌、经济状况、地下空间开采强度、法律法规、技术支持、项目交通条件等多个因素，因此在构建地下空间集约规划影响因子分析模型时既要注重对单个因素的指标运算，又要注重对整体指标的关注。本书采取标准化法、主成分分析法等方法对交通枢纽地下空间集约规划的因素进行系统分析。

7.1.2.1　指标标准化方法

（1）正向指标标准化方法。

正向指标标准化采用理想值比例推算方法，以指标实现度分值进行度量，按照下面的公式计算：

$$S_{ijk} = \frac{X_{ijk}}{T_{ijk}} \times 100$$

式中：

S_{ijk}——i 目标 j 子目标 k 指标的实现度分值；

X_{ijk}——i 目标 j 子目标 k 指标值；

T_{ijk}——i 目标 j 子目标 k 指标的理想值。

（2）负向指标标准化方法。

工程风险和环境风险等按下列公式计算，以指标实现度分值进行度量：

$$S = (1 - X) \times 100$$

式中：

S——工程风险和环境风险的实现度分值；

X——工程风险和环境风险的现状值。

7.1.2.2　指标权重确定方法

层次分析法（Analytic Hierarchy Process，AHP）是将与决策相关的元素分解成目标、准则、方案等层次，在此基础之上进行定性和定量分析的决策方法。该方法是美国运筹学家匹茨堡大学教授萨蒂于 20 世纪 70 年代初在为美国国防部研究"根据各个工业部门对国家福利的贡献大小而进行电力分配"课题时，应用网络系统理论和多目标综合评价方法，提出的一种层次权重决策分析方法，判别矩阵为：

$$B = \begin{bmatrix} 1 & b_{12} & \cdots & b_{1j} \\ b_{21} & 1 & \cdots & b_{2j} \\ \vdots & \vdots & 1 & \vdots \\ b_{i1} & b_{i2} & \cdots & b_{ij} \end{bmatrix}$$

式中，B 为判别矩阵，b_{ij} 是指要素 i 与要素 j 重要性比较结果，且具有以下关系：

$$b_{ij} = \frac{1}{b_{ji}}$$

b_{ij} 有 9 种取值，分别为 1/9、1/7、1/5、1/3、1/1、3/1、5/1、7/1、9/1，分别由轻到重地表示 i 要素对于 j 要素的重要程度。

7.1.3 地下空间集约利用规划影响因素模型构建

（1）模型构建。

根据国内外综合交通枢纽工程地下空间集约利用规划情况，本书选取了上海虹桥综合交通枢纽工程、沙坪坝综合交通枢纽工程、北京南站交通枢纽工程、深圳福田站、成都东站五大交通枢纽工程，选取了 A1 开发深度、A2 客流负荷、A3 开发容积、A4 建筑分布、A5 经济水平、A6 地质地貌、A7 交通便捷度 7 个影响地下空间集约利用的指标如表 7－1 所示，构建了交通枢纽工程地下空间集约利用层次模型（见图 7－1）。

表 7－1　综合交通枢纽地下空间集约利用规划影响因素指标体系

目标	影响因素	指标测度方法
地下空间集约利用影响指标	开发深度（A1）	地下空间利用深度与地下空间可用深度的比值（%），它反映当前利用技术水平条件下，地下空间竖直利用强度
	客流负荷（A2）	地下空间客流量与理想值之间的比值，它反映单位地下空间建筑面积下载负的交通枢纽客流规模

续表

目标	影响因素	指标测度方法
地下空间集约利用影响指标	开发容积 （A3）	地下空间容积率与容积率的理想值之间的比值（%），这里用规划区范围内地下空间总建筑面积与规划区面积比来计算地下空间容积率
	建筑分布 （A4）	地下空间总建筑面积与项目总建筑面积比（%），即它反映地下空间开发量与总项目开发量之间的比例关系
	经济水平 （A5）	规划范围内单位地下空间的综合产值与理想值之间的比值，反映单位地下空间载负的综合产值
	地质地貌 （A6）	反映地下空间开发的条件及改善措施。采用德尔菲法，分别从地质容量、地质环境稳定、地质灾害影响、地质灾害防治四个方面对项目区地下空间地形地貌进行分析
	交通便捷 （A7）	指项目区域或地下空间本身到周边区域的方便程度。利用德尔菲法，从项目区域的对外交通便捷度、公交便利度和道路通达度等方面评价

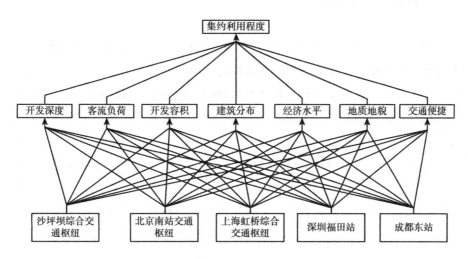

图 7 - 1　综合交通枢纽地下空间集约利用规划模型图

（2）模型计算。

根据上海虹桥综合交通枢纽工程、沙坪坝综合交通枢纽工程、北京南站交通枢纽工程、深圳福田站、成都东站等交通枢纽工程设计，计算各指标值，以此为依据选择在同类行业中经验丰富的管理人员、施工人员、工程设计人员等组成的专家组对各指标权重进行设定。利用 AHP 层次分析软件，构建分析模型，建立判断矩阵如表 7 - 2 所示。经检验，CI 值均小于 1，判断矩阵具有一致性，计算得出各指标权重值。

表7-2 综合交通枢纽地下空间集约利用规划影响因素指标判别矩阵

集约度	开发深度	客流负荷	开发容积	建筑分布	经济水平	地质地貌	交通便捷
开发深度	1	2	1/2	1/4	1/8	1	1/2
客流负荷	1	1	1/3	1/5	1/7	1/2	1/3
开发容积	2	3	1	1/4	1/6	1/2	1/4
建筑分布	4	5	4	1	1/4	1/2	4
经济水平	8	7	6	4	1	7	7
地质地貌	1	2	2	2	1/7	1	3
交通便捷	2	3	4	1/4	1/7	1/3	1

7.1.4　研究结论

（1）从集约利用程度看，上海虹桥综合交通枢纽工程集约度为0.4813，在同类交通枢纽工程中集约利用程度最高；沙坪坝综合交通枢纽工程、北京南站交通枢纽工利程集约利用程度为0.1664、0.1631；深圳福田站、成都东站集约利用程度较低，分别为0.0923、0.0970。其总体反映的集约利用程度与实际相符，上海虹桥综合交通枢纽工程为亚洲最大的枢纽工程，在设计、施工时秉持了集约用地的原则；沙坪坝综合交通枢纽工程、北京南站交通枢纽工程是集高铁、轨道环线、客运站为一体的综合枢纽工程，地下空间的集约利用程度相对较高；而成都站、深圳福田站为地方性铁路站，在建设时对地下空间的利用相对粗放，集约利用程度相对较低（见图7-2）。

沙坪坝综合交通枢纽　0.1664
北京南站交通枢纽　0.1631
上海虹桥综合交通枢纽　0.4813
深圳福田站　0.0923
成都东站　0.0970

图7-2　综合交通枢纽地下空间集约利用程度图

（2）从各影响因素权重来看，经济水平因子权重系数为0.4715，表明综合交通枢纽的集约利用程度最大程度取决于项目的经济水平，如虹桥综合交通枢纽工程投资了474亿元，建筑分布因子权重系数为0.2114，表明地下空间的集约利用跟空间结构的布局有着很大关系，布局合理，空间利用效果就好，集约利用程度高。交通便捷因子、地质地貌因子权重系数分别为 0.0808、0.0892，进一步表明地质地貌是项目建设的基础，是地下空间集约利用的前提基础条件，交通便捷度是衡量项目地下空间集约节约利用的重要因子之一。开发深度、开发容积因子权重系数分别为 0.0533、0.0589，表明开发深度、开发容积对地下空间的集约利用有一定的影响，技术手段的提高影响开发深度与开发容积，从而影响地下空间的集约利用程度。客流负荷因子权重系数最低，仅为 0.0348，表明客流量的多少跟地下空间是否集约利用的关系不是很大，只是有一定的影响（见图 7 - 3）。

集约利用程度	开发深度	客流负荷	开发容积	建筑分布	经济水平	地质地貌	交通便捷	Wi
开发深度	1.0000	2.0000	0.5000	0.2500	0.1250	1.0000	0.5000	0.0533
客流负荷	0.5000	1.0000	0.3333	0.2000	0.1429	0.5000	0.3333	0.0348
开发容积	2.0000	3.0000	1.0000	0.2500	0.1667	0.5000	0.2500	0.0589
建筑分布	4.0000	5.0000	4.0000	1.0000	0.2500	3.0000	4.0000	0.2114
经济水平	8.0000	7.0000	6.0000	4.0000	1.0000	7.0000	7.0000	0.4715
地质地貌	1.0000	2.0000	2.0000	0.3333	0.1429	1.0000	3.0000	0.0892
交通便捷	2.0000	3.0000	4.0000	0.2500	0.1429	0.3333	1.0000	0.0808

图 7 - 3　综合交通枢纽地下空间集约利用规划影响因素权重图

7.2　地下空间集约利用规划需求分析

7.2.1　地下空间集约利用土地开发指标分析

7.2.1.1　客流特征

地铁站域地下空间作为地铁客流与站域所在城市空间的连接通道，其功能、规模、形态很大程度上取决于所在站点客流的特性（王丽姣，2010）。客流特性包括客流的乘降流量、时空分布及出行目的等。通过对站域地下空间功能分析可知，地下空间的商业服务和交通功能相较其他功能与客流特性的关系更加密切。除此之外，客流特性随着地铁站域类型的变化也会有很大的差异。

（1）客流乘降量。

客流乘降量是衡量一个地区经济发展水平和城市功能成熟度的重要指标（以下简称"客流量"）。在交通功能方面，缓解拥堵是地下公共空间的基本职能，为保证安全、快捷、舒适的通行与换乘，客流量的大小直接决定地下空间的开发规模；在商业服务等附加功能方面，由于地下空间的开发成本较高，在开发决策时，应首先判定其服务的客流量是否达到一定规模。类似于一般城市商业空间的开发，一定量的潜在消费人口才能够支持一定等级的商业设施。如小型商业街需要辐射4万~15万人的商业圈，中型商业街需要辐射15万~25万人的商业圈等，地下空间的开发同样具有规模门槛。

（2）客流出行目的。

在一般交通调查中，地铁客流的出行目的可大致分为通勤（工作、上学）、业务、购物娱乐和其他。通过对地铁客流的行为特征分析可以发现，地铁站域地下空间的开发中，商业、服务等空间较多与出行目的为购物娱乐和其他（生活性出行）的客流相关。这部分客流的出行弹性较大，时间安排相对随意，是地下商业、服务空间最容易吸引的客流，同时这部分客流对停车空间也有一定需求；而忙碌的通勤族则首先需要便捷、安全、易识别的交通空间，其次才需要一些满足日常基本需要的商业服务。因此，出行目的为购物娱乐及其他的客流量直接影响地铁站域地下空间中商业服务功能空间的开发规模，而出行目的为通勤、业务的客流量则更多影响地下步行通道的规模、延伸范围和形态，间接影响商业服务功能空间的开发需求。

（3）客流日分布曲线。

对现有的五类客流日分布曲线进行分析可以发现，在全峰型的站点开发商业服务性质的地下空间效率较高；在单向峰、双向峰、突峰型的站点则适合开发交通性质的地下空间以解决短时间、大流量的乘客输导、换乘问题；无峰型的地区地面空间即可解决问题（光志瑞，2013）。

7.2.1.2 土地开发强度

地下空间的开发从本质上是对地面不足的城市空间开发的一种补充，在地面空间充裕的情况下，从经济效益方面考虑，地下空间的开发需求不强。因此，站域土地的开发强度是衡量其地下空间开发量的重要指标。具体考查对象包括站域土地容积率和站域土地建筑密度。

（1）土地容积率的影响。

除了建筑高度限制等特殊规定外，根据经济价值规律，经济效益越高的地区，土地开发建设的容积率越高。虽然不同城市的土地利用政策差异对相应的轨道交通沿线土地开发强度水平的影响会有所不同，但总体上轨道交通沿线土地开发强度都遵循高于城市普通地区的基本规律（何建军等，2008）。在高容积率地区开发地下空间，符合经济价值规律和土地容量扩张的需求。在容积率较高的轨道交通沿线开发地下空间，不仅顺应了土地容量扩张的动力，而且使更多的城市功能和活动集中到紧凑空间范围，缩短了物流人流的空间距离，实现了土地利用效率的最大化。

（2）建筑密度的影响。

建筑密度对应土地利用的空地率。地铁站域作为人流、物流的高强度集散地，其土地价值较高。当规划控制建筑密度较低时，通常代之以大量的道路和绿地，在这种情况下，大量开发其下的地下空间可以补偿地面空地较多造成的经济损失。在规划条件没有受到约束的情况下，如果地铁站域的建设密度较低，应首先从整体上考虑站域土地开发的发展规划；当站域建筑密度已经很高时，进一步开发地下空间能获得更大的经济利益，此时则需要"旧城改造""危房拆迁"等恰当的城市再开发时机以提供足够的施工操作面。

7.2.1.3　土地价值

经济区位的影响，最终主要体现在地价上。土地价值与容积率的作用机制相似，对地下空间开发强度也具有重要影响。在地价较高的地区，如果能相应提高土地的容积率，即可降低单位面积空间分担的地价费用，但规划一旦生成，相关控制指标就很难更改。由于地下空间一般不计入规划控制的容积率，且一般不用另外支付地价或只需支付相对地面地价很少的费用，故当土地价格、地上建筑造价、地下空间造价的水平达到一定比例时，即当：（地上建筑造价＋土地价格/容积率）＞（地下建筑造价＋地下空间价格）时，则开发地下空间的单价就比开发地上空间经济适用，可有效降低项目的整体费用。

7.2.1.4 区位与用地性质

土地区位包括经济区位和交通地理区位两个方面。地铁建设很大程度上改善了地区的交通可达性，因此地铁站域天然具有良好的交通区位。经济区位则是衡量该地区土地经济效益的重要指标。根据土地价值、土地开发强度与地下空间开发相关性，土地的经济效益是影响地下空间开发强度最重要的因素（钱七虎、陈志龙等，2007）。除城市的交通枢纽等交通用地外，城市的商业服务办公等用地是城市活动最为集中、最活跃和人流量最大的城市公共交往空间。一个地区商业用地的多少及其产生的经济效益可以综合反映该地区交通、商业、商务活动的总体活力水平和区域经济实力。

利用商业用地开发地下空间是经济价值比较有利的选择。一方面高昂的地价抵消了地下空间造价较高的缺点，使开发地下空间变得经济适用；另一方面随地价增长的商业租金或房价，也提升了新开发地下空间的使用价值，有利于开发商业经营性功能。由此可以得出结论：地铁站域的商业服务用地比例高低是衡量站域经济活动水平与城市活力的重要特征指标；地铁站域的商业用地地价是影响其地下空间开发强度的重要指标。

不同的用地性质会引发不同的地下空间功能需求，这与地下空间利用的形式和规模相关（刘曼曼，2013）。如地下商业服务空间需要地面上具有成熟的商业气氛，以吸引足够的客流作为支撑；地下步行通道需要大量的通勤人流以及周边城市设施在数量和分布上的共同支持；地下停车以及地下市政设施系统的集约化，需要高密度城市活动和高质量环境的催化，而地面环境的形成和特点则与站域用地的性质和功能有密切关系。因此站域的用地性质类型对地下空间开发的功能定位和发展强度的水平有重要影响。

7.2.1.5 开发难度

地下空间开发难度是站域地下空间开发利用成本的重要组成部分，对地下空间开发的经济效益、开发规模和决策具有重要的影响，是影响地铁站域地下空间开发强度的基本指标。

地下空间开发难度是由所在地区的地下空间资源的现状条件（包括水文地质情况、已开发和可开发地下空间资源量等）、地下空间工程造价及建设的优惠政策等因素所决定。该指标既包括客观因素又包括主观能动性的可改变因素，如随着地下工程与建筑设备技术水平的不断提高，地下空间工程造价与地面工程造价的差距在逐渐缩小。随着对开发地下空间的重视程度日益提高，各城市纷纷制定相关优惠鼓励政策，对地下空间的发展进行扶植和引导，并积极研究相关管理与控制法规保证其合理使用等，因此地下空间开发难度的确定具有很强的变动性和地域性差异。总体来说，技术与政策的双重支持使地下空间开发难度随着时间的推移而逐渐降低，即使客观上出现不利开发的条件，如果能够加以科学处理，也能够以比过去低得多的成本进行开发。

7.2.2　沙坪坝综合交通枢纽地下空间集约利用规划需求分析

7.2.2.1　地下空间集约利用规划衔接需求分析

（1）与社会经济发展规划的衔接。

"十二五"期间，重庆市在综合考虑宏观环境和发展条件下确定未来经济社会发展的主要目标是：到 2012 年，地区生产总值迈上万亿元新台阶，内陆开放、统筹城乡取得重大进展，民生改善成效显著；到 2015 年，在 2010 年基础上地区生产总值翻一番，农民人均纯收入翻一番以上，城镇居民人均可支配收入增长 75%。西部地区的重要增长极、长江上游地区的经济中心和城乡统筹发展的直辖市基本建成，在西部地区率先实现全面建设小康社会目标，使重庆成为特色鲜明的国家中心城市和居民幸福感最强的地区之一。综合交通枢纽工程的开建，将大大改善重庆市的交通设施条件，对于重庆——成都的区域合作起到了助推的积极作用。

"十二五"期间，沙坪坝区地区生产总值预计保持年均增长 15%，迈上 800 亿元台阶；人均地区生产总值突破 1 万美元；全社会固定资产投资年均增长 22%；一般预算收入年均增长 18%；社会消费品零售总额年均增长 20%；规模以上工业增加值年均增长 21%。经济结构战略性调整取得重大进展，消费、投资、出口协调拉动经济增长，第二、第三产业联袂发展。非公经济增加值占 GDP 比重达 75%；服务业增加值年均增长 14%。到 2012 年年末，沙坪坝区基本实现全域城市化，民生改善成效显著；到 2015 年，地区生产总值、人均地区生产总值、农村居民人均纯收入、全社会固定资产投资、社会消费品零售总额、规模以上工业增加值、一般预算收入等指标实现翻番，建成"一区三高地"，完成"五个重庆"在沙坪坝区的建设任务，实现全域城市化，在全市率先实现全面建设小康社会目标。综合交通枢纽工程的建设，将大大改变沙坪坝区现有的交通条件，对于区域土地集约、区域经济发展有着重要的推动意义。

（2）与交通发展规划的衔接。

根据铁道部审批的重庆枢纽总图发展规划，重庆市规划形成衔接 11 条干线的大型枢纽，枢纽内线路按照"客内货外、客货分线"的原则布局。

客运系统：新建第三客站（重庆西站），形成重庆、重庆北、重庆西"三站并重"的客运站布局。

解编系统：新建兴隆场编组站，规模为双向三级六场，即有重庆西编组站改建为与第三客站配套的客车技术整备所、动车运用所。

货运系统：在既有货运布局的基础上，新建团结村集装箱中心站，迁建整合重庆东货运站，规划白市驿、惠民综合性货运站、黄磡危险品货运站。

拟建、规划线引入枢纽工程：成渝客专引入既有重庆站，其中新建双线引入沙坪坝站，沙坪坝至重庆站增建二线。在芝麻冲附近设联络线引入歌乐山站，满足客车进重庆北站条件，在大学城附近预留设联络线引入新建的重庆西客站。

（3）与土地利用规划的衔接。

根据《沙坪坝中心区城市设计》对枢纽核心区的总体定位可以看出，未来此区域城市功能既要满足服务于本地区，又要成为重庆中心体系中继 CBD 之后又一高端服务核心和特色地区，进而打造成为重庆中央文化科技商业商务区——CTBD，集高端服务、科技商务、交通枢纽功能于一体的新概念中心区，为此在建设综合交通枢纽工程时，做到与该区域土地规划的衔接，提高区域土地利用率，实现集约节约土地的最终目标。

7.2.2.2 地下空间集约利用规划交通需求分析

（1）地下空间区域交通需求分析。

地下空间区域交通预测主要是对综合交通枢纽工程的人流量进行合理的

预测。枢纽体各层人流量的确定主要基于行人的换乘活动，换乘活动指行人在枢纽内的一系列与换乘有关的活动。在换乘过程中行人需要遵守综合交通枢纽客运枢纽的交通管理，通过执行一系列活动，完成相应的购票、检票过程，在空间上完成从起点（Origin）向目的地（Destination）的移动。起点可以是枢纽的入口（指从上盖建筑入口进入枢纽的行人）或者站台（指从站内车辆到达枢纽的行人），目的地同样可以是枢纽的出口或者站台。根据《重庆市沙坪坝铁路枢纽综合改造工程可行性研究》，沙坪坝综合交通枢纽工程各层人流量如表 7-3 所示。

表 7-3　　　　　　　枢纽体各层人流量计算结果　　　　单位：人次/小时

建筑层面	交通功能	人流量（P/h）
地面层（含地面建筑）	办公、商业、酒店等	18043
负 1 层	衔接公交、地下车库	14818
负 2 层	衔接出租车、地下车库	9744
负 3 层	衔接地下车库	9316
负 4 层	衔接地铁 9 号线、环线、1 号线及地下车库	9178
负 5 层	衔接地下车库	360
负 6 层	衔接地下车库	320

（2）地下空间出入口交通影响需求分析。

根据《重庆市沙坪坝铁路枢纽综合改造工程可行性研究》，根据各出入口交通功能定位及本项目高峰期交通生成量数据，可以计算得到各关键出入口高峰小时流量，如表 7-4 所示。

表 7-4　　　　　　　　本项目机动车出入口设置分析

出入口编号	衔接道路	出入口流量	衔接道路背景流量	建筑层面
1 号	站西路	101	2256	一层
2 号	站东路	187	6045	负一层
3 号	东连接道	94	2112	负一层
4 号	站南路	112	2093	负四层
5 号	小龙坎正街	131	1980	负四层

采用可插间隙理论进行关键机动车出口验算，计算如表 7-5 所示。根

据表中的计算结果可知，从本项目出入口出的情况来看，每3分钟时间段驶出车辆数为3~4pcu/3min，高峰期基本低于允许值（4~5pcu/3min），车辆的可插入间隙基本能保证项目的正常运行，但本项目2号机动车出口高峰期出现了较为严重的拥堵。

本项目机动车关键出入口高峰期能够满足项目车辆的出入，仅2号机动车出口高峰期出现缓堵，基本可以接受。

表7-5　　　出入口对项目外道路的路段交通影响分析计算

出入口名称	出入城市道路	q（单侧，Pcu/h）	t_a（min）	t_c（秒）	t_f（ti）	c_a（辆）	c_0（Pcu/h）	c_b（辆）	影响结果	运行状态
1号机动车出口	站西路	2256	2	5	5	3	101	3	$c_b < c_a$	正常
2号机动车出口	站东路	6045	2	5	5	0	187	6	$c_b > c_a$	缓堵
3号机动车出口	东连接道	2112	2	5	5	4	94	3	$c_b < c_a$	正常
4号机动车出口	站南路	2093	2	5	5	4	112	4	$c_b < c_a$	正常
5号机动车出口	小龙坎正街	1980	2	5	5	5	131	4	$c_b < c_a$	正常

（3）地下空间停车站需求分析。

根据重庆市停车特征调查，确定一天区域内总停车需求、高峰停车需求与停车泊位之间的关系，再根据预测的未来OD资料，按上盖物业划分的机动车D点吸引量数据，推算机动车高峰停车需求量。本次规划预测的停车需求只计算车辆发生停放行为的需求，不计算车辆短时间内上、下客发生的停车需求。

沙坪坝综合交通枢纽主要有两大功能，即区域客运功能和上盖物业交通功能。区域客运功能服务于整个城市，而上盖物业交通功能的服务区域则以车站上方上盖物业为主。在铁路客流已知的情况下，需求预测可分为两部分：一是铁路客运与各交通方式之间的换乘量；二是上盖物业区域产生的交通需求。根据《重庆市沙坪坝铁路枢纽综合改造工程可行性研究》，地下空间停车站需求如表7-6所示。

表 7-6   沙坪坝站停车位及面积总需求

类别		计算停车位（个）	停车面积（m²）
进出站旅客	社会车辆	330	9900
	旅游车	15	1050
	小计	335	10950
上盖物业	地上商业	1261	37830
	办公	353	10590
	酒店	179	5370
	高层公寓	960	28800
	小计	2753	82590
合计		6186	187080

（4）地下空间路网承载能力需求分析。

城市路网承载力计算采用土地开发强度与交通容量空间分布的"静态"对比测算方法的研究思路进行测算。

路网承载力"静态"对比测算分析理论（张珊珊，2016）以街区作为最小研究对象，根据街区内居住用地、各产业用地的开发强度计算各街区内的居住人口数和就业岗位数，以此度量早高峰时段交通产生和吸引的强度。结合城市交通设施规划方案，计算各街区内交通综合承载力，从而获取各街区内交通产生、吸引度量值与交通承载力之间的比值（以下简称"G"和"A"值）。同时根据城市交通发展策略和城市交通结构，匡算确定城市土地开发强度与城市交通承载力之间的合理比值区间（以下简称"H 区间"）。比较各街区 G、A 值与 H 区间的关系，若高于该区间，则降低相应用地的开发强度或增加街区内交通供给能力，促使两者在空间分布上相协调。

城市土地开发强度与城市交通承载力之间的协调是以城市总体规划为前提确定的城市交通资源条件与城市土地开发强度之间的协调。在计算中，在核算城市轨道交通出行方式的规模后，采取实际利用道路资源居住人口数（出行数－轨道交通方式出行人口数）和就业岗位数与城市路网交通承载力对比，以道路交通承载力与交通需求之间的对比程度作为衡量两者之间能否协调的依据。

合理取值范围的匡算应遵循城市路网整体交通负荷小于 0.7，否则就会出现道路"瘫痪"状态。

鉴于城市土地所处区位、周边环境、用地性质不同，城市土地不可能也没有理由均质开发，因此在制定合理取值的过程中采用了如表 7-7 所示的经验取值。

表 7-7　　城市土地开发强度与城市交通承载力比值经验取值范围一览表

	土地开发强度取值范围				
	强度低（A 区间）	强度适宜（B 区间）	勉强接受范围（C 区间）	强度高（D 区间）	强度过高（E 区间）
居住人口指标（人/车公里）	<0.94	0.94~1.31	1.31~1.53	1.53~1.75	>1.75
就业岗位指标（岗位/车公里）	<0.78	0.78~1.09	1.09~1.27	1.27~1.45	>1.45
匡算路网负荷	<0.43	0.43~0.60	0.60~0.70	0.70~0.80	>0.80

根据《重庆市沙坪坝铁路枢纽综合改造工程可行性研究》，项目区路网改造后晚高峰小时沙坪坝核心区规划年路网总体负荷处于 0.69 左右，就业岗位指标为 1.23 岗位/车公里，居住人口指标为 1.45 人/车公里，根据表 7-7 可判断，沙坪坝核心区土地总体开发强度属于 C 区间，开发强度处于勉强接受范围，核心区道路网交通运行状态未出现严重交通拥堵。

（5）各运输方式场、站规模预测。

以各种交通方式未来需求预测结果为依据，结合各交通方式场站建设规范和相关参数，对长途客运站、公交车站、出租车、社会车辆以及自行车的停车场等进行规模测算，求得其占地面积、发车位数量等规模指标，具体计算过程如下：

①公交车站。本项目公交车站按公交首末站规模测算考虑，其规模可采用下述公式计算：

$$S = \sum_{i=1}^{m} b_i \times S_b$$

式中：

S——常规公交首末站的规模（平方米）；

m——在此设首末站的公交线路的条数；

b_i——计算第 i 条公交线路的首末站面积时应考虑的公交车辆数（标台），按规范规定可以取该条线路配备的公交车辆数（本项目取 25 标台/线路）的 10%～60%，本项目取 16%；

S_b——每标车在首末站中的占地面积，按规范规定通常取 100 平方米/标车。

根据需求预测结果，枢纽内规划每条公交线路的平均发车间隔为 3 分钟，因此每线发车频率为 20 辆/小时。由枢纽高峰小时公交客流量推算可得到首末站总发车数为 94 辆/小时。考虑全年高峰期的客流增长，需要的公交线路为 7 条。

由此，可以估算得到枢纽内公交车辆首末站规模 S = 2664 平方米。

②出租车。出租车停车场面积主要与进入枢纽的出租车及停车候客比例、停车场周转率、单位占地面积等有关，计算公式如下：

$$S_T = \frac{Q_{TR} \times \beta \times \overline{S_T}}{\gamma \times \alpha}$$

其中：

S_T——枢纽内出租车停车场面积；

Q_{TR}——枢纽内年平均高峰小时出租车交通量，pcu/小时；

β——到达枢纽的出租车停车候客的比例，一般取 0.5～0.8；

$\overline{S_T}$——出租车停车的平均占地面积，平方米；

γ——出租车停车场利用率；

α——出租车停车场周转率。

取 β = 0.5，$\overline{S_T}$ = 25，γ = 0.9，α = 6 次/h，由此可计算得到出租车停车面积为 14788 平方米。

③社会车辆。社会车辆停车场面积主要与停车场周转率、单位占地面积等有关，计算公式如下：

$$S_T = \frac{Q_{TR} \times \overline{S_T}}{\gamma \times \alpha}$$

其中：

S_T——枢纽内社会车停车场面积；

Q_{TR}——枢纽内年平均高峰小时社会车交通量，pcu/小时；

$\overline{S_T}$——社会车停车的平均占地面积，平方米；

γ——停车场利用率；

α——停车场周转率。

取 $\overline{S_T} = 30$，$\gamma = 0.8$，$\alpha = 1.8$ 次/小时，由此可计算得到出租车停车面积为 24238 平方米。

综上所述，得出各交通方式场站规模数据表，如表 7-8 所示。

表 7-8　　　　　　　各交通方式场站规模计算约值　　　　　单位：平方米

规模测算年份	公交车站	出租车	社会车辆
2030 年	2664	39025	

7.3　地下空间集约利用规划研究

7.3.1　综合交通枢纽地下空间集约利用规划目标

7.3.1.1　优化城市系统功能

通过对地下空间功能的混合开发、复合利用，优化和整合综合交通枢纽站点地区地下空间功能要素改变过去地下空间功能的单一构成，将商业、休闲娱乐等功能引入地下，逐步向综合性的站点地区地下空间转变，提高地下空间使用效率，激发站点地区活力。同时还应注重地下地上协调发展，选择适宜的地下空间功能形式，使其对城市整体功能起到补充和调配的作用，并且通过高效的功能整合设计，使城市功能更趋完善合理，达到优化城市系统功能的目的。综合交通的便捷性与可达性带动了沿线的土地开发，利用站点地区巨大客流的潜在商机，促进了地下商业的发展，周边地下商业的运营又可以带来更多的经济回报。在提高城市经济效益的同时，带动了站点地区整体的协调发展。

7.3.1.2　扩大城市空间容量

在占用有限土地资源的前提下，通过对站点地区地下空间集约化设计将各个功能空间集中，形成高效有序、紧凑的立体空间布局模式，同时将站点地区部分地上功能向地下扩展，实现城市空间的多重利用，促进城市功能的交互和完善，提高了土地利用率，从而起到扩大城市容量的目的。在对站点地区地下空间的开发利用中，由于将部分地面城市功能转移至地下，在节省出的地面上增加绿地、广场等开放空间，从而改善了城市整体环境质量，促进城市环境更加优美和谐，达到保护历史文化风貌的目的。

7.3.1.3　提高交通换乘效率

城合交通枢纽站点是交通客流的集散中心，也是换乘其他交通工具的连接点。以综合交通枢纽建设为重点，通过站点地区地下空间立体化空间组织，着力建设完整的地下步行系统和良好的步行环境，把城市各种交通方式，如轨道交通、公交车、国铁、私家车、自行车、步行等整合组织在一起，通过建立一体化的地下交通换乘体系，实现不同交通方式"零换乘"，不仅提高了站点地区城市交通的整体运行效率，也为乘客提供了方便、快捷的出行条件。同时城市轨道交通站点地区中的换乘主要是以步行方式实现站点与其他交通方式之间的衔接。因此一体化地下步行交通体系的建立，需要通过地下步行通道将各类不同地下空间、交通设施相连接，全天候、舒适便捷的地下步行空间环境使人群可方便快捷的到达各处，实现了对地面人流分流，减少对地面交通的干扰。

7.3.1.4　提高空间内在品质

在站点地下空间设计中，不仅要重视地下空间开发利用的功能形态，更要重视人居环境品质和人们对地下空间设施本身的使用。通过营造舒适健康环境，创造多样化空间，完善标识导向及无障碍设施，从人的心理和生理等多方面进行人性化设计，达到提高其内在空间品质的目的，从而改变以往人们对于站点地下空间内部环境的负面印象，将更多城市功能及"人"的公共活动引入地下，提升站点地区地下空间的使用率以及对"人"本身的人性关怀。

7.3.2　综合交通枢纽地下空间集约利用规划原则

7.3.2.1　综合开发原则

地下空间集约规划不仅是地下管网规划、人防规划、地铁规划的结合，而且是地下空间资源的总体布局。以往我国的地下空间开发强度较低，往往以短期的使用效益及经济效益为依据，进行浅层、分散的地下空间开发利用。然而由于地下空间开发具有不可逆性，随着城市的不断发展，当需要进一步扩建开发时，却面临原建地下空间造成的阻碍，制约了城市的可持续发展造成难以挽回的损失。因此在进行地下空间开发时，要注意以下几点：一是开发必须一次到位；二是要对远期的城市发展有合理的预期，应从长远考虑，为地下空间出入口、施工场地等留有余地；三是在地下空间规划时，将可开发的地块尽量开发，而将容易开发的地块适当留作远期发展备用，这也符合弹性规划的原则（春艳，2013），同时也应统筹考虑，尽量做到开发利用最优化。

7.3.2.2 地上地下协调原则

地下空间作为城市空间的一部分，是为整个城市服务的，必须兼顾地面开发，二者相互促进、相互作用，地下空间是地面空间功能的延伸，而地下空间环境的提高又能为地面环境的改善提供可能，地下空间科学合理地规划，必须充分考虑地面与地下的关系。首先，在地下空间需求预测时，应该根据地上地下空间各自的特点，综合城市发展目标、经济状况、生态环境等要因素，提出科学的需求量；其次，在地下空间布局时，要根据未来城市对区域地块的要求、地下空间的优势、地面空间的状况、防灾要求等因素综合协调考虑，而不应片面地为达到开发地下空间的目的，刻意将一些设施放入地下。

7.3.2.3 综合效益最大化原则

地下空间开发比在地面建设要复杂和困难得多，若不计土地价格因素的话，其开发要比地面开发付出更高昂的代价。以城市交通为例，如果地面上的轨道交通造价为 1，地上高架铁路为 3~5，地下铁路则为 5~10。类型和规模相同的公共建筑，建在地下时的工程造价比在地面上一般要高出 2~4 倍（不含土地使用费）。如要在地下空间保持满足人活动要求的建筑内部环境标准，则运行所耗费的能源比在地面上要多 3 倍左右（童林旭，2004）。因此如果忽略土地价格因素和特殊情况，无论是日常经营成本还是一次性投资，在投资效益上地下开发都无法与地面建设竞争。然而就城市的整体效益和保护珍贵的土地资源的角度来说，开发地下空间的综合效益不可替代。

7.3.2.4　可持续发展原则

综合交通枢纽地下空间的开发利用既是调节区域土地利用结构、扩充城市空间容量的重要手段，也是建立现代化城市综合交通体系以及城市防灾救灾综合空间体系的重要途径。地下空间的合理开发利用，能使建筑空间和开敞空间保持合理的比例、改善自然环境质量、保持生态平衡和城市景观质量，解决一系列的城市问题，从而促进城市各项事业健康发展，使城市走上可持续发展的道路。

7.3.3　综合交通枢纽地下空间集约利用规划内容要点

基于站域类型的地铁站域地下空间的集约规划内容共包括站域分类、站域地下空间资源评估、需求分析、形态布局、开发模式与时序、综合效益评估和开发机制与政策制定七个部分（王曦，2015；顾新等，2004）。

7.3.3.1　站域地下空间资源评估

对站域范围内土地的工程地质条件、地面规划情况及已建成地下空间现状进行调查，分析本地区地下空间的建设难易程度和开发价值，确定可开发利用和适于开发利用的地下空间资源的存量与分布。

7.3.3.2　需求分析

首先根据站域自身发展特点确定该站域地下空间的开发定位。其次分别对站域地下空间的开发功能与规模进行需求预测。在功能方面，综合考虑站域类型及客流特征，结合地区现状，预测地区发展需求，确定适合利用地下空间开发的功能；在规模方面，综合考虑站域类型及该地区的客流量、土地容积率、商业用地地价及地下空间建造难度等因素，确定地下空间开发强度，并结合该地区已开发地下空间现状，预测未来的合理开发规模，该规模预测应与所在城市的经济发展和城市建设水平相协调。

7.3.3.3 形态布局

在确定站域地下空间的功能与规模需求后，结合站域地上、地下建设现状及地下空间资源评估的结论，选择适合的水平与垂直方向空间组成模式，对站域内将要开发的地下空间进行综合布局。整体布局应使各部分公共空间连通，尽量缩短彼此间的距离，提高交通效率与舒适度。

7.3.3.4 开发模式与时序

开发模式的确定需结合具体项目情况，选择政府投资、企业投资或政府与企业合作的开发模式。对于在商业价值较高或未来重点发展的地区，应鼓励采取政府引导市场运作的模式，公共领域以政府为主导，政府投资解决交通或市政设施需求，其他领域采用多种方式的融资政策，既可保证充足的资金来源，又能充分调动市场机制，在政府参与的前提下，提升商业、服务等非公共功能的开发效果。

开发时序的确定原则以地下空间与地铁站的距离和其产生的综合效益为衡量标准。即与地铁站紧密连接，近期开发即可获得较大综合效益的部分，或近期效益不是很大，但日后建设会对地铁站域范围内交通、生活、环境造成巨大不利影响的部分，应尽量结合地铁站一体化实施，如站域 100～200 米范围以内的地下步行通道、地下综合市政管廊等（杨虹桥，2012）。对于距离地铁站相对较远、近期客流等现状无法发挥其综合效益的部分可以延后实施，但应注意在前期实施项目上做好预留接口，并对该范围内地面、地下空间进行控制。

开发模式与时序的制定，都应加强站域地下空间规划与城市总体规划、控制性详细规划、城市各专项规划如交通、市政、消防、人防、商业设施等规划、城市近期建设规划、城市重点地区的详细规划、旧城改造规划、绿地系统规划等的充分衔接，避免地下空间开发利用规划与其他规划产生矛盾和冲突。

7.3.3.5　综合效益评估

结合具体项目，对项目地下空间的经济效益、环境效益和社会效益进行综合评估。通过效益评估，对原规划的功能设置、开发强度、形态布局与开发时序等进行调整与优化。在评估过程中应重视社会效益、环境效益等较难量化因素的积极作用，并且在新城中，要特别重视其远期效益。同时，为了使规划具有较好的操作性，应与相关部门和合作开发者进行沟通协调，综合多方意见进行规划的优化修改。

7.3.3.6　开发机制与政策

随着地面土地资源的日益稀缺，地下空间利用范围逐渐扩张，完善的法规体系、系统的前期研究以及成熟的投融资模式是地下空间合理利用的基础和保障。

在法规体系方面，地下空间利用的关键问题在于通过立法明晰地下空间权（赵鹏林、顾新，2002）。应明确界定地铁地下空间资源的使用权，实现与地上土地使用权的分离，以便不同开发者经营不同的功能，避免权益责任不清；明确地铁地下空间资源的主管部门，避免多头管理。

在前期研究方面，应完善城市地下空间开发利用规划，实现地下空间规划与地面规划的对接协调、良性互动，避免出现各自为政的局面。在政策方面，鉴于地下空间利用与地铁工程同步进行是节约投资的重要手段，应给予地铁建设企业开发相邻地铁地下空间的优先权，地铁的建设主体，地铁公司应积极参与其腹地地下空间开发，并协同督导地铁站的交通接驳、连接通道、出入口等的建设；制定优惠的资金扶持政策，鼓励带动公共基础设施完善的地下空间开发项目，如建立专项扶持基金、出让金优惠政策、轨道交通沿线捆绑项目的特许经营权等；鼓励与其他基础设施的联合开发，如与人防工程、绿地公建等联合开发。

在管理方面，地下空间的开发利用综合性强，管理复杂，只有建立联合的长效管理机制，统一管理部门，才能实现与地铁的一体化建设。在日常管理中应以规划国土部门为主，强调多部门之间的协调与沟通，特别是与交通、环境部门的交流合作。

7.3.4　综合交通枢纽地下空间集约利用规划功能分区

7.3.4.1　商业区

当综合交通枢纽工程区域为繁华的商业中心时，地面环境一般较为拥挤，宜在地下规划地下街、地下综合体等公共服务设施。商业中心区地下空间的利用应当加强商业公共空间向地下的延伸并突出地下步行系统的作用，将地面上的商业网点通过地下走廊相互联通，形成整体商业网络。由于来往商业区的大都是流动人口，对公交系统依赖性较强，所以在规划中应当方便顾客公交换乘。另外，由于人们在商业区地下空间的停留时间较长，对地下空间的舒适度要求较高，应当更加注重通风效果，并在适当部位引入自然光，增加植被。

影响商业区综合交通枢纽工程区域地下空间商业服务功能的因素主要是人流可达性与站域区位，在不同情况下两者有不同的影响强度。①人流可达性：站域地下商业空间应与地铁站点紧密连接，或成为站点与出行目的地的连接通路。如以地铁上盖发展著称的香港90%的商用物业都设于地铁进出口，其人流量、消费额都较其他位置的商铺高出30%，租金也高出50%以上（庄毅璇等，2001）。②区位：地下商业空间是地面商业空间向地下的延伸，依赖地面商业气氛的带动。如在地面并不拥挤的城市边缘或新兴地带开发地下空间，客流不大且构成比较单一，不足以支持过多的商业服务空间，同时也不符合以地价优势弥补施工成本的营利原则，则通常会面临人气不足的局面，如广州芳村地铁站的家具城地下街就是这样的实例。

7.3.4.2　办公区

高效的交通换乘空间是保证商务区内业务不断提升的重要条件。为应对大量通勤人员的早晚高峰，应充分开发与地铁站直接对接的地下步行空间，尤其是核心区的地下相互连通，形成地下人行系统，使人流不用上到地面即可快速分散到各商务大楼中。同时区内每天发生大量公、私业务，小汽车交通和停车需求很高，可利用区内地下机动车专用道将地下车库尽可能连通，以减轻地面交通压力。由于地区内土地资源宝贵，土地价值和效益较高，为增强其可持续发展能力，应配备高标准的市政基础设施，并尽量结合地铁建设修建市政综合管廊。

如被誉为"巴黎的曼哈顿"的拉德芳斯（La Defense）城市副中心，作为巴黎成功的中心商务区，在交通建设中贯彻了"人车分离"的原则。在区内形成高架，地面和地下三位一体的交通系统，其中地下共四层的大型换乘枢纽，为地铁、铁路、公共汽车以及小汽车提供出行线路转换空间与组织机制，每天约 40 万人次在这里换乘各种交通工具，保证了市区内有条不紊的交通秩序（周小山，2012）。

7.3.4.3　文化娱乐区

从客流特征来看，具有客流强度的周期性及爆发性。有活动时人流巨大而集中，平时人流较少；主要客流的休闲娱乐目的较为明确，时间支配相对灵活，具有较大的潜在商业价值可供挖掘。文化娱乐区类型的站域地下空间应主要用于解决周期性或突发性巨大客流对区内正常交通秩序的影响。当所在区域用地相对紧张时，开发与文化娱乐场所连接的地下步行通道可有效减少地铁客流对地面空间的使用和对地面交通的冲击。结合地铁的建设修建大型地下停车场也可缓解个人或旅行团停车对所在区域造成的交通和土地压力，停车场的出口与地铁客流的步行通道相接，可提高步行通道的使用效率，并可考虑适当配置地下商业和服务空间。

在地面风貌需要保护的旧城历史文化保护区，如使部分市政基础设施地下化，结合地铁的建设开发一定量的地下空间，可替换和转移与地面景观不和谐的设施，有力保护区内整体文脉。如法国巴黎卢浮宫扩建工程，在拿破仑广场地下开发 62000 平方米地下空间，将卢浮宫所需要的图书馆、艺术商店、餐厅、演讲表演厅、视听室以及管理贮藏和大型停车场全部置于地下，将文化艺术遗产自然延伸至公众生活之中，保护了原有的历史风貌及空间关系。同时该地下空间与地铁车站相连，使访客的出行路线更为便捷，同时在地下通道沿途设置适量的商业设施获得了较好的经济收益（罗遵义，2009）。

7.3.4.4 居住区

当地面为居住区时，地面环境相对简单，站域地下空间以方便重要路口交通过街的步行通道为主；市政设备严重老化的地区可考虑结合地铁建设更新市政管线；人口密集、配套设施不足的居住区应考虑结合人防开发部分与地铁站有连通的公共空间，设置为超市、文化娱乐场馆等，满足居民平时的生活需求，战时提供必要的疏散和掩蔽空间。

7.3.4.5 交通功能区

根据我国城市的特点，交通功能区通常具有交通区位与商业区位重合的优势，应考虑将地铁站与大型综合公建垂直整合，开发功能混合的交通综合体。该综合体在地下实现不同地铁线路间或不同交通方式间乘客的转换，通过地下步行系统或地下商业街与其他公建的地下室相连，有效疏散客流，并设置地下停车场解决地面拥堵。在综合客运枢纽中，多数需设置大型换乘广场，应充分利用巨大客流带来的商机，开发公共用地下的地下空间为客流提供商业服务（张平等，2008）。同时，由于商业与交通区位的重合及交通量的过大，站域地区需要良好的市政基础设施条件支持，并保证在维修、更新时不会影响正常的交通秩序，结合地铁建设开发地下市政综合管廊是较好的选择。

7.3.5 沙坪坝综合交通枢纽工程地下空间集约利用规划

7.3.5.1 规划目标

（1）打造综合交通换乘枢纽。

结合成渝客专的引入、沙坪坝火车站更新的契机，打造位于城市中心区集城际铁路、城市轨道交通、公交、出租等多种交通方式为一体的高效、便捷的城市交通换乘枢纽，满足城市发展需要和保证枢纽功能的充分发挥，实现枢纽内各种交通方式"零距离"换乘的目标。

（2）完善区域城市道路、缓解交通拥堵。

对沙坪坝区现状及规划路网进行研究，调查分析现状交通流量及特点，科学的预测远景交通量，结合沙坪坝火车站周边地区主要构筑物控制点和用地条件，完善区域城市道路网络，强化道路交通组织，减少交叉口及信号控制路口的数量，实现人车分流。通过建立良好的交通秩序，进一步提升道路通行能力，缓解沙坪坝核心区交通拥堵。

（3）拓展广场空间、适度物业开发、提升城市形象。

沙坪坝火车站所在区域北侧的三峡广场商业区已经成为沙坪坝区城市中心区的核心，以文化氛围为特色的商业已日趋成熟，通过高铁站场上盖，上盖广场与三峡广场融为一体，商业空间得以向南延伸和拓展；结合上盖空间及火车站地区旧城改造进行适度物业开发，打造地标性建筑，提升城市形象；建设现代科技服务中心和沙坪坝区城市商务办公功能区，达到推动沙坪坝区乃至整个重庆市产业向高科技方向纵深发展，进而促进沙坪坝中心区空间的扩展和功能的充实。

（4）延续绿地空间、改善城市环境。

上盖广场绿化很好的联系了北侧的三峡广场、南部的沙坪公园、东部的平顶山公园和西部的歌乐山公园，以其完美的生态环境优势，打造沙坪坝区东西向的城市休闲绿带，配合未来城市交通发展和市委市政府提出的"建设森林城市"的多重目标。这样不仅将沙坪坝中心区改造成为青山、碧水和中央公园式的"城市绿舟"，同时也改造了沙坪坝火车站，改善了区域环境，有利于火车站功能的转化和充分发挥。

7.3.5.2 建设内容

整个项目分两期实施，一期建设部分包括本次初步设计范围内的交通枢纽部分及需先期建设以满足铁路开通运营的双子塔 A、B 栋商业裙楼。其中 110kV 变电站及轨道 9 号线沙坪坝站分别由具有相应资质的其他设计院单独设计，同期建设。

其余物业开发部分二期建设（不在本次初设范围内）。

一期建设部分包含：本初设说明范围内的双子塔 A、B 栋商业裙楼、成渝客专沙坪坝站站房、进站通道、地下出站通道、高铁站台、铁路配套用房、高铁出站厅、高铁换乘通道、地下出租车站、地下公交车站、地下停车库、设备用房和公寓式办公楼 B 地下部分，总建筑面积 297946.29 平方米。轨道 9 号线沙坪坝站及 110kV 变电站也在一期建设，分别由具有相应资质的

其他设计院单独设计，建筑面积 33882.08 平方米。一期初设总建筑面积
331828.37 平方米。

二期建设部分主要为物业开发，包含双子塔 A 栋塔楼（46F）、双子塔 B
栋塔楼（47F）、成都铁路局商务公寓楼（31F）、公寓式办公楼 A（43F）、
公寓式办公楼 B（27F）、五星级酒店塔楼（27F）、东侧商业（5F）和西侧
商业（4F），总建筑面积 444825.64 平方米。二期建设部分非本次初设范围，
但因结构专业及设备专业的预留设计需要，建筑专业本次初步设计提供了该
部分内容的建筑方案图纸，具体详见建筑初步设计图纸枢纽部分—换乘及配
套分册里 JC - 55 ~ JC - 135。

7.3.5.3 功能布局

根据项目用地条件，为满足铁路安全运营的需要，在成渝客专站场范围
布置上盖广场，在上盖广场范围内主要布置 1 层的高架客专站房和 4 层 ~ 5
层的商业用房，其余的建筑体量均布置在铁路站场外以北的城市建设用地
上，开发建筑沿站东路南侧布置。项目总体布局依据区域现状城市空间关
系，保持天陈路和三峡广场街道在空间上的延续性，体现城市空间脉络和肌
理，如表 7 - 9 所示。上盖物业从西往东分别是 3#楼（西侧盖上商业）、1#
楼（包括铁路站房、双子塔 A、B 座及其商业裙楼）、2#楼（包括成铁商务
公寓楼、公寓式办公楼 A 座、高层酒店及连接它们的东侧商业），在东连接
道靠近八中地块布置了 4#楼（高层公寓式办公楼 B 座）。盖下为交通枢纽部
分，在负 1 层站东站西路旁布置公交车站，负 2 层布置出租车站，地下停车
库及设备用房布置在负 1 层至负 8 层（见图 7 - 4 ~ 图 7 - 12）。

表 7 - 9   沙坪坝综合交通枢纽（枢纽部分）初设技术经济规划指标表

项　目	方案数值	设计数值	备注
建设用地面积	101082.85	101082.85	
总建筑面积	331828.37	331828.37	包含轨道 9 号线沙坪坝站及 110kV 变电站建筑面积 33882.08 平方米。其分别由具有相应资质的其他设计院单独设计，一同报建

续表

项　目		方案数值	设计数值	备注
其中	地上建筑面积	52212.35	52212.35	
	地下建筑面积	279616.02	279616.02	
	1. 居住（注2）			
	2. 配套用房（物管用房）			
	3. 公建	115072.56	115072.56	
	商业建筑	29251.62	29251.62	此为需先期建设以满足铁路开通运营的物业开发部分，不属于枢纽部分
	办公建筑	2618.63	2618.63	
	成渝客专沙坪坝站站房	13974.00	13974.00	
	铁路站房配套	6418.10	6418.10	
	高铁出站通道	1609.00	1609.00	
	铁路配套用房	7045.80	7045.80	
	高铁出站厅	3420.78	3420.78	
	公交车站及等候区	7049.45	7049.45	
	出租车站及等候区	9803.10	9803.10	
	110kV变电站	3821.08	3821.08	
	轨道9号线沙坪坝站	30061.00	30061.00	
	4. 车库	186543.81	186543.81	
	5. 设备用房	23668.51	23668.51	
	6. 其他	6543.49	6543.49	结构嵌固层面积
总计容建筑面积		52212.35	52212.35	本次初设的计容面积
容积率		4.92	4.92	为整个沙坪坝综合枢纽改造项目的总容积率
建筑密度		51.74%	51.74%	
绿地率		1.94%	1.94%	
停车位		3485.00	3485.00	其中成渝客专配建停车位357个
其中	①外			
	②内	3485.00	3485.00	
建筑高度（层数）		201米（47F）	201米（47F）	本次初设双子塔A、B栋只设计至5F，27.6米标高处，以上为结构和设备预留设计

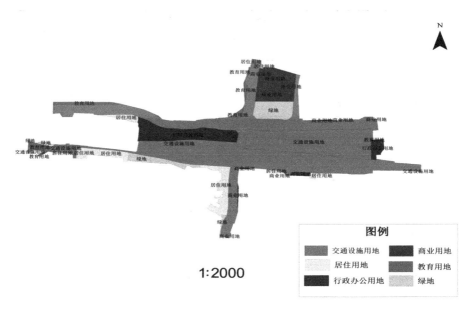

图 7-4 沙坪坝综合交通枢纽工程土地利用规划图

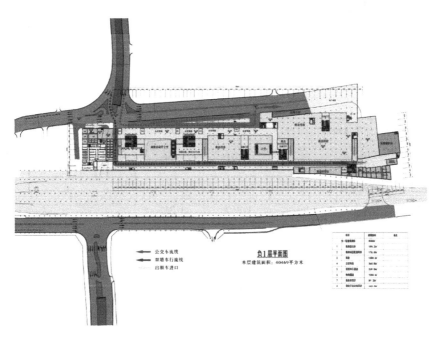

图 7-5 地下负1层功能布局图

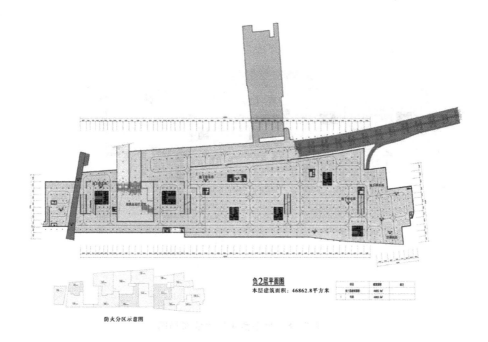

图 7-6   地下负 2 层功能布局图

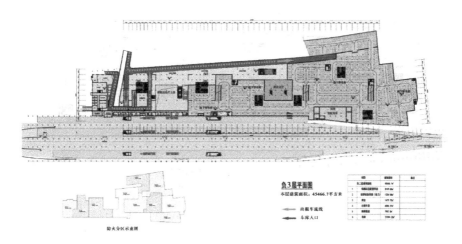

图 7-7   地下负 3 层功能布局图

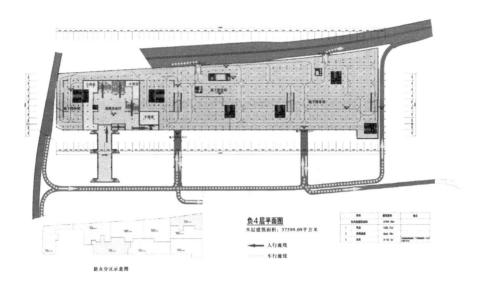

图 7-8 地下负 4 层功能布局图

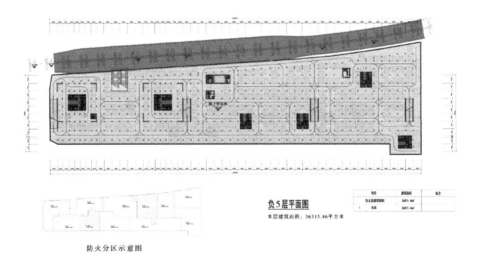

图 7-9 地下负 5 层功能布局图

图 7－10　地下负 6 层功能布局图

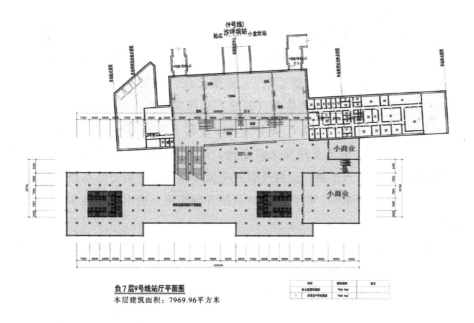

图 7－11　地下负 7 层功能布局图

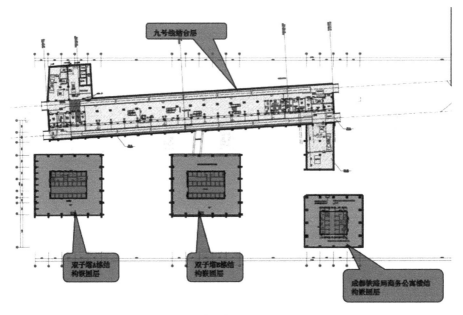

图 7 - 12 地下负 8 层功能布局图

（1）交通设施用地布局。

①平面布置。根据总的交通组织方案制定其中的各个道路方案。共含新建及改建道路 8 条，分别为站西、站东路（改建）、站西、站东路下穿道（新建）、天陈路下穿道（新建）、天陈路北段（改建）、天陈路南段（改建）、站南路（新建）、东连接路（新建）和西连接路（新建）。

站西、站东路配合上盖广场下沉，改建起于站西路与清溪路交叉口东侧，止于站东路与华宇支路交叉口东侧，改建范围全长 1.14 公里。站西、站东路是重要的城市干路，交通及服务功能都很强。特别是站东路，交通流包含三峡广场环道车流、站西路向站东路方向车流、进出火车站车流，交通压力大。

站西、站东路下穿道位于天陈路下穿道下一层，起于站西路，止于站东路与华宇支路交叉口东侧，道路全长 0.962 公里。站东路下穿道主要解决三峡广场核心区东西向过境交通、快速疏解站东路以及地下车库通向沙滨路方向车流。站西路西端远期规划一通向大学城方向的隧道，此隧道实施后会引起三峡广场环道交通量进一步的增加，增加的过境车流会加大三峡广场环道的交通压力，通过下穿通道分离过境交通，可以减小核心区单循环通道的交通量，有利于保证三峡广场及火车站周边交通的顺畅。站东路与华宇支路交叉口东侧 60 米处规划一匝道连接站东路与站东路下穿道，规划匝道可使站东路车辆通过下穿道快速疏解至沙滨路方向（见图 7 – 13）。

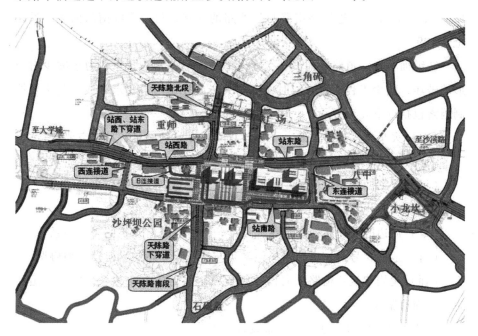

图 7 – 13　道路平面布置图

站南路起于清溪路，向东分别与西连接路、天陈路、东连接路平交后，转向东南下穿小龙坎正街，设一简易立交，终点接入小凤路。本次设计范围为起点至站南路与东连接路交叉口东侧，道路全长 1.23 公里。站南路是一条重要的分流及服务性支路。首先，站南路东西向可以分流站西、站东的车流，南北向可分流小龙坎转盘的车流，为主要的交通节点减压；其次，服务火车站及沿线地块。

天陈路是连接陈家湾、南开下穿道以及天星桥正街的城市次干路，杨公桥立交下至渝碚路的车辆均通过天陈路向周边疏散。本次改建范围全长 720 米。天陈路现状为 4 车道道路，与站西、站东路平交，上跨沙坪坝火车站桥梁为 3 车道。改建后，将天陈路与站东路、站南路交叉处设计为双层，地面层为 T 型平交口，保证天陈路与站西路、站东路、站南路之间车流能够互通，地下层为下穿道，连接南北两侧。下穿道起于天陈路北段，向南分别下穿天陈路北段与站西站东路的 T 形平交口、沙坪坝火车站、天陈路南段与站南路的 T 形平交口之后，接入天陈路南段。

东连接路是连接站南路与站东路的支路，位于重庆八中西侧，道路全长 183 米；西连接路是连接站南路与站西路的支路，位于重师南门南侧，道路全长 149 米。

②纵面布置。道路竖向设计主要考虑适应场区地貌特点，力求减少对地形的破坏，减少工程造价，同时考虑相关竖向控制因素要求布线，其主要控制因素包括以下几个方面：

（ⅰ）火车站：道路上跨、下穿沙坪坝火车站须满足各自净空要求；

（ⅱ）上盖广场：道路纵向设计须与上盖广场相结合；

（ⅲ）道路两侧用地规划：道路纵向设计须与道路两侧用地相结合；

（ⅳ）周边规划路网：道路纵向设计须与规划道路相结合；

（ⅴ）周边既有建筑：道路纵向设计须考虑与既有建筑的竖向关系；

（ⅵ）地铁 9 号线：道路纵向设计须与 9 号线车站的纵向设计相协调；

（ⅶ）规划建筑：道路纵向设计须考虑与规划建筑的关系，以利于道路更好为周边服务。

道路纵断面结合上述控制因素设计如下：

上盖广场设计高程为 259 米，站东路 K0 + 600 ～ K0 + 915 段结合上盖广场下沉至 252 米，再考虑既有道路高程、道路两侧建筑以及周边路网等进行设计。

（2）商服设施用地布局。

双塔超高层建筑结合上跨火车站站房整体布置，双塔北面正对丽苑酒店和三峡广场之名人广场，通过上跨站东路通道连接上盖广场，是本项目人行交通北侧主要通道，双塔和站房北侧为站前广场，西侧为火车站站前广场，东侧为商业上盖广场。

超高层双塔间为换乘厅和换乘通道，双塔交通利用不同层标高在立体空间上与高铁人行交通分流，广场地面层架空做火车站北侧进站交通空间，也是换乘厅与上盖广场的联系通道。在 1、2 层除开进站通道外，布置为商业用房。3～7 层为商业用房。双塔内根据开发要求分别布置五星级酒店、办公楼和商务公寓。双塔车行交通主要布置在负 1 层专用通道，和广场地面交通分离。双塔进入地下车库和通向地铁交通的通道与高铁人流分离（见图 7 - 14）。

图 7 - 14　商业办公楼效果图

（3）绿地设施用地布局。

①项目用地位于沙坪坝核心区，用地东望平顶山公园城市绿肺，南接沙坪坝公园，西侧远眺歌乐山森林公园。区域绿化环境优良，形成区域内商圈核心的绿色界面，并与周边绿点串联起来成为连续的绿色走廊（见图 7 - 15）；

②重新定义项目地块与三峡广场的关系，并使之建立有机的联系；

③强调内外的通达性与导视性，有序地进行交通组织，从而满足不同人群对场地的不同需求；

④充分考虑城市气候特征，增强户外广场的舒适度、延长市民户外活动的时间；

⑤对场地功能与容量进行预见性地综合思考，避免重复建设；

⑥提供开放、亲和的交流场所，让人成为广场环境的主体与城市文化的缔造者；

⑦完善公共设施配套，全方位提升广场的服务能力。

图 7 - 15　树阵效果图

7.4 沙坪坝综合交通枢纽地下空间 集约利用规划评价

7.4.1 规划评价对象

7.4.1.1 规划评价范围

根据第 6 章《综合交通枢纽地下空间集约利用评价技术体系研究》对评价范围的界定，项目区域项目空间地表投影面积 265074.07 平方米（397.61亩）。征用房屋总面积 19.83 万平方米（198327 平方米），其中道路范围占地面积 222.3 亩，征用房屋面积 6.19 万平方米；上盖及物业开发影响范围总面积 173.3 亩，征用房屋面积 13.64 万平方米。

7.4.1.2 规划空间利用

沙坪坝站建于 1979 年，于 2011 年 5 月 18 日停运。沙坪坝火车站交通枢纽综合改造工程包括成渝铁路客运专线改建、高铁站场上盖及物业开发、道路工程和城市轨道交通工程中的地铁环线下穿铁路段和地铁九号线沙坪坝车站建设。成渝铁路客运专线改建位于沙坪坝站东路下，呈东西向布置，车站南侧为沙坪坝火车站，即将改建为成渝高铁枢纽站，北侧为沙坪坝三峡广场。按规划沙坪坝火车站附近将修建三条轨道交通，分别为轨道交通 1 号线（运营）、9 号线（规划）、环线（规划）。本项目的实施可充分利用面临三峡广场的区位优势和现有的交通条件，打造集高铁站场、城市轨道交通、公路对外交通、城市公共交通和城市社会停车为一体的现代综合换乘枢纽，实现"零距离"换乘，方便出行，解决城市交通拥堵。沙坪坝火车站交通枢纽综合改造工程将充分利用地下空间，地下分 7 层：负 1 层为公交车站，负 2 层为出租车站和高铁站台，负 3 层为人行通道，负 4 层为高铁换乘厅，负 5 层为出站通道，负 6 层为轨道站厅，负 7 层为重庆轨道交通 9 号线站台。每层都设有地下停车库，共 4300 个停车位。总投资（含物业开发）1069677.42万元。

7.4.2 规划评价方法

7.4.2.1 评价指标权重测算

（1）权重确定原则。评价指标权重根据评价范围和评价类型以及指标对项目区域土地集约利用的影响程度确定。权重值应在 0 ~ 1 之间确定，且各评价范围权重值之和，同一评价范围下的各目标层（因素层、因子层）的权重值之和都为 1。

（2）权重确定方法。各目标层（因素层、因子层）和指标权重采用德尔菲法确定。通过对评价各目标层（因素层、因子层）、指标的权重进行多轮专家打分，并按式（1）计算权重值：

$$W_i = \frac{\sum\limits_{j=1}^{n} E_{ij}}{n} \tag{1}$$

式（1）中：

W_i——第 i 个目标、子目标或指标的权重；

E_{ij}——专家 j 对于第 i 目标、子目标或指标的打分；

n——专家总数。

本研究中邀请的专家都熟悉研究区域的经济社会发展情况，也是城乡规划和土地利用管理方面的专家，人数有 24 人。打分过程中，熟悉了项目背景材料，在不互相协商的情况下独立进行；打分进行了 3 轮，从第 2 轮打分起，参考了上一轮的打分结果。

7.4.2.2 评价指标标准化方法

（1）正向指标标准化方法。正向指标标准化采用理想值比例推算方法，以指标实现度分值进行度量，按照下面的式（2）计算：

$$S_{ijk} = \frac{X_{ijk}}{T_{ijk}} \times 100 \tag{2}$$

式（2）中：

S_{ijk}——i 目标 j 子目标 k 指标的实现度分值；

X_{ijk}——i 目标 j 子目标 k 指标的规划值；

T_{ijk}——i 目标 j 子目标 k 指标的理想值。

（2）负向指标标准化。工程风险和环境风险等按下列公式计算，以指标实现度分值进行度量：

$$S = (1 - X) \times 100 \tag{3}$$

式（3）中：

S——工程风险和环境风险的实现度分值；

X——工程风险和环境风险的规划分值。

7.4.2.3 集约利用程度综合分值计算

（1）子目标（因子层）分值计算。项目区地下空间集约利用程度目标分值按照式（4）计算：

$$F_{ij} = \sum_{k=1}^{n} (S_{ijk} \times W_{ijk}) \tag{4}$$

式（4）中：

F_{ij}——评价范围内 i 目标 j 子目标的土地利用集约度；

S_{ijk}——评价范围内 i 目标 j 子目标 k 指标的实现度分值；

W_{ijk}——评价范围内 i 目标 j 子目标 k 指标相对于 j 子目标的权重值；

n——表示指标个数。

（2）因素层分值计算。项目区地下空间集约利用程度因素分值按照式（5）计算：

$$F_i = \sum_{j=1}^{n} (F_{ij} \times W_{ij}) \tag{5}$$

式（5）中：

F_i——评价范围内 i 目标的土地利用集约度；

F_{ij}——评价范围内 i 目标 j 子目标的实现度分值；

W_{ij}——评价范围内 i 目标 j 子目标相对于 i 子目标的权重值；

n——表示指标个数。

（3）集约利用程度综合分值计算。项目区地下空间集约利用程度综合分值按照式（6）计算：

$$F = \sum_{i=1}^{n} (F_i \times W_i) \qquad (6)$$

式（6）中：

F——评价范围的土地利用集约度；

F_i——评价范围内 i 目标的实现度分值；

W_i——评价范围内 i 目标的权重值；

n——表示指标个数。

7.4.3　评价指标体系构建

根据评价范围和特定的评价类型，从地下空间的利用强度、负荷强度、安全强度和影响强度四个方面进行评价。程度评价包括因素层和因子层2个层次。沙坪坝综合交通枢纽地下空间集约利用程度评价指标体系如表 7 - 10 所示。

在地下空间利用现状调查的基础上，构建地下空间集约利用指标体系开展程度评价，计算地下空间集约利用程度。地下空间集约利用度分值在 0 ~ 100 分。集约度分值越大，集约利用程度越高。评价指标的现状值的计算是在评价指标体系建立的基础上结合现状调查，采用相应方法计算得到。

表 7 - 10　重庆市综合交通枢纽工程地下空间集约利用评价指标体系

因素层	因子层	指标测度方法
地下空间利用强度 A	深度分布指数（A1）	地下空间利用深度与地下空间可用深度的比值（%），它反映当前利用技术水平条件下，地下空间竖直利用强度
	面积分布指数（A2）	地下空间地表投影面积与地下空间投影面积的理想值之间的比值（%），它反映地下空间水平利用程度。如果是多层地下空间，取投影面积比的最大值
	容积分布指数（A3）	地下空间容积率与容积率的理想值之间的比值（%），这里用规划区范围内地下空间总建筑面积与规划区面积比来计算地下空间容积率
	建筑分布指数（A4）	地下空间总建筑面积与项目总建筑面积比（%），即它反映地下空间开发量与总项目开发量之间的比例关系

续表

因素层	因子层	指标测度方法
地下空间负荷强度 B	客流负荷指数（B1）	高峰小时单位地下空间客流量与理想值之间的比值，它反映单位地下空间建筑面积下载负的交通枢纽客流规模。用高峰小时单位地下空间客流量表示（人/平方米）
	就业负荷指数（B2）	规划范围内地下空间的就业人数与理想值之间的比值，它反映规划范围内地下空间载负的就业人数（人）
	产值负荷指数（B3）	规划范围内单位地下空间的综合产值与理想值之间的比值，反映单位地下空间载负的综合产值
	资产负荷指数（B4）	规划范围内单位地下空间的资产与理想值之间的比值，反映单位地下空间载负的资产价值
地下空间安全强度 C	地质容量适宜指数（C1）	在目前的技术水平条件下地下空间开发的地质适宜程度，分别从地质结构、地形地貌、岩土体特征、水文地质条件等方面对地质容量适宜性进行定量评价，它反映了地下空间开发的地质环境质量的好坏
	地质环境稳定指数（C2）	指地质环境支撑地下空间开发利用的稳定程度，主要从地层岩性、地下水、地质结构、地震、水文地质特征和不良地质与特殊性岩土等方面进行评价
	地质灾害影响指数（C3）	指地质灾害一旦发生可能产生的后果的严重性，它用地下空间开发活动与地质条件相互作用可能导致的工程风险和环境风险来表示。风险的大小决定地质灾害影响指数的大小
	地质灾害防治指数（C4）	反映研究区域地灾预警保障和地质灾害防治的情况，主要从危险源预警设备设施与安全意识、应急管理和过程监控方面的措施来评价
地下空间影响强度 D	商服繁华影响指数（D1）	表示研究区域或区段地表商服集聚效应对地下空间开发利用的影响强度。用商服产值密度或商业服务业建筑面积规模（用地规模）和年销售营业额等表示
	交通便捷影响指数（D2）	表示研究区域地表交通的便捷或集聚程度对地下空间开发利用的影响程度。它也反映了地下空间本身到周边区域的方便程度。可用公交客流强度或从项目区的对外交通便捷度、公交便利度和道路通达度等方面评价
	基础设施影响指数（D3）	表示研究区域地表的能源供应、供水排水、交通运输、邮电通信、环保环卫、防卫防灾安全等系统的基础设施的完备程度，可用基础设施产值密度等表示
	人居环境影响指数（D4）	表示研究区域地表的人居环境评价要素的集聚程度，可用地表人均绿地等要素表示

7.4.4　评价指标定量分析

7.4.4.1　地下空间利用强度 A

（1）深度分布指数（A1）。根据第 6 章《综合交通枢纽地下空间集约利用评价技术体系研究》，理想开发深度为 80 米。根据《沙坪坝铁路枢纽综合改造工程可研报告》，本工程地下开发深度为 42.6 米，由此可得深度分布指数值为 53.25。

深度分布指数规划值 =（规划开发深度/地下可开发深度）× 100 =（42.6/80）× 100 = 53.25。

（2）面积分布指数（A2）。根据第 6 章《综合交通枢纽地下空间集约利用评价技术体系研究》和《沙坪坝铁路枢纽综合改造工程可研报告》，本工程现状地下空间地表投影面积为 12351.64 平方米，规划地下空间地表投影面积 104488.63 平方米，参考其他区域综合交通枢纽地下空间投影面积占项目区域的面积比重，按照 40% 计算，则地下空间投影面积的理想值为 106029.61 平方米，由此可得面积分布指数值为 98.55。

面积分布指数规划值 =（规划地下空间地表投影面积/地下空间投影面积理想值）× 100 =（104488.63/106029.61）× 100 = 98.55。

（3）容积分布指数（A3）。根据第 6 章《综合交通枢纽地下空间集约利用评价技术体系研究》，按照可开发深度 80 米计算，按 6 米层高、开发 13 层计算，按项目面积 101082.85 平方米计算，建筑面积 1314077.04 平方米，40% 可供开发，则理论上可以开发 525630.82m^2。根据《沙坪坝铁路枢纽综合改造工程可研报告》，本工程地下空间建筑面积 279616.02 平方米，项目区用地面积 101082.85 平方米，由此可得容积分布指数值为 53.27。

容积分布指数规划值 =（C 规划容积/C 理想容积）× 100 =（2.77/5.2）× 100 = 53.27。

（4）建筑分布指数（A4）。根据第 6 章《综合交通枢纽地下空间集约利用评价技术体系研究》，采取规划建筑分布比来确定建筑分布指数。根据《沙坪坝铁路枢纽综合改造工程可研报告》可知，本工程地下空间建筑面积 279616.02 平方米，总建筑面积为 747485.2 平方米（未来总建筑面积），由此可得出规划建设分布比为37.41。根据《上海虹桥综合交通枢纽地区地下空间规划》（缪宇宁，2010），上海虹桥综合交通枢纽核心体总建筑面积约100万平方米，其中地下空间面积超过50万平方米，建成后将成为国内乃至世界上规模最大的地下空间综合体，该枢纽地下空间建筑分布比达到了50，以此作为理想值，从而计算得出项目工程建筑分布指数取为74.82。

建筑分布指数规划值 =（规划地下空间建筑分布比/理想值）× 100 =（37.41/50）× 100 = 74.82。

7.4.4.2　地下空间负荷强度 B

（1）客流负荷指数（B1）。

根据第6章《综合交通枢纽地下空间集约利用评价技术体系研究》和《沙坪坝铁路枢纽综合改造工程可研报告》可知，综合交通枢纽工程日均客流量22万。按照高峰期2.6万，高峰小时系数0.08来计算，理想值客流量为32.5万，由此计算出规划地下空间客流负荷指数为67.69。

客流负荷指数规划值 =（X 规划客流量/X 理想客流量）× 100 =（22/32.5）× 100 = 67.69。

（2）就业负荷指数（B2）。

根据第6章《综合交通枢纽地下空间集约利用评价技术体系研究》，项目现状就业人口4000人。依据《沙坪坝铁路枢纽综合改造工程可研报告》，本工程项目建设将直接提供5000个工作岗位，规划提供就业岗位合计9000人。考虑到未来有多种交通枢纽在此交会，不仅包括高铁，还包括轻轨环线、轨道1号和和远期轻轨，通过调研和咨询，预测远期就业人口可达到13600人。由此计算出就业负荷指数值为66.18。

就业负荷指数规划值 =（X 规划提供就业岗位/X 理想值）× 100 =（9000/13600）× 100 = 66.18。

（3）产值负荷指数（B3）。

根据第6章《综合交通枢纽地下空间集约利用评价技术体系研究》，重庆沙坪坝综合交通枢纽综合产值现状值为3.86亿元/年。地下空间建筑面积15793.41平方米，则单位地下空间建筑面积产值负荷为2.44万元/平方米。根据《沙坪坝铁路枢纽综合改造工程可研报告》可知，项目区占地面积

101082.85 平方米，参考国家工业用地集约节约用地标准，项目区未来经济发展水平，以 5000 万元/亩来计算未来综合产值，由此可计算出规划期末沙坪坝综合交通枢纽综合产值为 758117.58 万元/年，规划地下空间建筑面积 279616.02 平方米，则计算得出项目产值负荷为 2.71 万元/平方米。根据先进地区经验值法计算可知，地下空间产值负荷的理想值为每年 4.24 万元/平方米，计算得出沙坪坝综合交通枢纽工程项目规划产值负荷指数为 63.92。

产值负荷指数规划值 =（X 规划/X 理想值）×100 =（2.71/4.24）×100 = 63.92。

（4）资产负荷指数（B4）。

根据第 6 章《综合交通枢纽地下空间集约利用评价技术体系研究》可知，现状资产总值 40.16 亿元，单位地下空间资产负荷为 25.43 万元/平方米。根据《沙坪坝铁路枢纽综合改造工程可研报告》，规划资产价值主要由投资金额和市场价值组成。沙坪坝铁路枢纽综合改造工程总投资（含物业开发）1069677.42 万元，建成后地下可带来市场价值的面积为 172314.8 平方米，地上商业建筑面积 480000 平方米，未拆除房 65200 平方米，合计共 717514.8 平方米。目前，解放碑商业建筑面积市场价值为 60000 元/平方米，预计未来项目实施后，沙坪坝商业圈拓宽，商业房市场价值将获得较大提高，按照 10 万元/平方米，总资产价值将达到 717.51 亿元，加上原先投资，合计项目规划资产价值为 824.48 亿元，由此计算得出单位地下空间规划资产负荷为 33.27 万元/平方米。根据现阶段技术水平和项目区域特点，取 48.22 万元/平方米作为标准值，由此计算得出规划资产负荷指数为 69.00。

资产负荷指数规划值 =（X 规划资产负荷/X 理想值）×100 =（33.27/48.22）×100 = 69.00。

7.4.4.3　地下空间安全强度 C

（1）地质容量适宜指数（C1）。

根据第 6 章《综合交通枢纽地下空间集约利用评价技术体系研究》可知，参考欧刚的评价标准，分别从地质结构、地形地貌、岩土体特征和水文地质条件等方面对地质容量适宜性进行定量评价。根据《沙坪坝铁路枢纽综合改造工程可研报告》及相关学者研究，在地质条件方面，重庆城区地层属侏罗系中统上沙溪庙组，岩层大都为砂页岩互生，少数地区为石灰岩，这易于开挖；且岩层产状平缓，倾角基本都小于20°，不具备发震条件，无大断层和应力很集中的部位，也无再活动的形迹。在场地选择和工程设计中须充分考虑到因地质条件可能出现的各种地质问题。在地下水方面，重庆除背斜轴部和低洼地带有地下水或潜水外，其他地方的地下水位都很低，仅存在的地表渗漏水和裂隙水也较好处理。在地形条件方面，重庆地属河谷低山丘陵，相对高差较大，地势起伏明显。由此，依据集约评价计算公式定量计算地质容量适宜指数为73.51，如表7-11所示。

表7-11　　　　沙坪坝区域地质容量适宜指数指标体系及权重

地质容量适宜性分级		权重	沙坪坝区地质情况	得分
地质结构 0.3114	活断层	0.3114	建筑区均为上沙溪庙组砂、泥岩地层。未见断裂，节理较发育	80
地形地貌 0.0737	地貌单元	0.0168	阶地	80
	地形坡度	0.0090	5～10	80
	场地土类型	0.0478	根据沿线公路、铁路、房屋建筑开挖剖面调查，泥岩夹砂岩临时边坡较陡，虽经日晒雨淋，但稳定性一般较好，测区泥岩夹砂岩自然陡坎较多，不具有明显的膨胀岩地貌特征。属于弱膨胀土	70
岩土体特性 0.1812	岩体承载力（MPa）	0.0604	为侏罗系中统上沙溪庙组地层，以紫红色、紫色、紫褐色泥岩为主，夹岩屑长石砂岩，粉砂泥质结构，中厚层－块状构造。可以推算岩体承载力为1.2MPa（重庆地区地基承载力的确定）	70
	土体承载力（MPa）	0.0604	拟建区主要有第四系地层（Q）：主要为人工填土和黏性土，人工填土成分为砂、泥岩碎块，松散－稍密，厚薄不一，黏性土，含少量碎石、角砾组成。土体承载力可以推算为0.4MPa（重庆地区地基承载力的确定）（方玉树，2007）	65
	土地压缩系数	0.0604		65

续表

地质容量适宜性分级		权重	沙坪坝区地质情况	得分
水文地质 条件 0.2257	地下水位（米）	0.0705	地下水不发育	75
	地下水位综合 污染指数	0.0141	地下水对混凝土结构具硫酸盐侵蚀，环境作用 等级为 H1，相关工程需防护	65
	土体渗透性	0.1411		60
地质灾害 与环境工 程地质问 题 0.2080	地震灾害	0.0360	重庆及邻区的地震震级皆小，地震设防烈度 6， 属地震频率高，震级小的弱震区。处于稳定状态	65
	地面变形	0.0508	人工填土土质松散，且极不均匀，基础跨越岩 土承载力不同的地段，易引起基底不均匀沉降、 边坡的不均匀坍滑，故对基底须加固处理，边 坡须加强支挡防护	40
	砂土液化	0.0606	无砂土液化情况	60
	边坡失稳	0.0606	拟建工程地处沙坪坝，边坡多为泥岩，质软易 风化，开挖边坡须防浅表层滑坡和坍塌，高边 坡应采取加固防护措施	40

（2）地质环境稳定指数（C2）。

根据第 6 章《综合交通枢纽地下空间集约利用评价技术体系研究》和《沙坪坝铁路枢纽综合改造工程可研报告》可知，C2 地质环境稳定指数主要从地层岩性、地质构造与地震、水文地质特征和不良地质与特殊性岩土四个方面进行评价。根据集约评价计算公式定量计算地质环境稳定指数为 88.75，如表 7 - 12 所示。

表 7 - 12　　　　　　　　地质环境稳定指数评价内容

地质 环境	权重	定性评价	改良措施	评 价	总体 评价
地层 岩性	0.25	拟建区系第四系地层：主要为人工填土和 黏性土。厚 0 ~ 10 米不等，属Ⅲ级硬土 基岩为侏罗系中统上沙溪庙组地层，以紫 红色、紫色、紫褐色泥岩为主，夹岩屑长 石砂岩。其厚度不同，全风化带厚 0 ~ 5 米，强风化带厚 4 ~ 8 米		85	

续表

地质环境	权重	定性评价	改良措施	评价	总体评价
地质构造与地震	0.25	项目处沙坪坝背斜西南倾伏端，为上沙溪庙组砂、泥岩地层。未见断裂，节理较发育。基本处于稳定状态。地震设防烈度6，属地震频率高，震级小的弱震区		90	解决好了上述问题，场地的工程地质条件对于修建工程是适宜的
水文地质特征	0.25	（1）地下水类型。区内地下水主要有第四系松散堆积层中孔隙水、基岩裂隙水。处于两江岸坡附近，径流条件好，不利地下水储集，故砂岩仅局部含少量地下水；测区地下水不发育 （2）地下水特征。在环境作用类别为化学侵蚀环境及氯盐环境时，水中 SO_4^{2-}、pH 值、Mg^{2+}、侵蚀性 CO_2、Cl^- 对混凝土结构均无侵蚀性	在环境作用类别为化学侵蚀环境及氯盐环境时，建议设计考虑地下水具硫酸盐侵蚀，环境作用等级为 H1，相关工程需防护	90	
不良地质与特殊性岩土	0.25	（1）人工填土土质松散，且极不均匀，基础跨越岩土承载力不同的地段，易引起基底不均匀沉降，边坡的不均匀坍滑 （2）泥质岩边坡风化剥落。路线大部分地段岩质边坡以泥岩、页岩为主，其主要矿物成分为黏土矿物，亲水性强，遇水易软化，失水龟裂，表层易风化剥落，局部形成浅表层坍滑，对路堑边坡和基坑的稳定影响 （3）泥岩的膨胀性。路基段下伏基岩为侏罗系中统沙溪庙组（J2s）泥岩夹砂岩，泥岩为紫红色，泥质结构，泥质胶结，含有较多亲水矿物，中厚层状，岩质较软，易风化剥落，具遇水软化崩解、失水收缩开裂等特性，含水率变化时发生较大体积变化，具有一定的膨胀性	（1）对基底须加固处理，边坡须加强支挡防护；（2）凡泥岩、页岩质边坡应按规范采取坡面防护措施，基坑开挖应及时支挡防护；（3）对工程有一定影响。路堑边坡应加强防护。根据沿线公路、铁路、房屋建筑开挖剖面调查，泥岩夹砂岩临时边坡较陡，虽经日晒雨淋，但稳定性一般较好，测区泥岩夹砂岩自然陡坎较多，不具有明显膨胀岩地貌特征	90	

（3）地质灾害影响指数（C3）。

根据第6章《综合交通枢纽地下空间集约利用评价技术体系研究》和《沙坪坝铁路枢纽综合改造工程可研报告》可知，从工程风险和环境风险两方面建立指标体系对地质灾害风险进行评价。根据集约评价计算公式定量计算地质灾害影响指数为90，如表7-13所示。

表7-13　　沙坪坝综合交通枢纽地下空间开发的地质与环境风险性影响评估

风险类型	地下空间开发活动与地质条件相互作用	权重（%）	评分标准及其结果	改良措施	风险	评分
工程风险	地质条件对地下空间开发活动的影响	35	人工填土土质松散，且极不均匀，基础跨越岩土承载力不同的地段，易引起基底不均匀沉降，边坡的不均匀坍滑。路基段下伏基岩为侏罗系中统沙溪庙组（J2s）泥岩夹砂岩，泥岩为紫红色，泥质结构，泥质胶结，含有较多亲水矿物，中厚层状，岩质较软，易风化剥落，具遇水软化崩解、失水收缩开裂等特性，含水率变化时发生较大体积变化，具有一定的膨胀性	（1）对基底须加固处理，边坡须加强支挡防护；（2）凡泥岩、页岩质边坡均应按规范采取相应的坡面防护措施，基坑开挖应及时支挡防护；（3）对工程有一定影响。路堑边坡应加强防护。根据沿线公路、铁路、房屋建筑开挖剖面调查，泥岩夹砂岩临时边坡较陡，虽经日晒雨淋，但稳定性一般较好，测区泥岩夹砂岩自然陡坎较多，不具有明显的膨胀岩地貌特征	风险小	90
	环境条件对地下空间开发活动的影响	25	测区附近地下埋设有天然气输气管道	施工时做好对原有管道的防护安全	风险小	90
环境风险	地下空间开发活动对地下水环境的影响	15	地下水不发育，建议设计考虑地下水具硫酸盐侵蚀	设计考虑地下水具硫酸盐侵蚀，环境作用等级为 H1，相关工程需防护	风险小	90
	地下空间开发活动对建成环境的影响	25	本设计范围内的通信管线，多为不规则布线，交叉、横穿、变向等均有。管线密集，部分管线与其他管线重合。布线较为混乱。	建议由电信部门牵头，协助施工单位对该部分管线进行迁改和还建	风险小	90

（4）地灾预警保障指数（C4）。

根据第 6 章《综合交通枢纽地下空间集约利用评价技术体系研究》和《沙坪坝铁路枢纽综合改造工程可研报告》可知，C4 地灾预警保障指数从危险源预警设备设施与安全意识、应急管理和过程监控方面的措施来评价。根据集约评价计算公式定量计算地灾预警保障指数为 92.4，如表 7-14 所示。

表 7-14 地灾预警保障指数规划评价

地下空间防灾设施	权重（%）	规划措施	评分
设备设施	40	坚持适用、安全、经济、美观的原则，积极采用新技术、新材料、新工艺、新设备，做到技术先进，经济合理，形象美观。环境保护、防火安全、交通组织、用地分配、节能及绿色建筑、安保、人防设置以及抗震设防等在符合国家和重庆市现行有关规范、规定和技术标准的前提下，忠实于原方案设计和满足业主提出的要求，并完善建设各项配套设施。同时针对该项目的特点对方案进一步深化	90
应急管理	30	本工程在灯光、人防、消防及应急管理方面都做了详细的规划设计，建立了应急管理体系和管理方案	92
过程监控	30	工程按照相关政策文件，全方位的建立综合监控管理信息系统	96

7.4.4.4 地下空间影响强度 D

（1）商服繁华影响指数（D1）。

根据第 6 章《综合交通枢纽地下空间集约利用评价技术体系研究》可知，2012 年沙坪坝商圈面积 0.27 平方公里，商服产值达到 88.02 亿元，沙坪坝综合交通枢纽区域商服产值密度为 326 亿元/平方公里。未来沙坪坝商圈面积增大，客流增大，其商服产值大幅提高，以年均 30% 速度增长，到 2020 年沙坪坝商圈年总营业额为 718.01 亿元，未来 2020 年沙坪坝商圈将达到 1.42 平方公里，沙坪坝综合交通枢纽区域规划商服产值密度为 505.64 亿元/平方公里。参考先进值，重庆市最高商服产值密度达到 689 亿元/平方公里。由此计算得出项目规划商服繁华指数为 73.39。

商服繁华影响指数规划值 =（X 商服产值密度规划值/X 理想值）× 100 =（505.64/689）× 100 = 73.39。

（2）交通便捷影响指数（D2）。

根据第6章《综合交通枢纽地下空间集约利用评价技术体系研究》可知，交通便捷指数指从项目区到各地的各种交通的便捷程度。据调查沙坪坝综合交通枢纽现状客流强度为 14.27 万人/日。依据《沙坪坝铁路枢纽综合改造工程可研报告》，未来项目区客流强度将达到 22 万人/日。综合分析发达区域，公交客流强度标准值采用 26.29 万人/日，由此计算得出规划交通便捷指数为 83.68。

交通便捷影响指数规划值 =（X 交通便捷规划值/X 理想值）× 100 =（22/26.29）× 100 = 83.68。

（3）基础设施影响指数（D3）。

根据第6章《综合交通枢纽地下空间集约利用评价技术体系研究》可知，基础设施影响指数采用基础设施产值密度来衡量。根据调查，现状基础设施产值密度为 11.28 亿元/平方公里。项目建成后，基础设施跟现状比有了极大的提高，几乎翻了一番，规划基础设施产值密度达到了 22.56 亿元/平方公里。理想值采用 23.23 亿元/平方公里，由此计算得出基础设施影响指数为 97.12。

基础设施影响指数规划值 =（X 基础设施产值规划值/X 理想值）× 100 =（22.56/23.23）× 100 = 97.12。

（4）人居环境影响指数（D4）。

根据第6章《综合交通枢纽地下空间集约利用评价技术体系研究》可知，现状绿化覆盖率为 20%。项目区域 2020 年绿化覆盖面积：30530 平方米，绿化覆盖率 43%。若提高工程措施，优化广场种植条件，绿化覆盖率可达到 60% 以上，故而理想值取 60%，由此计算得出人居环境影响指数为 71.67。

人居环境影响指数规划值 =（X 绿化覆盖率规划值/X 理想值）× 100 =（43/60）× 100 = 71.67。

7.4.5　综合评价结果

根据第6章《综合交通枢纽地下空间集约利用评价技术体系研究》和《沙坪坝铁路枢纽综合改造工程可研报告》对建立的指标体系进行了各个指标

的测算，得出综合交通枢纽工程地下空间集约规划评价表，由此得出重庆市沙坪坝综合交通枢纽工程地下空间集约规划评价分值为 73.52，如表 7-15 所示。

表 7-15　沙坪坝综合交通枢纽工程地下空间集约利用规划评价指标权重表

因素层	权重值	因子层	权重值	规划值（加权前）	最终规划值
地下空间利用强度 A	0.3495	深度分布指数（A1）	0.0847	53.25	4.51
		面积分布指数（A2）	0.0529	98.55	5.21
		容积分布指数（A3）	0.1085	53.27	5.78
		建筑分布指数（A4）	0.1034	74.82	7.74
地下空间负荷强度 B	0.2499	客流负荷指数（B1）	0.0750	67.69	5.08
		就业负荷指数（B2）	0.0612	66.18	4.05
		产值负荷指数（B3）	0.0758	63.92	4.85
		资产负荷指数（B4）	0.0379	69.00	2.62
地下空间安全强度 C	0.2085	地质容量适宜指数（C1）	0.0618	73.51	4.54
		地质环境稳定指数（C2）	0.0457	88.75	4.06
		地质灾害防治指数（C3）	0.0392	90.00	3.53
		地灾预警保障指数（C4）	0.0618	92.40	5.71
地下空间影响强度 D	0.1921	商服繁华影响指数（D1）	0.0608	73.39	4.46
		交通便捷影响指数（D2）	0.0523	83.68	4.38
		基础设施影响指数（D3）	0.0527	97.12	5.12
		人居环境影响指数（D4）	0.0263	71.67	1.88
综合评价总分值			1.0000	73.52	

7.4.6　综合评价结论

（1）总体来看，项目实施后地下空间集约利用程度明显提升，综合评价分达到了 73.52 分，项目地下空间集约程度较高。与现状 38.59 分相比，地下空间集约利用程度有了明显的改善。随着科学技术的发展，项目在开发程度、空间布局、容积分布和基础设施改善等方面进行了设计，使沙坪坝综合交通枢纽工程地下空间开发达到集约利用的效果。住房城乡建设部《关于印发城市地下空间开发利用"十三五"规划》的通知中指出："科学和合理地推进城市地下空间开发利用，大力提高城市空间资源利用效率，充分发挥城市地下空间综合效益，切实提高行政管理效能，提高城市地下空间规划建设管理水平，促进城市持续健康发展。"沙坪坝综合交通枢纽工程在规划设计过程中秉持总体目标不动摇，基本实现了地下空间的集约利用（见图7-16）。

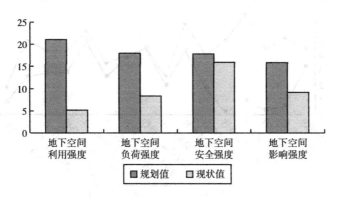

图7-16　沙坪坝综合交通枢纽地下工程一级指标对比图

（2）从一级指标来看，地下空间利用强度、地下空间负荷强度、地下空间安全强度、地下空间影响强度与现状相比，集约度都有所增加。其中地下空间利用强度提升最大，主要原因是地下空间的开发深度、开发面积、开发容积、建筑面积等与现状相比集约度都有了本质的变化，是本项目顺利实施的核心问题。地下空间负荷强度、地下空间影响强度变化与现状相比集约度都有了一定的提升，净增加值接近一致，表明随着项目的实施开展，项目建成后，沙坪坝商圈的综合价值、资产价值、基础设施条件和客流量等都发生了本质的变化，单位面积上的产出都有了极大的提高，集约利用效果好。地下空间安全强度与现状相比，集约度变化值相对较少，这主要是受地形地貌的影响，项目实施前后地质条件是基础，通过改良措施后，项目的安全设施增加，提升了项目实施的可能性（见图7-17）。

（3）从二级指标来看，面积分布指数、容积分布指数、建筑分布指数与现状值比较变化最大，一方面表明了沙坪坝综合交通枢纽工程在地下空间的开发面积、空间布局上进行了较好的设计，使项目区地下空间能够集约利用。产值负荷指数、就业负荷指数、资产负荷指数以及商服繁华影响指数、基础设施影响指数、人居环境指数等与现状相比发生了一定的变化，进一步凸显了项目建设完成后对沙坪坝周边区域的影响力逐步加大，使单位面积上的产出更大，集约程度更高。与现状相同的是地质容量适宜指数，表明项目区建设时充分考虑了地形地貌，在项目实施时对地质环境稳定、地质灾害防治和地质灾害影响方面都做了一定的改良措施，以确保项目的安全实施。

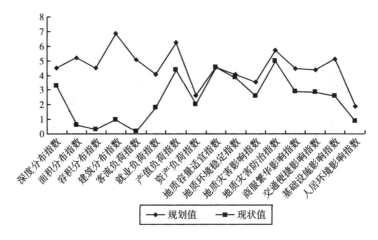

图 7 - 17　沙坪坝综合交通枢纽地下工程二级指标对比图

第 8 章

综合交通枢纽地下空间集约利用
评价信息系统

8.1　系统开发概述

8.1.1　开发背景和意义

地下工程建设具有不可逆和难以更改的特点，因而比地面工程更需要有预见性的统一规划和合理有序地建设。地下空间信息是否完备准确对于规划"设计"施工至关重要。相对于地上资料，当前地下资料在系统性、可靠性、现实性方面都较差，因此发展地下空间信息化并施行信息化管理是城市建设的迫切需要（李晓军，2016）。综合交通枢纽地下空间集约利用综合评价信息系统是以 GIS 技术为基础，结合大型数据库管理技术及面向对象编程技术术，在参考国内外城市地下空间土地利用管理和评价方法的基础上（黄铎，梁文谦，2010），严格按照软件工程的理论方法设计开发，对地下空间海量信息数据进行可视化管理，同时利用已有资料建立模型进行专门问题分析的大型综合性信息管理系统。

GIS 以其强大的空间分析和可视化表达方式逐渐成为土地资源评价、土地利用规划、地籍管理、土地整理、土地流转和土地监察执法等土地管理工作中不可或缺的工具（余秋成，2016）。基于 GIS 组件和可视化服务开发的土地地理信息系统在土地空间信息管理和分析中，得到日益广泛的应用。系统充分利用计算机、空间数据库及组件 GIS 等技术，以建立的交通枢纽地下空间土地集约利用评价指标体系和评价模型为理论基础，采用面向对象和模块化思想设计开发，为综合交通枢纽地下空间土地利用的管理、集约利用评价和规划评价等提供技术支持。

通过建立综合交通枢纽地下空间集约利用评价信息系统，为综合交通枢纽地下空间集约利用评价提供信息服务支撑平台，实现交通枢纽地下空间土地集约利用的动态分析，揭示综合交通枢纽地下空间土地利用中存在的问题，实现地下空间土地利用的信息化管理，从而推动地下空间土地利用向科学化、信息化方向发展。

8.1.2 开发目标

项目以重庆市沙坪坝火车站综合交通枢纽及地下空间的土地利用现状数据、规划数据和地籍数据等为基础，建立交通枢纽地下空间综合数据库，并综合运用 GIS 二次开发、空间数据库、面向对象和可视化等技术，开发交通枢纽地下空间土地集约利用评价信息系统，实现地下空间土地集约利用需求分析、地下空间土地集约利用现状评价、集约利用潜力评价以及集约利用规划评价等功能。

项目的研究成果包括地下空间综合数据库与地下空间集约利用评价信息系统，不但直接为重庆市沙坪坝火车站综合交通枢纽的土地集约利用评价提供基础数据支撑和技术手段，并且为其他城市的综合交通枢纽地下空间信息系统的研发与应用提供重要参考。

8.1.3 开发内容

项目的主要内容包括建立地下空间数据库与开发实现地下空间集约利用评价信息系统两个方面：

8.1.3.1 综合地下空间数据库

交通枢纽地下空间综合数据库主要包括地下空间土地利用现状数据、

地籍数据、规划数据以及社会、经济与人口等相关数据，为集约利用现状评价、潜力评价及规划评价等提供基础数据支撑。为了保证数据库的安全性、稳定性、先进性及可扩充性，选择 GeoDatabase、ArcSDE、Oracle10g 相结合的模式存储、管理空间数据。基于 ArcSDE 空间数据库引擎，利用 ArcCatalog 建立要素集、要素类、拓扑关系、表和字段等对象，利用 Oracle 10g 数据库统一存储管理数据，建立交通枢纽地下空间集约利用综合数据库。

8.1.3.2　地下空间集约利用评价信息系统

地下空间集约利用评价信息系统主要包括空间数据管理、查询与空间分析、地下空间集约利用现状评价、地下空间集约利用潜力评价、地下空间集约利用规划评价以及专题制图与三维可视化六大功能模块。

空间数据管理功能是系统的基本功能，包括空间数据加载显示与地图操作模块，空间数据加载与显示主要是实现矢量/栅格图层的读取与显示，地图操作模块包含地图的任意缩放、漫游、视图切换和图层标注等基本功能。查询与空间分析模块包括查询与统计、空间量算、叠置分析、缓冲区分析和路径分析等功能，为系统集约利用与评价提供辅助手段。土地集约利用现状评价模块包括利用层次分析法确定各评价指标的权重，利用相关模型标准化指标值，对地下空间集约利用中涉及的分项进行评价，对土地集约利用现状进行综合评价以及综合分值聚类分析。土地集约利用潜力评价模块主要包括指标权重、因子分值标准化，扩展潜力评价、结构潜力评价、强度潜力评价、管理潜力评价以及土地集约利用潜力分类。地下空间集约利用规划评价模块拟通过对地下空间土地资源的数量、质量、结构、布局和开发潜力等方面的分析，构建地下空间要素容量评估模型和多目标城市土地综合容量评估模型，以便揭示各种地下空间土地资源在地域组合上、结构上和空间配置上的合理性。专题制图与三维可视化模块主要对各种输出结果进行专题制图并对部分数据进行三维可视化显示。

8.2　系统设计

8.2.1　系统总体设计

8.2.1.1　系统设计原则

系统在设计过程中，严格参照城市土地利用规划标准，按照软件工程思想进行设计开发。系统设计的主要原则：

（1）标准化原则。为了提高系统的可靠性、可维护性、可移植性和生产效率，也便于与研究区现有的土地管理系统相集成，系统在设计开发过程中，严格按照软件工程标准化标准（冯惠，2002），主要体现在：①命名标准化。系统中的类、变量、函数、接口等严格按照软件开发规范命名；②组织方法标准化。系统在组织中，严格按照模块化思路组织设计；③地理数据数学基础标准化。系统在设计组织空间数据时，参照"第二次全国土地调查技术规范"和"城市土地利用规划"等规范，尽量采用统一的投影、统一的坐标系、统一的数据结构，便于与省（市）、国家的土地管理信息系统集成；④文档标准化。系统在可行性分析、需求分析、设计、实现、测试、运行与维护6个阶段中，都要形成标准的过程文档。

（2）先进性原则。主要体现在以下3个方面：①系统在开发过程中充分吸取了国内外土地利用管理、地下空间土地利用评价和规划等方面的理论方法；②基于模块化和混合架构思想；③采用当前先进的 GIS 组件、NET、空间数据库等技术集成开发。

（3）易操作性原则。要充分考虑软件用户的特点，界面设计要友好、操作方便简单，实现用户自然语言到机器语言的转换。

（4）扩展性原则。系统设计时要考虑到城市土地相关部门业务的变化，在设计时要预留一些接口，以便于系统的进一步扩充。

8.2.1.2　系统逻辑架构

综合交通枢纽地下空间集约利用评价信息系统包括基础设施层、数据层、业务层以及相应的标准规范与安全体系组成（见图 8 - 1）。其中，数据层的空间综合数据库以及业务层的集约利用评价是建设重点。

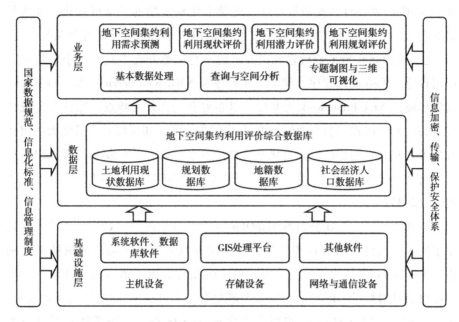

图 8 - 1 系统逻辑架构图

基础设施层由网络设备、主机设备、存储设备、通讯设备、系统软件、数据库软件、GIS 平台以及其他软件组成，是系统运行的载体；数据层包括城市范围内基础的矢量数据、栅格数据、表格数据以及文档及图片数据，每种类型的数据均遵循统一的数据标准，以便于日常的管理。数据层采用具有空间数据管理的关系型数据库管理系统，如 Oracle。业务应用层主要针对城市建设用地节约集约利用评价项目的评价结果设置各类业务信息模块，解决评价结果的数据入库、数据检查并对数据资料进行分析评价等工作。业务应用层的详细功能结构设计满足评价流程的需要，功能模块包括基本数据处理、GIS 常用功能、查询与空间分析、专题制图以及集约利用需求分析、集约利用现状评价和潜力评价等功能。

8.2.1.3 系统开发平台

系统采用 Visual Studio NET 2010 作为开发平台，开发语言选择 C#GIS 组件选择 ArcGIS Engine 10.0。ArcGIS Engine 10.0 及以上版本与 ArcGIS Engine 和其他的三维显示相比，其三维能力大幅增强，并且其提供的 SceneControl 和 GlobeControl 控件，既能很好地实现地上建构筑物的三维可视化，又能很好地显示地下的部分，因此 ArcGIS Engine 10.0 十分适合开发此类系统。

Visual Studio NET 是微软公司推出的一套完整开发工具，用于生成桌面应用程序、Web 应用程序、移动应用程序和 XML Web Services 等。NET 集成开发环境以 NET Framework 为基础，具备混合语言开发特点，除具有生成高性能的桌面应用程序和企业级的 Web 应用程序外，还可以基于其强大的组件开发工具和其它创新技术，简化系统解决方案的设计、开发和部署。NET 框架由公共语言运行时、类库、编程语言和 ASP NET 环境等四部分组成（艾迪明，2003）。

ArcEngine 是 ESRI 公司继 MapObjects 之后推出的一个划时代产品，它提供了完美的组件框架和控件框架，为二次开发者提供了随心所欲的开发利器。ArcEngine 最早的定位为嵌入式的 GIS 组件，用于语言集成开发，为用户提供有针对性的 GIS 功能。实际上研究发现 ArcEngine 的应用远不止这些。理论上讲，通过 ArcEngine 可以完全实现 ArcGIS 桌面应用系统甚至 ArcGIS Server 的所有功能。ArcEngine 由两个产品组成：构建软件所用的开发工具包以及使已完成的应用程序能够运行的可再发布的 Runtime（运行时环境）（SJ Zhu, ZT Nan., 2006）。ArcEngine 开发工具包是一个基于组件的软件开发产品，可用于构建自定义 GIS 和制图应用软件。它并不是一个终端用户产品，而是软件开发人员的工具包，适于为 Windows、UNIX 或 Linux 用户构建基础制图和综合动态 GIS 应用软件。ArcEngine Runtime 是一个使终端用户软件能够运行的核心 ArcObjects 组件产品，并且将被安装在每一台运行 ArcGISEngine 应用程序的计算机上。

8.2.2　综合地下空间数据库设计

空间数据库具有数据量庞大、空间数据模型复杂、属性数据和空间数据联合存储管理等特点。在城市土地集约利用评价过程中，由于数据具有明显的空间性、海量性、多样性和复杂性等特点，遵循合理的空间数据库设计原则，选择合理的空间数据模型、设计合理的数据结构和组织方式对于建立易于扩展、存取高效的地下空间土地集约利用空间数据库将至关重要。

8.2.2.1　设计原则

地下空间土地集约利用空间数据库是地下空间土地利用管理和评价的核心部分，在设计过程中应遵循以下基本原则：

（1）开放性。城市土地利用空间数据库必须满足不同的用户需求，因此在数据库设计过程中，要做到数据模型通用、数据结构合理。

（2）可扩充性。由于城市土地利用的多样性、复杂性，要求城市土地利用空间数据库必须能为各种各样的应用系统所共享，保证其在未来具有必要的功能扩展能力，以提高其适应性。

（3）安全性。数据的安全性是城市土地利用空间数据库的一个重要方面，作为与数据库直接连接的引擎层，如何保证数据的安全，尤其是网络环境下的数据安全问题是必须研究的问题。

（4）最小冗余原则。数据尽可能不重复，采用集中存储管理，对于一些规律性比较强的数据信息通过编码，生成字典表。

8.2.2.2　空间数据模型

空间数据模型是 GIS 空间数据库设计的核心，也是推动 GIS 发展使之不断更新的关键。GIS 数据的存储方式也在不断发生着变化，大致经历了文件、文件和关系数据库混合以及面向对象数据库和关系对象数据库等几个阶段。

GeoDatabase 是 ESRI 在其新一代 GIS 平台软件中引入的一种全新的空间数据模型，采用面向对象技术将现实世界抽象为由若干对象类组成的数据模型，实体表达为带有属性、行为和关系的对象。它在同一模型框架下对 GIS 通常所处理和表达的地理空间元素进行统一的描述，并将所有的这些地理数据存储在一个关系数据库中，适用于海量数据的管理和网络级的地理信息系统。GeoDatabase 模型是图形数据和属性数据的容器，支持多种 DBMS 结构和多用户访问，且大小可伸缩。

ArcSDE 是 ESRI 公司空间数据引擎解决方案的商业产品，采用 C/S（Client/Server，即客户端/服务器）结构。在客户端运行的软件可以是 ARC-

MAP、ARCCATALOG、ARCVIEW、ARCIMS 空间服务器及 ArcEngine 嵌入式开发软件平台；服务器端有 ArcSDE 空间数据库引擎（应用服务器）、关系数据库管理系统（RDBMS）的 SQL 引擎及其数据库存储管理系统。ArcSDE 通过 SQL 引擎执行空间数据的搜索，将满足空间和属性条件的要素存放在服务器缓冲区内并发回客户端。ArcSDE 可以通过 SQL 引擎提取数据子集，其速度仅取决于数据子集的大小，而与整个数据集大小无关，所以 ArcSDE 在存取海量空间数据时具有很高的效率。

通过综合比较分析，目前关系对象空间数据库在存储、管理和分析空间数据方面具有明显的优势，为保证数据库的安全性、稳定性、先进性及可扩充性应选择 Oracle10g、GeoDatabase 和 ArcSDE 相结合的模式存储、管理空间数据。

8.2.2.3　概念模型与逻辑模型设计

由于空间数据库的特殊性，其数据单元为要素，即单个语义上的地物或地块如建筑、水体等；每个表为一个图层，考虑到集约利用评价中数值计算量大的特点，采用将数据库设计为一张表即一个图层的方案且不与普通的数据库有数据交互。这样的设计存在大量的冗余，但却能大幅加快集约利用评价的速度，同时数据库建库时工作量也相对较小。考虑到评价结果的可视化输出，同样需要将评价结果存入空间数据库中。若数据量较大，则还需采用中间件结构：即真实数据储存在普通数据库中，但用户通过中间件存放和取出数据库中的数据。

为了更好地配合本系统的空间集约利用评价功能。空间数据库中大多数可统计的数值型属性如占地面积、人流量等均在一个图层中，即空间数据库的一张表中。而某些只需要掌握空间数据的地物要素如公共设施、邮电设施等需要使用一个图层进行保存。最后，一些需要通过专家进行打分的评价指标，则单独使用一张表将属性名和对应的分值进行保存。综上所述，空间数据库中各表属性如图 8-2 所示。

8.2.2.4　物理结构设计

物理结构设计主要内容包括确定记录存储格式、选择文件存储结构、决

用地性质	指标得分	给排水设施
要素编号 地块性质 地下空间利用深度 地下空间可用深度 地下空间地面投影面积 交通设施地面投影面积 地下空间利用容积 地下空间可用容积 交通设施建筑容积 交通设施客流规模 交通设施就业人数 交通设施综合产值 交通设施资产价值 商业用地面积 地区面积 地下空间商业面积 地下空间层数 商业用地 交通用地 #空间信息	属性名称 得分	要素编号 #空间位置

普通道路	能源设施
要素编号 #空间位置	要素编号 #空间位置

对外道路	邮电设施
要素编号 #空间位置	要素编号 #空间位置

公共交通站点	环境设施
要素编号 #空间位置	要素编号 #空间位置

其他交通设施
要素编号 #空间位置

图 8 - 2　空间数据库各表中属性

注：各表中都有一个"#空间位置"的属性，为 GeoDatabase 数据模型构造的空间数据库中的默认属性，是 GeoDatabase 数据模型表达空间位置的属性。

定存取路径并分配存储空间。基于 ArcSDE 空间数据引擎，采用 ArcCatalog平台建立、管理空间数据实体。主要操作步骤：建立数据集，设置数据集的投影系统和地理坐标系统；创建要素类，设计数据结构；向要素类中加载数据，检验数据的合法性；构建要素类之间的拓扑关系，检验、修正拓扑错误；构建图属实体间对应关系。

（1）矢量数据及属性数据统一存储管理。

基于 ArcSDE 空间数据库引擎，利用 ArcCatalog 建立要素集、要素类、拓扑关系、表、字段等对象，利用 Oracle 10g 数据库统一存储管理数据。Oracle 数据库与评价系统软件采用分布式布置。

（2）影像数据以文件方式单独存储。

由于空间数据影像分辨率高，数据量巨大，加之影像数据利用频率较低，如果采用 Oracle 统一存入，势必会降低数据库访问的效率，鉴于此，影像数据采用文件模式单独存储。

8.2.2.5 数据录入

数据库中数据按照表 7 - 16《沙坪坝综合交通枢纽工程地下空间集约利用规划评价指标权重表》及表 7 - 11《重庆市综合交通枢纽工程地下空间集约利用评价指标体系》进行采集、统计和录入，核心区域以单个建筑为单位，而核心区周边的区域则以地块作为单位。

8.2.3 系统功能设计

8.2.3.1 空间数据管理模块

空间数据管理功能是系统的基本功能，主要包括：

（1）空间数据加载与显示。空间数据加载与显示主要实现常用的 ARC-GIS 与 ENVI 遥感平台软件数据格式的矢量/栅格图层的读取与显示。加载功能结合了 8.2.2 节中空间数据库功能，支持从 ArcSDE 中间件中加载空间数据，同时也可直接从文件系统中加载数据。

（2）地图操作模块。地图操作模块包含 GIS 技术的基本功能，如地图的任意缩放、固定缩放、漫游、视图切换、图层标注、图层视野设置、图层编辑和拓扑检查等，方便用户浏览、设置地图。

8.2.3.2 查询与空间分析模块

查询与空间分析模块包括查询与统计、空间量算、叠置分析、缓冲区分析和路径分析等功能，为系统集约利用与评价提供辅助手段。主要包括：

（1）查询与统计。查询统计模块可分为查询和统计两部分。查询功能包括依据属性条件查询或依据空间位置关系查询、属性图形联合查询等。

其中，空间查询是通过空间位置信息进行查询，如地图点击查询或框选等，返回与框或点有交集的地物要素的属性信息；属性查询是输入要查询的内容，采用类似于 SQL 语句的方式查找空间数据库中对应的数据表上的相关信息。常见的如地址查询，面积查询等。

（2）空间量算。空间量算具有对点、线、面状地物的几何量算功能。几何量算对不同的点、线、面地物有不同的含义。点状地物（零维）主要包括坐标；线状地物（一维）主要包括长度、曲率、方向等；面状地物（二维）主要包括面积、周长等；体状地物（三维）包括体积、表面积等。

（3）缓冲区分析。对选定的点、线或面要素，以一定的距离半径做缓冲，对缓冲区域内设备的类型及数量进行统计并以某种填充样式填充，最终把统计结果以表单的形式显示出来。

（4）最短/最佳路径分析。最佳路径是指从起始位置到目标位置的最理想路径。最理想可以定义为路程较短且耗时少、路宽足够宽、路上行车方便无堵塞及路面路况好方便行车等。因而最佳路径的选择需要考虑诸多因素，且各因素的重要性一般是不同的。如当铺设一条新的管线时，能够综合考虑各种因素给出最佳和最短的布设走向。

8.2.3.3　地下空间集约利用现状评价模块

土地集约利用现状评价模块是系统的重点，功能包括：

（1）确定指标权重。利用层次分析法和德尔菲专家打分法确定各评价指标的权重。

（2）因子分值标准化。建立指标标准化标准，利用相关模型标准化指标值。

（3）土地集约利用现状分项评价。基于综合数据库并结合指标权重，分别对地下空间集约利用中涉及的土地利用强度、土地投入强度、土地利用结构和土地利用效益等方面分别进行评价。

（4）土地集约利用现状综合评价。综合利用土地利用强度、土地投入强度、土地利用结构、土地利用效益等指标，利用多因素综合评价模型计算各个评价单元的综合分值，对地下空间土地集约利用进行评价与分析。

8.2.3.4　地下空间集约利用潜力评价模块

土地集约利用潜力评价模块主要包括：

（1）确定指标权重。利用层次分析法和德尔菲专家打分法确定各评价指标的权重。

（2）因子分值标准化。建立指标标准化标准，利用相关模型标准化指标值。

（3）土地集约利用潜力评价。基于综合数据库，分别对地下空间集约利用进行扩展潜力评价、结构潜力评价、强度潜力评价和管理潜力评价。

（4）综合分值聚类分析。利用聚类分析模型算法生产频度曲线，确定土地集约利用潜力分类标准。

8.2.3.5 地下空间集约利用规划评价

系统通过对地下空间土地资源的数量、质量、结构、布局和开发潜力等方面的分析，明确规划区域地下空间土地资源的整体优势与劣势以及制约综合交通枢纽地下空间土地资源开发利用的主要因素，构建地下空间要素容量评估模型和多目标城市土地综合容量评估模型，以便揭示各种地下空间土地资源在地域组合上、结构上和空间配置上的合理性，确定地下空间土地资源开发利用的方向和重点，为综合交通枢纽地下空间集约利用规划提供科学依据。

8.2.3.6 专题制图

专题图是空间数据输出表达的主要方式，具有直观、生动等特点。系统的专题图有：土地利用专题图、土地集约利用现状专题图、土地集约利用潜力专题图和土地集约利用规划专题图等。

8.3 系统实现与测试

目前已经实现通过 oracle 与 arcsde 搭建空间数据库，并且系统已实现链接数据库并存取空间数据，其他模块均也已实现，其中地下空间集约利用现状评价与地下空间集约利用规划评价采用同一套流程通过建立不同的现状数据库和规划数据库进行评价。

8.3.1 空间数据管理模块

（1）从工程文档加载。

该系统能够直接加载 arcgis 中的工程文件，格式为 "*.mxd"（见图 8 - 3）。

图 8 - 3　从工程文档加载数据

（2）从文件加载。

利用初始界面的 ADD DATA 按钮可加载多种空间信息文件如 Geodata-base、Shapefiles、Rasters、Layers 和 Severs 等（见图 8 - 4）。

图 8 - 4　从文件加载数据

（3）从数据库中加载。

从已经搭建好的空间数据库如 arcsde 等加载空间文件（见图 8 - 5、图 8 - 6）。

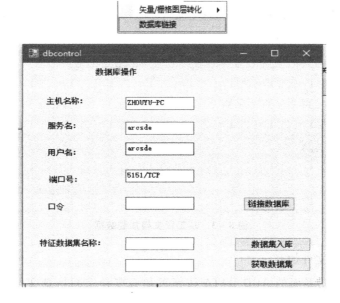

图 8 - 5 从数据库中加载数据

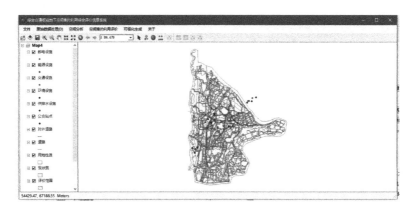

图 8 - 6 加载完成的数据库

8.3.2 空间分析模块

空间分析功能是 arcgis 系统必要的功能，本系统也集成了一些 arcgis 中的基础空间分析功能，帮助用户更好地掌控空间数据。

（1）矢量图层转化为栅格。

由于该系统会大量应用到矢量图层转化为栅格图层功能，因此提供了自定义的矢量图层转化为栅格图层。点击初始界面上的"原始数据处理"→"矢量转栅格"按钮（见图 8 - 7）。

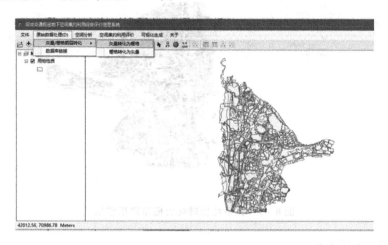

图 8 - 7　矢量数据转化为栅格数据选择

弹出如下对话框（见图 8 - 8）。

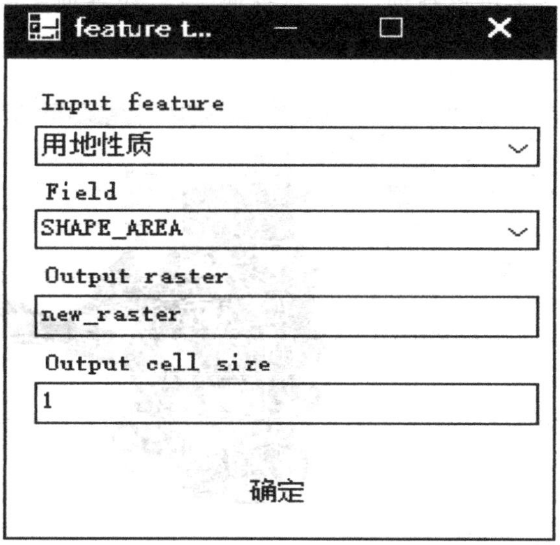

图 8 - 8　矢量数据转换为栅格数据数据输入框体

分别输入：需要转换的矢量图层、转换依赖字段、转换后新图层名、转换栅格的大小，点击"确定"按钮进行转换（见图 8 – 9）。

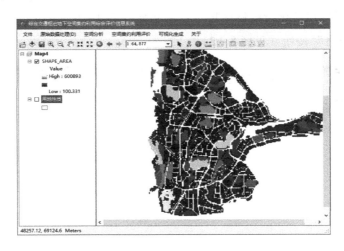

图 8 – 9　矢量数据转化为栅格数据结果

（2）空间查询。

选择查询：通过矩形、圆形、多边形等选择空间要素并查询其属性。点击"空间分析"→"空间查询"→"根据选择属性查询"→"点击查询"/"矩形查询"/"多边形查询"/"环查询"/"线查询"（见图 8 – 10、图 8 – 11、图 8 – 12）。

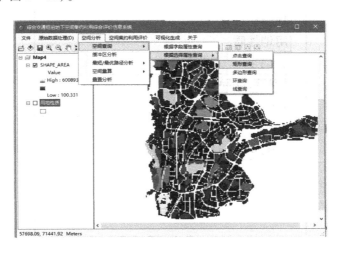

图 8 – 10　空间查询功能

图 8 – 11　选择图层

图 8 – 12　空间查询结果

属性查询：点击"空间分析"→"空间查询"→"根据字段属性查询"
弹出对话框如下（见图 8 – 13、图 8 – 14）。

图 8 – 13　选择查询的图层，字段及语句

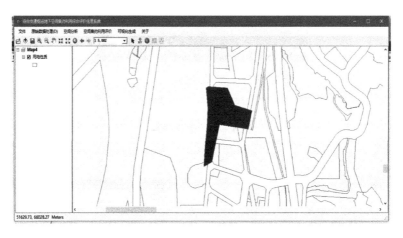

图 8 – 14　空间查询结果

（3）缓冲区分析。

与根据属性查询类似，点击"空间分析"→"缓冲区分析"弹出对话框（见图 8 – 15、图 8 – 16、见图 8 – 17）。

图 8 – 15　选择图层，字段及语句，设定缓冲分析的距离

（4）最短路径分析。

添加站点：点击"空间分析"→"最短/最佳路径分析"→"添加站点"。之后光标会变为十字形，此时在地图上点击为添加目的地，可添加多个目的地（见图 8 – 18）。

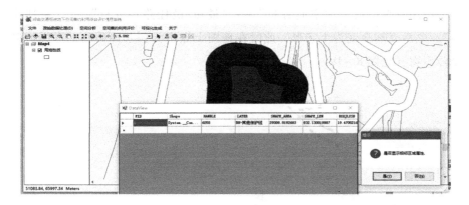

图 8 - 16　显示缓冲结果，可选是否显示相邻区域

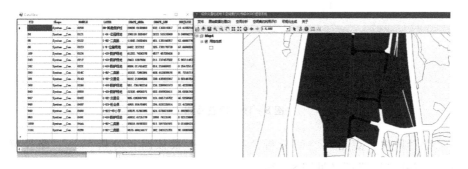

图 8 - 17　相邻区域渲染

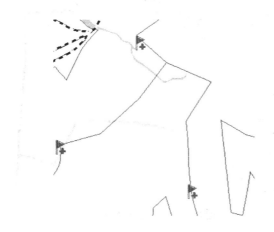

图 8 - 18　设置目标点

添加障碍：点击"空间分析"→"最短/最佳路径分析"→"添加障碍"。之后光标会变为十字形，此时在地图上点击为添加障碍物，可添加多个障碍物（见图 8-19）。

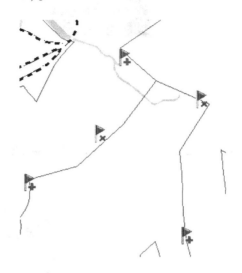

图 8-19　设置障碍

路径解决：点击"空间分析"→"最短/最佳路径分析"→"路径解决"，寻找最短路径（见图 8-20）。

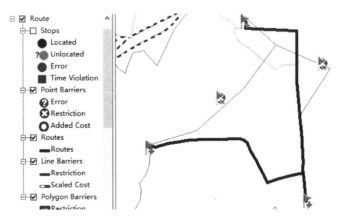

图 8-20　最短路径分析

清除分析：点击"空间分析"→"最短/最佳路径分析"→"清除分析结果"，清除当前最短路径分析结果。

（5）空间量算。

距离测量：点击"空间分析"→"空间量算"→"距离量测"，在地图上点击一点作为起始点，同时弹出对话框，显示当前已成形线段长度及总线段长度（见图8-21）。

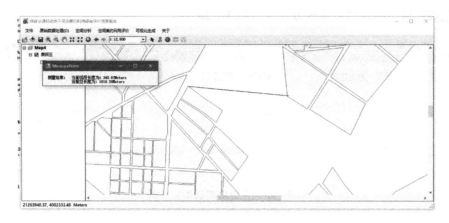

图8-21 长度测量

面积测量：点击"空间分析"→"空间量算"→"面积量测"。在地图上点击一点作为起始点，同时弹出对话框，显示当前已成形的多边形面的周长及连接光标位置的多边形面的面积（见图8-22）。

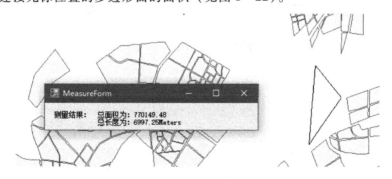

图8-22 面积测量

8.3.3 集约利用评价模块

地下空间集约利用评价是该系统的核心部分。本系统在理论支持下实现

了地下空间集约利用现状评价、规划评价和潜力评价的功能，对于某些参数
实现了自定义调整。

（1）评价功能初始化。

地下空间集约利用评价初始化需要选择评价的空间数据库图层和评价的
范围图层，并且选定评价方式（见图 8 – 23）。

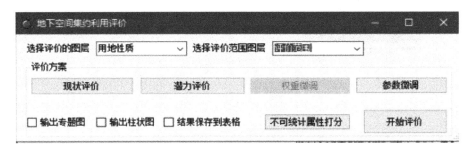

图 8 – 23　评价功能初始化界面

（2）各评价指标权重调整。

选定评价方式后，评价方案的权重和要素数量实现了动态调整的功能，
由于采用 AHP 法对各指标权重进行打分，因此如要调整默认权重设置，则
需要点击"权重微调"按钮（见图 8 – 24）。

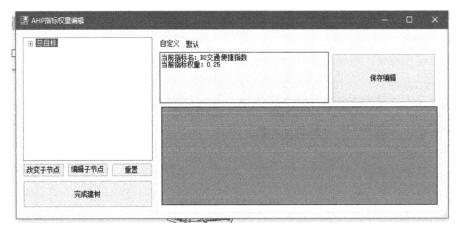

图 8 – 24　权重指标调整界面

默认设置：点击默认页面，再点击默认设置按钮，则在右边树形结构框
体中生成默认设置（见图 8 – 25）。

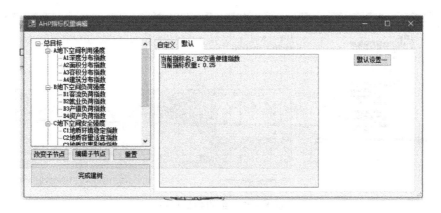

图 8 - 25　默认权重设置

改变子节点：选定左边任一子节点或者父节点（左键点击使光标到达该位置）再点击改变子节点。弹出框体首先确认该节点的子节点数量及名称（见图 8 - 26）。

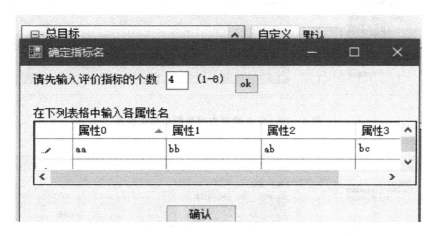

图 8 - 26　确定指标个数及名称

点击确认后，在自定义页面确认评价的属性权重。采用判断矩阵的方式进行。请注意，矩阵中只有上三角部分可以编辑，下三角部分自动生成（见图 8 - 27、图 8 - 28）。

（3）编辑子节点。

修改被光标选中的节点的子节点的权重。下图为编辑前的各子节点权重（见图 8 - 29）。

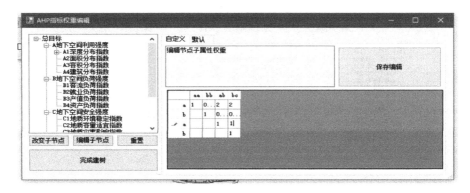

图 8 - 27   编辑指标权重

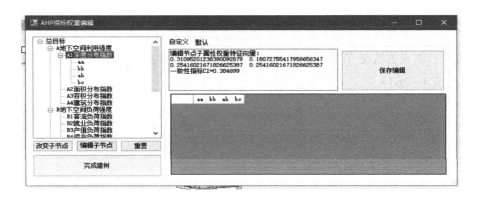

图 8 - 28   保存编辑内容并显示具体权重

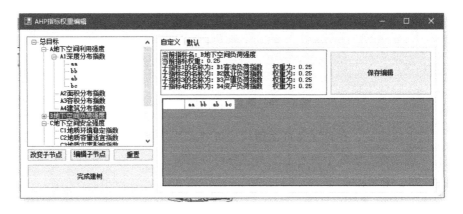

图 8 - 29   编辑前的子节点权重

编辑后的子节点权重（见图 8 – 30、图 8 – 31）。

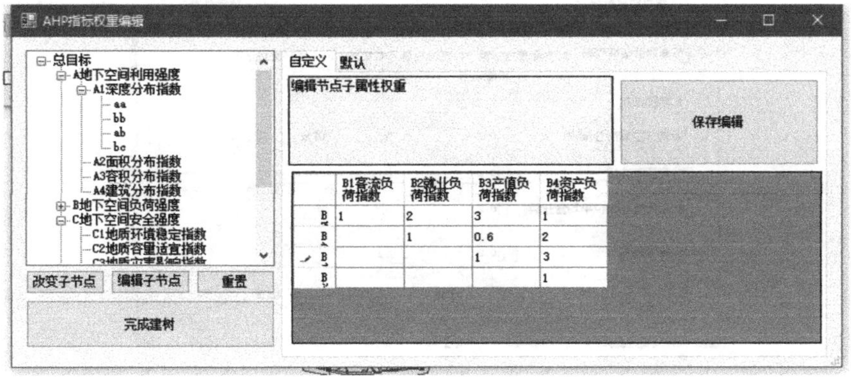

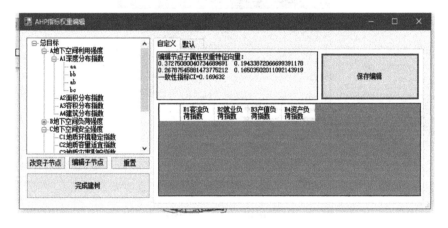

图 8 – 30　编辑后的子节点权重

图 8 – 31　保存编辑结果

（4）三级参数微调。

评价指标中第 3 级指标的各项参数及权重需要通过"参数微调"属性进行调整。点击"参数微调"弹出如下对话框（见图 8 – 32）。

在此页面，用户需要点击"编辑"按钮以编辑各个模块的具体得分。

（5）不可统计属性打分。

由于地下空间集约利用评价的某些属性无法通过空间数据库获取并计算，只能通过专家打分的方式进行，因此需要对这些属性进行打分。

点击"不可统计属性打分"按钮，弹出如下对话框（见图 8 – 33）。

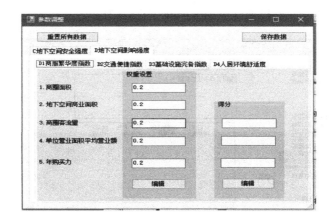

图 8 - 32　参数微调初始界面

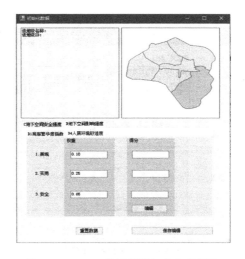

图 8 - 33　不可统计属性打分初始界面

　　根据评价范围图层将整个评价区域分为若干个小的区域作为评价单元，因此需要对每个单元的不可统计属性进行打分。每次打分完成后点击"保存编辑"按钮。当所有区域的分数都保存后对话框自动关闭。

　　（6）集约利用评价。

　　根据之前选择的评价方式、评价参数等属性选择评价结果的输出方式。本系统提供了3种输出方式，分别为柱状图、分级渲染图和文档内容。可任意选择3种中的某几种进行输出（见图8 - 34、图8 - 35、图8 - 36）。

☑ 输出专题图　☑ 输出柱状图　☑ 结果保存到表格

图 8 - 34　输出方式选择

之后点击"开始评价"按钮开始整个评价过程。

注意：评价时计算内容较多，因此对电脑性能要求较高；性能较低的电脑可能会出现卡顿。

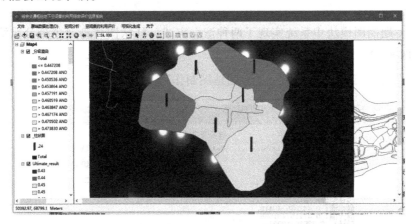

图 8 - 35　模拟数据的矢量分级渲染及柱状图评价结果

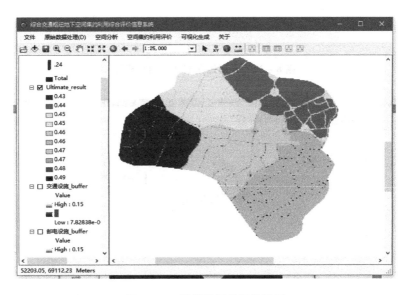

图 8 - 36　模拟数据的栅格结果

8.3.4 规划与潜力评价

规划评价流程与现状评价相同，只是加载的数据为规划数据库。潜力评价只需要点击"潜力评价"按钮，之后流程与现状评价相同。

8.3.5 系统可视化

专题制图模块中系统实现了两种渲染方式：柱状图渲染及色带分级渲染（见图 8 - 37、图 8 - 38）。

点击"可视化生成"→"专题地图制作"。

图 8 - 37　专题地图制作初始化界面

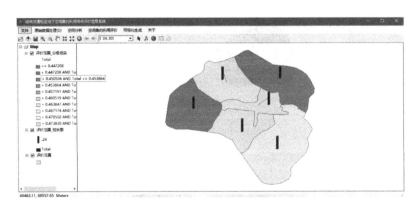

图 8 - 38　专题地图渲染结果

8.4　研究不足与完善

目前系统还存在以下问题：空间数据的保存方式较为单一，仅支持本地文件形式的数据，数据库设计简单，且对数据安全、加密等方面的保障较为欠缺；系统评价方式只能使用目前已经确定的评价模型，不能进行较大的改动；评价结果的显示方式较为单一。

基于以上情况，可以在以下几个方面进行进一步升级与完善：

（1）空间数据库的改进。

当前的空间数据库只适用于小部分数据，如一个待评价的站点及其周边地理对象的信息。因此在数据库的设计上没有深入考虑数据库冗余等情况，当面对大量数据或大量的评测需求时，可能需要从较大的数据库中提取数据，或将大量评价信息或空间数据信息存入数据库，这种情况下需要对数据库进行进一步改进。

（2）数据安全需求。

若对地理数据有保密、安全等需求时，需要对数据的读取、保存等过程进行加密编码和解码等操作，需要对空间数据库、数据录入等模块进行升级。

（3）模型动态设定。

模型会随着新的标准提出而不断更新，因此可能会出现在有限范围内改变评价模型的需求，需要对评价模块进行进一步升级。但该升级并不能无限制地修改，需结合具体情况进行讨论。

（4）数据可视化。

对评价结果的显示还可进一步加强，特别是本软件为 GIS 软件。其空间数据库信息、评价结果信息等可通过较为形象的三维图、柱状图、栅格渲染图等进行更为直观的显示。

第 9 章

综合交通枢纽地下空间集约利用
研究结论与建议

9.1 研究结论

本书在理论研究的基础上，以重庆沙坪坝综合交通枢纽工程为例，就综合交通枢纽地下空间的环境承载力、地下空间利用现状分类等问题进行了分析，构建了地下空间集约利用现状评价体系和规划评价体系，建立了地下空间集约利用信息评价系统，为综合交通枢纽地下空间集约利用提供理论支撑和现实指导，主要得出以下结论：

（1）地质环境不仅是地下空间规划与开发的制约与影响因素，还是地下空间开发过程中的被改造对象。

研究采用地质环境承载力综合剩余率来表现地质环境现实条件与地质环境最大承载力之间的关系。当地质环境承载力综合剩余率大于 0 时，说明区域人类活动或开发强度尚未超过地质环境承载力的阈值，而且 p 越大，区域越有开发潜力。通过地质环境承载力模型测算，沙坪坝综合交通枢纽工程的地质环境综合剩余率 p 等于 0.1177，表明沙坪坝综合交通枢纽工程的地下空间开发未超过区域的地质环境承载力，并且还具有一定的开发潜力。

（2）《城市地下空间利用现状分类》（草案）具有很强实用性。

《城市地下空间利用现状分类》（草案）采用一级、二级两个层次的分类体系，共分 9 个一级类、34 个二级类。一级类主要按地下空间用途和功能特征进行划分，二级类按地下设施利用方式和类型特征进行续分，所采用的指标具有唯一性。该分类系统能够与以往的土地利用现状分类、城市地下空间设施分类进行有效衔接，同时还可根据管理和应用需要进行续分，实用性强。

（3）地下空间的特殊性、综合交通枢纽区域城市功能多元化趋势等决定了开展综合交通枢纽区域地下空间集约利用评价的必要性。

研究指出交通枢纽地下空间集约利用评价主要包括土地利用状况调查、土地集约利用程度评价和土地集约利用潜力测算 3 个方面。其中：①采用综合加权评价模型，构建了包括利用强度、负荷强度、安全强度和影响强度四个一级维度以及利用的深度、地下空间投影面积、容积等 16 个因子的土地集约利用程度评价指标体系；②构建了包括规模潜力测算、经济潜力测算、潜力利用时序配置和城市可节地率测算等四个方面的地下空间利用潜力评价体系；③就案例地沙坪坝综合交通枢纽项目进行了具体测算。沙坪坝综合交通枢纽站地下空间集约利用程度的现状总分值为 45.94 分，地下空间用地绝对规模潜力为 10.81 公顷，用地相对规模潜力为 93.59%。土地经济潜力为 201.4282 万元，项目核心区的单位土地经济潜力为 17.4397 万元/公顷。可节地率为 93.59%。综合潜力指数为 33.05 分。地下空间绝对可开发量为 1392129.6 立方米。以上数据表明该工程的现状土地集约利用程度属于低等水平，集约利用潜力较大。

（4）综合交通枢纽工程集约利用规划研究包括影响因素分析，需求分析及规划评价等内容。

①研究采取标准化法、主成分分析法等方法，构建了包括对开发深度、客流负荷、开发容积、建筑分布、经济水平、地质地貌和交通便捷度 7 个指标的交通枢纽工程地下空间集约利用影响因素模型，并指出综合交通枢纽的集约程度较大程度取决于项目的经济水平和建筑分布等因素；②在需求分析的基础上，研究提出了综合交通枢纽地下空间集约利用规划的目标和原则，指出规划内容主要包括地下空间资源评估、需求分析、形态布局、开发模式与时序、综合效益评估和开发机制与政策制定等方面；布局功能上主要体现为商业、办公、交通、居住和文化娱乐 5 大功能。

（5）结合沙坪坝综合交通枢纽案例初步建立了地下空间集约利用评价信息系统。

项目以重庆市沙坪坝火车站综合交通枢纽及地下空间的土地利用现状数据、规划数据和地籍数据等为基础，建立交通枢纽地下空间综合数据库，综合运用 GIS 二次开发、空间数据库、面向对象及可视化等技术，开发交通枢纽地下空间土地集约利用评价信息系统，实现地下空间土地集约利用需求分析、地下空间土地集约利用现状评价、集约利用潜力评价以及集约利用规划评价等功能，进行地下空间土地利用的信息化管理，从而推动地下空间土地利用朝科学化和信息化方向发展。

9.2　对策建议

9.2.1　提升地下空间集约利用意识

节约集约利用地下空间是指通过规模引导、布局优化、标准控制、市场配置、盘活利用等手段达到节约地下空间、减量地下空间占用、提升地下空间利用强度、促进低效废弃地下空间再利用、优化地下空间利用结构和布局、提高地下空间利用效率的各项行为与活动。建议开展地下空间集约利用教育宣传活动，普及地下空间节约集约利用知识，促进全社会树立十分珍惜、合理利用、切实保护地下空间的意识。

9.2.2　健全地下空间集约利用制度

要高度重视城市地下空间开发利用的立法，必须坚持立法先行、依法建设。强化顶层设计，完善城市地下空间开发利用法规制度，明确城市地下空间性质、规划、用地、建设、产权、使用和管理体制等内容，为地下空间统筹开发利用提供统一、权威、明确的制度依据。健全地方法规鼓励建设项目国土空间优化设计、分层布局，鼓励充分利用地上、地下空间。建立健全地下空间有偿使用制度，建设用地使用权在地上、地下分层设立，其取得方式和使用期限应参照在地表设立的建设用地使用权的相关规定。出让分层设立的建设空间使用权应根据当地基准地价和不动产实际交易情况，评估确定国土空间地上地下分层出让的最低价标准。建立健全地下空间产权管理制度，推进地下空间确权、登记和颁证工作，切实保障地下空间权利人的合法权益。

建立和实施城市地下空间供应制度。考虑到地下空间资源与地上土地资源作为资源、资产的本质属性基本相同，地下空间供应制度完全可参照地上土地供应制度。对于经营性用途的地下空间，如地下经营性车库、地下商业设施等，应实行有偿出让制度，即采取招、拍、挂方式供应使用权；对于公益性的地下空间，如作为地下交通、人防等基础设施、公益设施的地下空间，采取划拨方式供应使用权。在使用权供应期限上可参照地上空间，按照具体用途分类，商业用途出让 40 年，其他非商业用途出让 50 年。在确定土地出让金过程中，要充分考虑地下空间的特点，如一般不存在征地拆迁成本（已纳入地面土地成本中），使用限制较多、成本较高、受区位及开口条件等限制更大，因此无论是用成本法、收益还原法还是市场比较法等方法测算地下空间出让金时都应该充分考虑，不宜过高。

9.2.3　积极开展地下空间利用调查和评价

城市地质环境和地下资源利用情况的调查是地下空间开发利用的基础性工作。加强地下空间利用调查有利于了解地下空间基本属性、便于收集基础资料并把握地下空间开发利用的基本规律，进而研究出适合城市发展并能够为地下空间规划提供基础数据和基本依据，提高地下空间规划适用性，增加地下空间开发利用的科学性和可操作性，减少规划编制人员的盲目性和过度主观性。此外，由于城市的地下空间资源的容量是有限的，并且一旦建成将很难改造或拆除，具有不可逆性，因此地下空间不可盲目开发，否则将导致一系列地质灾害。在认清地下空间资源开发利用过程中存在问题的前提下，加强地下空间利用评价有利于正确评判地下空间当前利用状况，为地下空间资源的合理开发利用提供科学依据。

9.2.4　切实做好地下空间集约利用规划

加强地下空间集约利用规划有利于地面空间与地下空间之间、地下空间与地下空间之间的协调关系，实现城市功能的最大和最优化。地下空间开发利用应在城市总体规划的基础上进行专项规划。地下空间开发利用专项规划应当落实城市总体规划和土地利用总体规划以及人民防空工程规划关于地下空间开发利用的强制性规定，并体现竖向分层立体综合开发、横向相关空间连通、地面建筑与地下工程协调配合的原则。城市地下空间开发利用专项规划与人民防空专项规划既可一并编制，也可单独编制，但要与人民防空专项规划等其他各类专项规划相衔接。城市地下空间开发利用专项规划应对地下交通干道、地下生态环境、人民防空设施、应急避难场所以及停车、商业、仓储等其他地下工程建设做出规划，尤其要结合城市发展需求，对通信、电力、自来水、污水、中水和燃气等各类地下管网进行统筹规划，实现资源整合。城市控制性详细规划、修建性详细规划中要设地下空间开发利用的专门章节，具体落实城市地下空间开发利用专项规划的要求。

9.2.5　健全地下空间利用管理体制

国土资源主管部门应加强与发展改革、财政、城乡规划及环境保护等部门的沟通协调，将地下空间节约集约利用的目标和政策措施纳入地方经济社会发展总体框架、相关规划和考核评价体系。地下空间开发利用单位要健全地下空间利用管理体制，实行建设项目国土空间利用标准控制度。建设项目应当严格按照建设项目国土空间利用控制标准进行测算、设计和施工。国土资源主管部门应当加强对用地者和勘察设计单位落实建设项目控制标准的督促和指导。完善规划管理体制，强化城市地下空间规划统筹引导，加强与地面规划的统筹力度。完善地下空间开发利用的用地管理体制，强化资源、资产和权属管理。将城市地下空间全面纳入国土资源管理体系，建立地下空间供应制度，将其纳入不动产统一登记范畴，全面推进确权登记。

此外，发挥市场机制在资源配置中的决定性作用，各类有偿使用的土地和地下空间供应应当充分贯彻市场配置的原则，通过运用租金和价格杠杆，促进土地和地下空间节约集约利用。扩大国有土地和地下空间有偿使用范围，减少非公益性国土空间划拨。除军事、保障性住房和涉及国家安全和公共秩序的特殊国土空间可以以划拨方式供应外，国家机关办公和交通、能源、水利等基础设施（产业）、城市基础设施以及各类社会事业国土空间中的经营性国土空间，实行有偿使用。健全地下空间利用监督考评机制，国土资源主管部门应当组织开展本行政区域内的地下空间利用情况普查，全面掌握地下空间开发利用和投入产出情况、集约利用程度、潜力规模与空间分布等情况，并将其作为地下空间节约集约评价的基础。

9.2.6 加强地下空间集约利用科技支撑

必须加快发展地下空间调查、规划、建设、管理科学技术。地下空间科技创新要依照《国土资源"十三五"科技创新发展规划》要求，紧紧围绕国土资源工作定位，坚持需求引领、前瞻部署、自主创新和统筹协调的原则，开展地下空间利用重点领域科技攻关，大力建设科技创新平台，突出培养创新科技人才队伍，为国土资源事业可持续发展奠定坚实基础。结合沙坪坝综合交通枢纽地下空间利用现状的实际情况，一是要着力提高地下空间调查、评价、规划的科技含量，增强沙坪坝综合交通枢纽地下空间节约集约利用保障能力；二是要着力提高地下空间监测预警技术体系科技含量，增强沙坪坝综合交通枢纽地下空间安全保障能力；三是建立地下空间集约利用评价信息系统。在对现状调查的基础上积极开发并建立评价系统，针对地下空间数据库、评价模型、可视化等方面进一步升级完善，并开展三维图、柱状图和栅格渲染图等三维立体图的展示，做好地下空间集约利用信息系统建设。

参 考 文 献

[1] CDF Rogers et al. Sustainability Issues for Underground Space in Urban Areas [J]. Urban Design and Planning, 2012, 165 (4): 241 - 254.

[2] J Sun, K Chul. A Study of Legal Right in Utilizing Underground Space - Focusing on the Problem of the Use of Land and Compensation [J]. Journal of the Korea Planners Association, 2012, 47 (5): 101 - 111.

[3] J Zacharias, AU Planner. A Decision Suppport System for Planning Underground Space, 2006.

[4] JBM Admiraal. A Bottom - up Approach to the Planning of Underground Space [J]. Tunnelling & Underground Space Technology, 2006, 21 (3): 464 - 465.

[5] Jeffreym. Comparison of the Structure and Accuracy of Two Land Change Models [J]. International Journal of Geographical Information Science, 2005 (2): 243 - 265.

[6] K Ronka et al. Underground Space in Land - Use Planning [J]. Tunnelling & Underground Space Technology, 1998, 13 (1): 39 - 49.

[7] NA Jamalludin et al. Development of Underground Land in Malaysia: the Need for Master Plan of Urban Underground Land Development [A]. Procardia - Social and Behavioral Sciences, 2016, 219: 394 - 400.

[8] Nikolai Bobylev. Mainstreaming Sustainable Development into A City's Master Plan: A Case of Urban Underground Space Use [J]. Land Use Policy, 2009, 26 (4): 1128 - 1137.

[9] Nikolai Bobylev. Underground Space in the Alexanderplatz Area, Berlin: Research into the Quantification of Urban Underground Space Use [J]. Tunnelling

& Underground Space Technology, 2010, 25 (5): 495 – 507.

[10] Per Tengborg, Robert Sturk. Development of the Use of Underground Space in Sweden [J]. Tunnelling & Underground Space Technology, 2016, 55 (3): 339 – 341.

[11] Peter Stones, Tan Yoong Heng. Underground Space Development Key Planning Factors [J]. Procedia Engineering, 2016, 165: 343 – 354.

[12] R Monnikhof, J Edelenbos. How to Determine the Necessity for Using Underground Space: An Intergral Assessment Method for Strategic Decision – Making [J]. Tunnelling & Underground Space Technology, 1998, 13 (3): 167 – 172.

[13] Raymond L. Sterling. Using Underground Space Use Planning: A Growing Dilemma [J]. International Urban Planning, 2007 (6): 7 – 10.

[14] Ronka et al. Underground Space in Land Use Planning. Tunneling & Underground Space Technology, 1998, 13 (1): 39 – 49.

[15] SJ Zhu, ZT Nan. Buildig GIS Framework with ArcEngine [J]. Remote Sensing Technology & Application, 2006, 21 (4): 385 – 390.

[16] Smithndennisw. There Structuring of Geographical Scale: Coalescence and Fragmentation of the Northern Core Region [J]. Economic Geography, 1987, 63: 160 – 182.

[17] Starkr. A Hidden Treasure Map: Highest and Best Use Analysis [J]. ASA Valuation, 1988, (33): 24 – 29.

[18] Takayuki Kishii. Utilization of Underground Space in Japan [J]. Tunnelling & Underground Space Technology, 2016, 55 (3): 320 – 323.

[19] V Umnov. Urban Underground Space Conservation Management [J]. Tunnelling & Underground Space Technology, 2004, 19 (4 – 5): 372.

[20] W Broere. Urban Underground Space: Solving the Problems of Today's Cities [J]. Tunnelling & Underground Space Technology, 2016 (55): 245 – 248.

[21] 埃比尼泽·霍华德. 明日的田园城市 [M]. 北京: 商务印书馆, 2009.

[22] 艾迪明. NET 框架体系结构 [J]. 计算机工程与应用, 2003, 39 (2): 174 – 176.

［23］蔡庚洋，姚建华. 城市地下空间开发利用的若干思考［J］. 地下空间与工程学报，2009，5（6）：1071 - 1075.

［24］蔡向民，何静等. 北京市地下空间资源开发利用规划的地质问题［J］. 地下空间与工程学报，2010，6（6）：1105.

［25］曹嘉明，郭建祥等. 上海虹桥综合交通枢纽规划与设计［J］. 建筑学报，2010（5）：20 - 27.

［26］曹天邦，张丽，邱群等. 城市地下空间使用权价格评估探讨［J］. 地下空间与工程学报，2018，14（1）：1 - 5.

［27］曹西强. 医学功能集聚区地下空间开发利用规划策略探索——以济南医疗硅谷为例［J］. 中外建筑，2021，（7）：109 - 114.

［28］曹轶，冯艳君. 基于关联耦合法探讨城市地下空间需求模型［J］. 地下空间与工程学报，2013，9（6）：1215 - 1222.

［29］曾维华，杨月梅，陈荣昌. 环境承载力理论在区域规划环境影响评价中的应用［J］. 中国人口资源与环境，2007，17（6）：27 - 31.

［30］常青，王仰麟，吴健生，等. 城市土地集约利用程度的人工神经网络判定——以深圳市为例［J］. 中国土地科学，2007，21（4）：26 - 31.

［31］陈爱贞. 注重实证分析与规范分析的结合［J］. 中国经济问题，2004（4）：5 - 6.

［32］陈柏峰. 土地发展权的理论基础与制度前景［J］. 法学研究，2012（4）：104 - 105.

［33］陈旭东. 城市中心区地下空间开发设计策略及方法［J］. 城市地理，2015（10）：89 - 91.

［34］陈永才. 合肥市地下空间开发工程地质环境适宜性研究［D］. 同济大学，2009.

［35］陈志龙，张平，龚华栋. 城市地下空间资源评估与需求预测［M］. 南京：东南大学出版社，2015.

［36］城市地下空间规范联合编制组. 城市地下空间规划编制导则（征求意见稿）［R］. 2007.

［37］仇文革. 地下空间利用［M］. 成都：西南交通大学出版社，2011.

[38] 春艳. 城市地市下空间开发策略研究 [D]. 天津大学，2013.

[39] 代朋. 城市地下空间开发利用与规划设计 [M]. 北京：中国水利水电出版社，2012.

[40] 董树文. 城市的的地下空间资料与利用 [Z]. 中国党政干部论坛，2010（8）：23-24.

[41] 杜莉莉. 重庆主城区地下空间开发利用研究 [D]. 重庆大学，2013.

[42] 段勇华. 城市地下空间开发利用研究 [D]. 南京农业大学，2011.

[43] 范炜. 城市空间的集约化研究——立体化空间开发利用探讨 [D]. 东南大学，1999.

[44] 方玉树. 重庆地区地基承载力确定——《工程地质勘察规范》（DBJ50—043—2005）讲座之四 [J]. 重庆建筑，2007（2）：51-53.

[45] 方舟. 城市地下空间开发分类与组合研究 [J]. 工程建设与设计，2016（8）：9-10.

[46] 冯惠. 软件工程标准化 [J]. 中国标准化，2002（6）：10-11.

[47] 高磊. 日本地下空间开发与利用 [J]. 城乡建设，2017（22）：74-76.

[48] 高忠等. 城市地下空间利用及制度研究——以郑州市为例 [J]. 中国房地产学术版，2015（7）：60-63.

[49] 葛伟亚，周洁，常晓军，等. 城市地下空间开发及工程地质安全性研究 [J]. 2015年全国工程地质学术年会论文集.

[50] 耿耀明，刘文燕. 城市地下综合体开发利用现状及前景 [J]. 建筑结构，2013（2）：149-152.

[51] 顾新等. 深圳市城市地下空间的集约化利用 [J]. 地下空间与工程学报，2004（1）：126-132.

[52] 光志瑞. 基于土地利用用和可达性的城市轨道交通进出站客流量预测 [D]. 北京交通大学，2013.

[53] 郭梦婷. 轨道交通综地下空间的开发利用研究与设计 [D]. 山东大学，2017.

[54] 郭士博，钱建固，吕玺琳. 城市地下空间标准化与分类代码 [J].

地下空间与工程学报，2011，7（2）：214－218．

[55] 韩建丽．城市交通综合体的功能布局和用地模式研究——以成都火车东站为例 [D]．西南交通大学，2016．

[56] 韩文峰，谌文武，宋畅．城市地下空间开发利用的工程地质与岩土工程 [J]．天津城市建设学院学报，2000，6（3）：1－5．

[57] 何建军等．轨道交通沿线土地开发利用规划控制要素研究 [J]．规划师，2008，24（6）：67－70．

[58] 何耀淳．城市深层地下空布局模式探讨 [J]．上海建设科技，2016（21）：17－20．

[59] 赫磊等．上海城市地下空间规模需求预测的实证研究 [J]．城市规划，2018（3）：30－40．

[60] 胡斌，向鑫，昌元等．城市核心区地下空间规划研究的实践认知：北京通州新城核心区地下空间规划研究回顾 [J]．地下空间与工程学报，2011，7（4）：642．

[61] 黄铎，梁文谦，张鹏程．地下空间信息化管理平台系统框架研究 [J]．地下空间与工程学报，2010，6（5）：893－899．

[62] 黄祖辉，汪晖．非公共利益性质的征地行为与土地发展权补偿 [J]．经济研究，2002（5）：66－71．

[63] 姜小蕾．紧凑城市理论对城市规划的启发 [D]．南京林业大学，2011．

[64] 姜云，吴立新、杜立群．城市地下空间开发利用容量评估指标体系的研究 [J]，城市发展研究，2005，12（5）：47－51．

[65] 金淮，黄伏莲，刘永勤，庞炜．城市轨道交通建设的地质环境安全问题 [J]．施工技术，2011，40（341）：20－23．

[66] 拉德芳斯：世界首个城市综合体 [J]．城市交通，2010（4）：4．

[67] 黎一畅，周寅康，吴林，等．城市土地集约利用的空间差异研究——以江苏省为例．南京大学学报（自然科学版）[J]．2006（3）：309－325．

[68] 李亮等．城市地下空间利用模式研究计 [J]．山西建筑，2008，34（28）：55－56．

［69］李树文，康敏娟．生态—地质环境承载力评价指标体系的探讨
［J］．地球与环境，2010，38（1）：85－90.

［70］李相然，孙淑贤．谈城市地下空间利用中的工程地质条件研究
［J］．地下空间，1995，15（4）：276－300.

［71］李晓军．城市地下空间信息化技术指南［M］．上海：同济大学出
版社，2016.

［72］李长健，伍文辉．土地资源可持续利用中的利益均衡：土地发展权
配置［J］．上海交通大学学报（哲学社会科学版），2006，14（2）：60－64.

［73］梁慧星．中国物权法研究［M］．北京：法律出版社，1998.

［74］梁晓辉．北京市大兴规划新城地下空间利用地质环境适宜性评价
［D］．中国地质大学，2011.

［75］林坚，刘诗毅．论建设用地集约利用——基于两阶段利用论的解
释［J］．城市发展研究，2012，19（1）：104－109.

［76］林坚，许超诣．土地发展权、空间管制与规划协同［J］．城市规
划，2014，38（1）：29－30.

［77］林瑾．都市综合体的地下空间开发策略：以杭州创新创业新天地
地下空间规划为例［J］．浙江建筑，2009，26（10）：1.

［78］林雄斌，马学广．城市—区域土地集约利用评价与影响因素研
究——以珠三角为例［J］．国土资源科技管理，2015（1）：13－20.

［79］刘国臻．论美国的土地发展权制度及其对我国的启示［J］．法学
评论，2007（3）：140－146.

［80］刘君武．综合交通枢纽规划［M］．上海：上海科学技术出版社，
2015.

［81］刘黎明．土地资源调查与评价［M］．南京：中国农业大学出版
社，2012.

［82］刘曼曼．城市综合交通枢纽地下空间功能布局模式研究［D］．北
京建筑大学，2013.

［83］刘旭旸，邵楠．地下空间规划案例：巴黎拉德方斯［J］．国土与
自然资源，2016（2）：10－12.

［84］陆中功，吴立，左清军，钱娟娟．工程地质条件对武汉市地下空

间开发利用的影响 [J]. 地下空间与工程学报，2013，9（1）：18 - 23.

[85] 罗遵义. 国外城市城下空间开发利用及其经验启示 [Z]. 中国城市地下空间开发论坛，2009.

[86] 马传明，马义华. 可持续发展理念下的地质环境承载力初步探讨 [J]. 环境科学与技术，2007，30（8）：64 - 65.

[87] 马栩生. 论城市地下空间权及其物权法构建 [J]. 法商研究，2010（15）：18 - 22.

[88] 梅秀英. 歌乐册地区岩溶地面塌陷预警监测新技术研讨 [J]. 华东科技（学术版），2016（7）：26 - 26.

[89] 缪宇宁. 上海虹桥综合交通枢纽地区地下空间规划 [J]. 地下空间与工程学报，2010，6（2）：243 - 249.

[90] 欧刚. 南宁市城市地下空间开发地质环境适宜性评价 [D]. 广西大学，2008.

[91] 欧阳一星，王健. 城市新区建设中地下空间的规划设计 [J]. 北京规划建设，2018（5）：111 - 115.

[92] 潘竟虎，郑凤娟，杨东. 甘肃省土地集约利用与经济发展的时空差异分析 [J]. 资源科学，2011，33（4）：684 - 689.

[93] 潘梅霞. 高强度开发模式下城市公共地下空间集约利用实践——详解汉正街中央服务区地下空间与中央绿轴规划 [J]. 城市建设理论研究（电子版），2018（22）：177

[94] 彭冲，肖皓，韩峰. 2003～2012 年中国城市土地集约利用的空间集聚演化及分异特征研究 [J]. 中国土地科学，2014，28（12）：24 - 31，97.

[95] 彭芳乐，李家川，赵景伟. 关于城市商务区地下空间开发与控制的思考：以上海虹桥商务核心区为例 [J]. 地下空间与工程学报，2015，11（6）：1367.

[96] 彭芳乐，乔永康，程光华，等. 我国城市地下空间规划现状、问题与对策 [J]. 地学前缘，2019，26（3）：57 - 68.

[97] 彭建，柳昆，郑付涛，等. 基于 AHP 的地下空间开发利用适宜性评价 [J]. 地下空间与工程学报，2010，6（8）：688 - 694.

[98] 彭山桂，汪应宏，陈晨苏，等．中国建设用地数量配置对资本回报率增长的影响研究 [J]．中国土地科学，2015，29（5）：31-38．

[99] 钱七虎，陈志龙等．地下空间科学开发与利用 [M]．南京：江苏科学出版社，2007．

[100] 邱丽丽，顾保南．国外典型综合交通枢纽布局设计实例剖析 [J]．城市轨道交通研究，2006（3）：55-59．

[101] 任幼蓉，韩文权．重庆地下空间开发与环境保护协调发展研究 [J]．地下空间与工程学报，2013，9（5）：965-969．

[102] 任幼蓉，韩文权．地下空间开发地质环境危险性指数构建与探讨 [J]．地下空间与工程学报，2014，10（8）：943-950．

[103] 任幼蓉．重庆地下空间开发与地质环境保护协调发展问题初探 [J]．重庆工程师，2014（5）：392-398．

[104] 任彧，刘荣．日本地下空间的开发和利用 [J]．福建建筑，2017（5）：31-35．

[105] 沙坪坝区国土和房屋管理局．2012年沙坪坝区土地利用变更调查报告 [R]．2013，5．

[106] 沙坪坝区人民政府．2015年沙坪坝区经济运行状况分析 [R]．2016，3．

[107] 沙坪坝区人民政府．重庆市沙坪坝区"十二五"社会经济发展规划 [R]．2011．

[108] 沙坪坝区统计局．2010年重庆市沙坪坝区国民经济和社会发展统计公报 [R]．2011，8．

[109] 沙永杰．日本京都新车站设计 [J]．时代建筑，2000（4）：56-58

[110] 邵继中，胡振宇．城市地下空间与地上空间多重耦合理论研究 [J]．地下空间与工程学报，2017，13（6）：1431-1443．

[111] 邵继中．人类开发利用地下空间的发展历史概要 [J]．城市，2015（8）：35-41．

[112] 沈守愚．论设立农地发展权的理论基础和重要意义 [J]．中国土地科学，1998，12（1）：17-19．

[113] 石晓冬. 加拿大城市地下空间开发利用模式 [J]. 北京规划建设, 2001 (5): 58 - 61.

[114] 束昱等. 中国城市地下空间规划的研究与实践 [J]. 地下空间与工程学报, 2006, 2 (s1): 1125 - 1129.

[115] 孙施文. 田园城市思想及其传承 [J]. 时代建筑, 2011 (5): 18 - 23.

[116] 孙艳晨, 赵景伟. 城市地下空间开发强度及布局模式研究 [J]. 四川建筑科学研究, 2012, 38 (4): 271 - 275.

[117] 唐群峰, 欧景雯. 人性化地下空间设计初探 [J]. 山西建筑, 2012, 38 (32): 26 - 28.

[118] 唐逸华. 城镇地下空间使用权价格评估研究 [D]. 浙江大学, 2015.

[119] 田野, 刘宏等. 中国地下空间学术研究发展综述 [J]. 地下空间与工程学报, 2020, 16 (6): 1596 - 1610.

[120] 童林旭, 祝文君. 城市地下资源评估与开发利用规划 [M]. 北京: 中国建筑工业出版社, 2009.

[121] 童林旭. 地下空间概论 (三) [J]. 地下空间与工程学报, 2004, 24 (3): 414 - 420.

[122] 童林旭. 论城市地下空间规划指标体系 [J]. 地下空间与工程学报, 2006, 2 (s1): 1111 - 1115.

[123] 涂志华, 王兴平. 城市建设用地集约性评价指标体系研究: 基于规划编制和规划管理的视角 [J]. 城市规划学刊, 2012, 4 (202): 86 - 91.

[124] 万汉斌. 城市高密度地区地下空间开发策略研究 [D]. 天津大学, 2013.

[125] 王建秀, 刘月圆等. 上海市地下空间地质结构及其开发适应性 [J]. 上海国土资源, 2017, 38 (2): 39.

[126] 王剑锋. 重庆地下空间利用现状及规划对策探析 [J]. 现代城市研究, 2014 (5): 50 - 56.

[127] 王磊、由宗兴. 等集约城市土地利用 打造城市地下空间——沈阳市地下空间开发利用规划研究 [J]. 北京规划建设, 2016 (2): 120 - 121.

[128] 王力, 牛闯, 尹军, 等. 基于 RS 和 ANN 的城市土地集约利用潜力评价 [J]. 重庆建筑大学学报, 2007 (3): 32 – 35.

[129] 王丽姣. 城市地铁站地下商业空间规划研究 [D]. 湖北工业大学, 2010.

[130] 王丽姣. 地下空间开发法律制度研究 [D]. 西南政法大学, 2012.

[131] 王利明. 空间权: 一种新型的财产权利 [J]. 法律科学西北政法大学学报, 2007, 25 (2): 117 – 128.

[132] 王利明. 中国物权法草案建议稿及其说明 [M]. 北京: 中国法制出版社, 2001.

[133] 王满银, 肖瑛. 地下空间开发视角下的开发区土地集约利用——以皖江城市带为例 [J]. 城市问题, 2012 (3): 25 – 29.

[134] 王群, 王万茂, 金雯. 中国城市土地集约利用研究中的新观点和新方法: 综述与展望 [J]. 中国人口·资源与环境, 2017, 27 (s1): 95 – 100.

[135] 王珊, 杨洁如, 王进. 综合交通枢纽地下空间开发利用探究 [J]. 华中建筑, 2011 (11): 38 – 40.

[136] 王曦, 刘松玉. 城市地下空间的规划分类标准研究 [J]. 现代城市研究, 2014 (5): 43 – 49.

[137] 王曦. 基于功能耦合的城市地下空间规划理论及其关键技术研究 [D]. 东南大学, 2015.

[138] 王业侨. 节约和集约用地评价指标研究 [J]. 中国土地科学, 2006 (3): 24 – 31.

[139] 王志刚. 城市轨道交通可持续发展探——让轨道交通嵌入城市 [C]. 2015 年中国城市科学研究会数字城市专业委员会轨道交通学组年会论文集. 沈阳: 中国城市科学研究会数字城市专业委员会, 2015.

[140] 王中亚, 傅利平, 陈卫东. 中国城市土地集约利用评价与实证分析——以三大城市群为例 [J]. 经济问题探索, 2010 (6): 71 – 75.

[141] 魏承记. 城市地下空间规划与设计 [J]. 科协论坛, 2010 (7): 95.

[142] 魏新江，崔允亮．城市地下空间可持续开发利用问题与对策探讨 [J]．现代城市，2016，11（4）：4-8．

[143] 吴炳华等．宁波市地下空间开发利用地质环境制约因素研究 [J]．城市地理，2016，11（4）：39-43．

[144] 吴一洲，吴次芳，罗文斌．经济地理学视角的城市土地经济密度影响因素及其效应 [J]．中国土地科学，2013，27（1）：26-33．

[145] 奚江淋，钱七虎．地下空间作为城市空间结构的社会学内涵 [J]．地下空间与工程学报，2005，1（5）：651-654．

[146] 奚江淋，钱七虎．中国大都市地下空间后发优势探析 [J]．地下空间与工程学报，2005，1（3）：329-333．

[147] 项瑜，查君，孙效东．宏观层面地下空间产权分区规划研究 [J]．地下空间与工程学报，2021，17（3）：649-656．

[148] 邢鸿飞．论城市地下空间权的若干问题 [J]．南京社会科学，2011（8）：105-117．

[149] 徐生钰，朱宪辰．城市地下空间资源产权变迁分析 [J]．南京理工大学学报（社会科学版），2009，22（6）：25-31+118．

[150] 徐生钰，朱宪辰．中国城市地下空间立法现状研究 [J]．中国土地科学，2012，26（9）：54-59．

[151] 徐新，范明林．紧凑城市 [M]．上海：格致出版社，2010．

[152] 许京琦．中等城市地下空间开发利用规划研究——以日照市主城区为例 [D]．昆明理工大学，2017．

[153] 薛林，黄秋艳．农民"被上楼"法律问题刍议 [J]．广西警官高等专科学校学报，2011（4）：46-49．

[154] 杨虹桥．城市轨道交通站点地区地下空间优化设计研究 [D]．北京建筑工程学院，2012．

[155] 杨明洪，刘永湘．中国农民集体所有土地发展权的压抑与抗争 [J]．中国农村经济，2003（6）：16-24．

[156] 杨树海．城市土地集约利用的内涵及其评价指标体系构建 [J]．经济问题探索，2007（1）：27-30．

[157] 杨振丹．简析日本轨道交通与地下空间结合开发的建设模式

[J]．现代城市轨道交通，2014，14（3）：93-96，99.

[158] 姚文琪．城市中心区地下空间规划方法探讨：以深圳市宝安中心区为例 [J]．城市规划学刊，2010（增刊1）：36.

[159] 姚治华，王红旗，郝旭光．基于集对分析的地质环境承载力研究 [J]．环境科学与技术，2010，33（10）：183-189.

[160] 叶冬青．综合交通枢纽规划研究综述与建议 [J]．现代城市研究，2010（7）：7-12.

[161] 叶树峰，谢志明等．广州市轨道交通地下空间规划及管控思考 [J]．交通与运输，2021，37（6）：36-39.

[162] 于明明，李磊．民法典物权编编纂背景下的空间权利法律制度重构 [J]．广西社会学，2019（10）：101-107.

[163] 余秋成．GIS 在国土管理中的应用 [J]．自然科学（英文版），2016（1）：00029-00029.

[164] 余晓清．中国城市地下空间的规划与建设 [J]．地市地理，2017（12）：37-40.

[165] 张弘怀，郑铣鑫．城市地下空间开发利用及其地质环境效应研究 [J]．工程勘察，2013（7）：45-49.

[166] 张锦兵．加利用我国城市地下土地资源创新地下空间建设机制的探讨 [Z]．中国土地学会学术会议，2012.

[167] 张平等．国内外综合交通枢纽站地下空间开发模式探讨 [Z]．中国城市规划年会，2008.

[168] 张珊珊．考虑时空资源有效利用的城市路网承载力计算方法研究 [D]．北京交通大学，2016.

[169] 赵慧敏．生态都市主义理论与实践-对集约化现代城市空间的思考 [J]．住宅与房地产，2017（9）：37-39.

[170] 赵鹏林，顾新．城市地下空间利用立法初探——以深圳市为例 [J]．城市规划，2002，26（9）：21-24.

[171] 赵怡婷，吴克捷等．基于生态地质视角的北京城市地下空间规划管控思考 [J]．北京规划建设，2020（1）：84.

[172] 赵毅，赵雷，葛大勇．中外轨道交通枢纽地区地下空间开发利用

实例解析 [J]．江苏建设，2018（1）：17－26.

[173] 郑新奇．明晰概念引领实践——节约集约用地基本理论问题探讨之一 [J]．中国国土资源经济，2014（3）：15－17.

[174] 郑义，胡高．节约集约利用城市地下空间——以武汉市为例 [J]．上海国土资源，2016，37（3）：32－34.

[175] 中华人民共各国人民政府．国务院关于印发"十三五"现代综合交通运输体系发展规划的通知（国发〔2017〕11号）[Z]．2017.

[176] 中华人民共和国国土资源部．GB/T 21010—2017，土地利用现状分类 [S]．经国家质检总局、国家标准化管理委员会批准发布并实施，2017.

[177] 中华人民共和国国土资源部．TD/T 1014—2007，第二次全国土地调查技术规程 [S]．2007.

[178] 中华人民共和国国土资源部．TD/T 1018—2008，建设用地节约集约利用评价规程 [S]．2008.

[179] 中华人民共和国国土资源部．开发区土地集约利用评价规程（试行）[Z]．2014.

[180] 中华人民共和国住房和城乡建设部，《城市地下空间规划标准》（GB/T51358—2019）[S]．2009.

[181] 中华人民共和国住房和城乡建设部．GB J137—90，城市用地分类与规划建设用地标准 [S]．2012.

[182] 中华人民共和国住房和城乡建设部．GB/T 28590—2012，城市地下空间设施分类与代码 [S]．经国家质检总局、国家标准化管理委员会批准发布并实施，2012.

[183] 中华人民共和国自然资源部．TD/T 1055—2019，第三次全国土地调查技术规程 [S]．2019.

[184] 中铁二院工程集团有限公司．沙坪坝铁路枢纽综合设计报告 [R]．2013，6.

[185] 重庆城市综合交通枢纽（集团）有限公司，中铁二院工程集团有限公司．重庆市沙坪坝铁路枢纽综合改造工程可行性研究 [R]．2013，6.

[186] 重庆市规划局．重庆市城乡规划地下空间利用规划导则（试行）

[Z].2007.

[187] 周建春.中国耕地产权与价值研究：兼论征地补偿 [J].中国土地科学，2007，21 (1)：4-9.

[188] 周琴.影响重庆地下空间开发利用的主要地质因素分析 [J].信息化建设，2015 (11)：26-28.

[189] 周小山.巴黎拉德芳斯 CBD 交通规划、管理的特点与启示 [J].交通与港航，2012，26 (4)：64-66.

[190] 朱大明.地下空间开发与自然地理环境因素 [J].地下空间与工程学报，2007，1 (5)：660-664.

[191] 朱合华，骆晓等.我国城市地下空间规划发展战略研究 [J].中国工程科学，2017，19 (6)：12-17.

[192] 朱建明，宋玉香.城市地下空间规划 [M].北京：中国水利水电出版社，2015.

[193] 朱菁，储锰等.健康舒适视角下城市地下空间规划设计思路初探 [J].城市观察，2021 (2)：128-137.

[194] 庄毅璇等.香港地铁及上盖物业开发情况调查及其对深圳市地铁上盖物业开发建设的启示 [J].科技和产业，2001，121 (12)：77-78.

[195] 邹林.城市地下空间权研究 [D].烟台大学，2017.

附录

附录一　相关分类规范文件

附表 1-1　　　　土地利用现状分类（GB/T21010—2017）

GB/T 21010—2017 土地利用现状分类

一级类		二级类		含义
编码	名称	编码	名称	
01	耕地			指种植农作物的土地，包括熟地，新开发、复垦、整理地、休闲地（含轮歇地、休耕地）；以种植农作物（含蔬菜）为主，间有零星果树、桑树或其他树木的土地；平均每年能保证收获一季的已垦滩地和海涂。耕地中包括南方宽度<1.0米，北方宽度<2.0米固定的沟、渠、路和地坎（埂）；临时种植药材、草皮、花卉、苗木等的耕地，临时种植果树、茶树和林木且耕作层未破坏的耕地，以及其他临时改变用途的耕地
		0101	水田	指用于种植水稻、莲藕等水生农作物的耕地。包括实行水生、旱生农作物轮种的耕地
		0102	水浇地	指有水源保证和灌溉设施，在一般年景能正常灌溉，种植旱生农作物（含蔬菜）的耕地。包括种植蔬菜的非工厂化的大棚用地
		0103	旱地	指无灌溉设施，主要靠天然降水种植旱生农作物的耕地，包括没有灌溉设施，仅靠引洪淤灌的耕地
02	园地			指种植以采集果、叶、根、茎、汁等为主的集约经营的多年生木本和草本植物，覆盖度大于50%或每亩株树大于合理株数70%的土地，包括育苗的土地
		0201	果园	指种植果树的园地
		0202	茶园	指种植茶树的园地
		0203	橡胶园	指种植橡胶树的园地
		0204	其他园地	指种植桑树、可可、咖啡、油棕、胡椒、药材等其他多年生作物的园地

续表

一级类		二级类		含义
编码	名称	编码	名称	
03	林地			指生长乔木、竹类、灌木的土地、及沿海生长红树林的土地。包括迹地，不包括城镇、村庄范围内的绿化林木用地，铁路、公路征地范围内的林木，以及河流、沟渠的护堤林
		0301	乔木林地	指乔木郁闭度≥0.2的林地，不包括森林沼泽
		0302	竹林地	指生长竹类植物，郁闭度≥0.2的林地
		0303	红树林地	指沿海生长红树植物的林地
		0304	森林沼泽	以乔木森林植物为优势群落的淡水沼泽
		0305	灌木林地	指灌木覆盖度≥40%的林地，不包括灌丛沼泽
		0306	灌丛沼泽	以灌丛植物为优势群落的淡水沼泽
		0307	其他林地	包括疏林地（树木郁闭度≥0.1、＜0.2的林地）、未成林地、迹地、苗圃等林地
04	草地			指生长草本植物为主的土地
		0401	天然牧草地	指以天然草本植物为主，用于放牧或割草的草地，包括实施禁牧措施的草地，不包括沼泽草地
		0402	沼泽草地	指以天然草本植物为主的沼泽化的低地草甸、高寒草甸
		0403	人工牧草地	指人工种植牧草的草地
		0404	其他草地	指树木郁闭度＜0.1，表层为土质，不用于放牧的草地
05	商服用地			指主要用于商业、服务业的土地
		0501	零售商业用地	以零售功能为主的商铺、商场、超市、市场和加油、加气、充换电站等的用地
		0502	批发市场用地	以批发功能为主的市场用地
		0503	餐饮用地	饭店、餐厅、酒吧等用地
		0504	旅馆用地	宾馆、旅馆、招待所、服务型公寓、度假村等用地
		0505	商务金融用地	指商务金融用地，以及经营性的办公场所用地。包括写字楼、商业性办公场所、金融活动场所和企业厂区外独立的办公场所；信息网络服务、信息技术服务、电子商务服务、广告传媒等用地

续表

一级类		二级类		含义
编码	名称	编码	名称	
05	商服用地	0506	娱乐用地	指剧院、音乐厅、电影院、歌舞厅、网吧、影视城、仿古城以及绿地率小于65％的大型游乐等设施用地
		0507	其他商服用地	指零售商业、批发市场、餐饮、旅馆、商务金融、娱乐用地以外的其他商业、服务业用地。包括洗车场、洗染店、照相馆、理发美容店、洗浴场所、赛马场、高尔夫球场、废旧物资回收站、机动车、电子产品和日用产品修理网点、物流营业网点，及居住小区及小区级以下的配套的服务设施等用地
06	工矿仓储用地			指主要用于工业生产、物资存放场所的土地
		0601	工业用地	指工业生产、产品加工制造、机械和设备修理及直接为工业生产等服务的附属设施用地
		0602	采矿用地	指采矿、采石、采砂（沙）场，砖窑等地面生产用地，排土（石）及尾矿堆放地
		0603	盐田	指用于生产盐的土地，包括晒盐场所、盐池及附属设施用地
		0604	仓储用地	指用于物资储备、中转的场所用地，包括物流仓储设施、配送中心、转运中心等
07	住宅用地			指主要用于人们生活居住的房基地及其附属设施的土地
		0701	城镇住宅用地	指城镇用于生活居住的各类房屋用地及其附属设施用地，不含配套的商业服务设施等用地
		0702	农村宅基地	指农村用于生活居住的宅基地
08	公共管理与公共服务用地			指用于机关团体、新闻出版、科教文卫、公用设施等的土地
		0801	机关团体用地	指用于党政机关、社会团体、群众自治组织等的用地
		0802	新闻出版用地	指用于广播电台、电视台、电影厂、报社、杂志社、通讯社、出版社等的用地
		0803	教育用地	指用于各类教育用地，包括高等院校、中等专业学校、中学、小学、幼儿园及其附属设施用地，聋、哑、盲人学校及工读学校用地，以及为学校配建的独立地段的学生生活用地

续表

| 一级类 | | 二级类 | | 含义 |
编码	名称	编码	名称	
08	公共管理与公共服务用地	0804	科研用地	指独立的科研、勘察、研发、设计、检验检测、技术推广、环境评估与监测、科普等科研事业单位及其附属设施用地
		0805	医疗卫生用地	指医疗、保健、卫生、防疫、康复和急救设施等用地。包括综合医院、专科医院、社区卫生服务中心等用地；卫生防疫站、专科防治所、检验中心和动物检疫站等用地；对环境有特殊要求的传染病、精神病等专科医院用地；急救中心、血库等用地
		0806	社会福利用地	指为社会提供福利和慈善服务的设施及其附属设施用地。包括福利院、养老院、孤儿院等用地
		0807	文化设施用地	指图书、展览等公共文化活动设施用地。包括公共图书馆、博物馆、档案馆、科技馆、纪念馆、美术馆和展览馆等设施用地；综合文化活动中心、文化馆、青少年宫、儿童活动中心、老年活动中心等设施用地
		0808	体育用地	指体育场馆和体育训练基地等用地，包括室内外体育运动用地，如体育场馆、游泳场馆、各类球场及其附属的业余体校等用地，溜冰场、跳伞场、摩托车场、射击场，以及水上运动的陆域部分等用地，以及为体育运动专设的训练基地用地，不包括学校等机构专用的体育设施用地
		0809	公用设施用地	指用于城乡基础设施的用地。包括供水、排水、污水处理、供电、供热、供气、邮政、电信、消防、环卫、公用设施维修等用地
		0810	公园与绿地	指城镇、村庄范围内的公园、动物园、植物园、街心花园、广场和用于休憩、美化环境及防护的绿化用地
09	特殊用地			指用于军事设施、涉外、宗教、监教、殡葬、风景名胜等的土地
		0901	军事设施用地	指直接用于军事目的的设施用地
		0902	使领馆用地	指用于外国政府及国际组织驻华使领馆、办事处等的土地

续表

一级类		二级类		含义
编码	名称	编码	名称	
09	特殊用地	0903	监教场所用地	指用于监狱、看守所、劳改场、戒毒所等的建筑用地
		0904	宗教用地	指专门用于宗教活动的庙宇、寺院、道馆、教堂等宗教自用地
		0905	殡葬用地	指陵园、墓地、殡葬场所用地
		0906	风景名胜设施用地	指风景名胜景点（包括名胜古迹、旅游景点、革命遗址、自然保护区、森林公园、地质公园、湿地公园等）的管理机构，以及旅游服务设施的建筑用地。景区内的其他用地按现状归入相应地类
10	交通运输用地			指用于运输通行的地面线路、场站等的土地。包括民用机场、汽车客货运场站、港口、码头、地面运输管道和各种道路以及轨道交通用地
		1001	铁路用地	指用于铁道线路及场站的用地。包括征地范围内的路堤、路堑、道沟、桥梁、林木等用地
		1002	轨道交通用地	指用于轻轨、现代有轨电车、单轨等轨道交通用地，以及场站的用地
		1003	公路用地	指用于国道、省道、县道和乡道的用地。包括征地范围内的路堤、路堑、道沟、桥梁、汽车停靠站、林木及直接为其服务的附属用地
		1004	城镇村道路用地	指城镇、村庄范围内公用道路及行道树用地，包括快速路、主干路、次干路、支路、专用人行道和非机动车道，及其交叉口等
		1005	交通服务场站用地	指城镇、村庄范围内交通服务设施用地，包括公交枢纽及其附属设施用地、公路长途客运站、公共交通场站、公共停车场（含设有充电桩的停车场）、停车楼、教练场等用地。不包括交通指挥中心、交通队用地
		1006	农村道路	在农村范围内，南方宽度≥1.0m、≤8m，北方宽度≥2.0m、≤8m，用于村间、田间交通运输，并在国家公路网体系之外，以服务于农村农业生产为主要用途的道路（含机耕道）

续表

一级类		二级类		含义
编码	名称	编码	名称	
10	交通运输用地	1007	机场用地	指用于民用机场，军民合用机场的用地
		1008	港口码头用地	指用于人工修建的客运、货运、捕捞及工程、工作船舶停靠的场所及其附属建筑物的用地，不包括常水位以下部分
		1009	管道运输用地	指用于运输煤炭、矿石、石油、天然气等管道及其相应附属设施的地上部用地
11	水域及水利设施用地			指陆地水域，滩涂、沟渠、沼泽、水工建筑物等用地。不包括滞洪区和已垦滩涂中的耕地、园地、林地、城镇、村庄、道路等用地
		1101	河流水面	指天然形成或人工开挖河流常水位岸线之间的水面，不包括被堤坝拦截后形成的水库区段水面
		1102	湖泊水面	指天然形成的积水区常水位岸线所围成的水面
		1103	水库水面	指人工拦截汇聚而成的总设计库容 ≥ 10 万 m^3 的水库正常蓄水位岸线所围成的水面
		1104	坑塘水面	指人工开挖或天然形成的蓄水量 < 10 万 m^3 的坑塘常水位岸线所围成的水面
		1105	沿海滩涂	指沿海大潮位与低潮位之间的潮浸地带。包括海岛的沿海滩涂。不包括已利用的滩涂
		1106	内陆滩涂	指河流、湖泊常水位至洪水位间的滩地；时令湖、河洪水位以下的滩地；水库、坑塘的正常蓄水位与洪水位间的滩地。包括海岛的内陆滩涂。不包括已利用的滩地
		1107	沟渠	指人工修建，南方宽度 $\geq 1.0m$、北方宽度 $\geq 2.0m$ 用于引、排、灌的渠道，包括渠槽、渠堤、护堤林及小型泵站
		1108	沼泽地	指经常积水或渍水，一般生长湿生植物的土地。包括草本沼泽、苔藓沼泽、内陆盐沼等。不包括森林沼泽、灌丛沼泽和沼泽草地
		1109	水工建筑用地	指人工修建的闸、坝、堤路林、水电厂房、扬水站等常水位岸线以上的建（构）筑物用地
		1110	冰川及永久积雪	指表层被冰雪长年覆盖的土地

续表

一级类		二级类		含义
编码	名称	编码	名称	
12	其他土地			指上述地类以外的其他类型的土地
		1201	空闲地	指城镇、村庄、工矿范围内尚未使用的土地。包括尚未确定用途的土地
		1202	设施农用地	指直接用于经营性畜禽生产设施及附属设施用地；直接用于作物栽培或水产养殖等农产品生产的设施及附属设施用地；直接用于设施农业项目辅助生产的设施用地；晾晒场、粮食果品烘干设施、粮食和农资临时存放场所、大型农机具临时存放场所等规模化粮食生产所必需的配套设施用地
		1203	田坎	指梯田及梯状坡耕地中，主要用于拦蓄水和护坡，南方宽度≥1.0米、北方宽度≥2.0米的地坎
		1204	盐碱地	指表层盐碱聚集，生长天然耐盐植物的土地
		1205	沙地	指表层为沙覆盖、基本无植被的土地。不包括滩涂中的沙地
		1206	裸土地	指表层为土质，基本无植被覆盖的土地
		1207	裸岩石砾地	指表层为岩石或石砾，其覆盖面积≥70%的土地

附表1-2　城市规划用地分类及代码简表（GBJ137—90）

类别名称（大类10个、中类42个）			范围
大类		中类	
R		居住用地	居住小区、居住街坊、居住组团用地，包括中学、小学和幼托用地
	R1	一类居住用地	市政公用设施齐全、布局完整、环境良好、以低层住宅为主的用地
	R2	二类居住用地	市政公用设施齐全、布局完整、环境较好、以多、中、高层住宅为主的用地
	R3	三类居住用地	市政公用比较设施齐全、布局不完整、环境一般，或住宅与工业等用地有混合交叉的用地
	R4	四类居住用地	以简陋住宅为主的用地

续表

类别名称（大类 10 个、中类 42 个）		范围
大类	中类	
C		公共设施用地	居住区及居住区级以上的行政、经济、文化、教育、卫生、体育以及科研设计等机构和设施的用地，
	C1　行政办公用地	行政、党派和团体等机构用地
	C2　商业金融用地	商业、金融业、服务业、旅馆业和市场等用地
	C3　文化娱乐用地	新闻出版、文化艺术团体、广播电视、图书展览、游乐等设施用地
	C4　体育用地	体育场馆和体育训练基地等用地，不包括学校等单位内的体育用地
	C5　医疗卫生用地	医疗、保健、卫生、防疫、康复和急救设施等用地
	C6　教育科研设计用地	高等院校、中等专业学校、科学研究和勘测设计机构等用地
	C7　文物古迹用地	具有保护价值的古遗址、古墓葬、古建筑、革命遗址等用地，不包括已作其他用途的文物古迹用地，该用地应分别归入相应的用地类别
	C8　其他公共设施用地	除以上之外的公共设施用地，如宗教活动场所、社会福利院等用地
M		工业用地	工矿企业的生产车间、库房及其附属设施等用地
	M1　一类工业用地	对居住和公共设施等环境基本无干扰和污染的工业用地
	M2　二类工业用地	对居住和环境有一定干扰和污染的工业用地
	M3　三类工业用地	对居住和环境有严重干扰和污染的工业用地
W		仓储用地	仓储企业的库房、堆场和包装车间及其附属设施等用地
	W1　普通仓库用地	以库房建筑为主的储存一般货物的普通仓库用地
	W2　危险口仓库用地	存放易燃、易爆和剧毒等危险品的专用仓库用地
	W3　堆场用地	露天放货物为主的仓库用地
T		对外交通地	铁路、公路、管道运输、港口和机场等城市对外交通运输及其附属设施等用地
	T1　铁路用地	铁路站场和线路等用地
	T2　公路用地	高速公路和一、二、三级公路线路及长途客运站等地，不包括村镇公路用地，该用地应归入水域和其他用地（E）
	T3　管道运输用地	运输煤炭、石油和天然气等地面管道运输用地

续表

类别名称（大类 10 个、中类 42 个）			范围
大类	中类		
S		道路广场用地	市级、区级和居住区级的道路、广场和停车场等用地
	S1	道路用地	主干路、次干路和支路用地，包括其交叉路口用地，不包括居住用地、工业用地等内部的道路用地
	S2	广场用地	公共活动广场用地，不包括单位内的广场用地
	S3	社会停车场库用地	公共使用的停车场和停车库用地，不包括其他各类用地配建的停车场库用地
U		市政公用设施用地	市区、区级和居住区级的市政公用设施，包括其建筑物、构筑物及管理维修设施等用地
	U1	供应设施用地	供水、供电、供燃气、供热等设施用地
	U2	交通设施用地	公共交通和货运交通等设施用地
	U3	邮电设施用地	邮政、电信和电话等设施用地
	U4	环境卫生设施用地	环境卫生设施用地
	U5	施工与维修设施用地	房屋建筑、设备安装、市政工程、绿化和地下构筑物等施工及养护维修设施等用地
	U6	殡葬设施用地	殡仪馆、火葬场、骨灰存放处和墓地等设施用地
	U9	其他市政设施用地	除以上之外的市政公用设施用地，如消防、防洪等设施用地
G		绿地	市级、区级和居住区级的公共绿地及生产防护绿地，不包括专用绿地、园地和林地
	G1	公共绿地	向公众开放，有一定游憩设施的绿化用地，包括其范围内的水域
	G2	生产防护绿地	园林生产绿地和防护绿地
D		特殊用地	特殊性质的用地如军事、保安用地
	D1	军事用地	直接用于军事目的的军事设施用地
	D3	保安用地	监狱、拘留所、劳改场所和安全保卫部门等用地。不包括公安局和公安分局，该用地应归入公共设施用地（C）
E		水域和其他用地	除以上各大类用地之外的用地
	E1	水域	江、河、湖、水库、苇地、滩涂和渠道等水域，不包括公共绿地及单位内的水域
	E2	耕地	种植各种农作物的土地
	E3	园地	果园、桑园、茶园等园地
	E4	林地	生长乔木、竹类、灌木等林木的土地

续表

类别名称（大类 10 个、中类 42 个）		范围
大类	中类	
E	E6 村镇建设用地	集镇、村庄等农村居住点生产和生活建设用地
	E7 弃置地	由于各种原因未使用或尚不能使用的土地，如裸岩、石砾等
	E8 露天矿用地	各种矿藏的露天开采用地

附表 1-3　　　　城市地下空间设施分类与代码表

功能代码	设施名称（17）	主特征及分类（91）
01	地下电力设施	以"埋设方式"为主特征，分为"7"类：直埋供电、沟槽供电、排管、隧道、公用电力、配套、其他
02	地下信息与通信设施	以"埋设方式"为主特征，分为"4"类：管沟、直埋、配套、其他
03	地下给水设施	以"水处理程度"为主特征，分为"6"类：原水、饮用水、直饮水、中水、给水配套、其他
04	地下排水设施	以"排水来源和输送动力"为主特征，分为"9"类：重力流雨水、压力流雨水、重力流污水、压力流污水、重力流雨污合流、压力流雨污合流、河道管涵、排水配套、其他
05	地下燃气设施	以"传输介质和压力"为主特征，分为"8"类：天然气长输管线、天然气主干管网、天然气配送管线、液化石油气主干管网、液化石油气输配、煤气配送管线、燃气配送、其他
06	地下热力设施	以"传输介质"为主特征，分为"4"类：蒸汽、热水、热力配套、其他
07	地下工业管道设施	以"传输介质"为主特征，分为"8"类：氢气、氧气、乙炔、乙烯、油料、排渣、工业管道配套、其他
08	地下输油管道设施	以"传输介质"为主特征，分为"5"类：原油输送、成品油输送、航油输送、输油管道配套、其他
09	地下综合管沟（廊）设施	以"管沟廊规模"为主特征，分为"6"类：干线、支线、干支混合、缆线、过路管沟、其他

续表

功能代码	设施名称（17）	主特征及分类（91）
21	地下固体废弃物输送设施	以"设施构成"为主特征，分为"4"类：气力输送、收集处理、输送配套、其他
31	地下公共服务设施	以"业态和类型"为主特征，分为"4"类：商业服务、社会服务、地下综合体、其他
32	地下工业及仓储设施	以"业态和类型"为主特征，分为"3"类：工业生产、仓储、其他
33	地下防灾减灾设施	以"防灾对象"为主特征，分为"4"类：人防工程、消防工程、防暴抗震工程、其他
34	地下交通设施	以"交通工具运行载体"为主特征，分为"4"类：轨道交通、道路交通、停车设施、其他
35	地下居住设施	以"设施构成"为主特征，分为"3"类：地下室、地下居住配套、其他
41	基础	以"埋置深度"为主特征，分为"3"类：浅基础、深基础、其他
99	其他	已在以上各个城市地下空间设施分类中安排

附件 1-4：城市地下空间设施分类与代码说明

我国在 2012 年 10 月 1 日开始施行《城市地下空间设施分类与代码（GB/T28590—2012）》，主要参考了《基础地理信息要素分类与代码（GB/T 13923—2006）》《零售业态分类（GB/T 18106—2004）》《土地利用现状分类（GB/T 21010—2017）》《城市地下管线探测技术规程（CJJ 61—2003）》。该标准的分类对象为城市地下空间设施，包括电力、信息与通信、给水、排水、燃气等各类地下管线设施以及公共服务、工业、居住、交通、防灾和其他用途的各种建（构）筑物设施。城市地下空间设施的分类以其功能及功能主特征为分类依据。

城市地下空间设施代码为层次码结构，由 3 层、6 位阿拉伯数字组成。其中，第一层为"功能代码"，用于标识城市地下空间设施的主要功能；第二层为"主特征代码"，作为上位类"功能代码"的细分，用于标识"设施功能"的最主要特征；第三层为"实体类代码"，用于标识城市地下空间某种设施功能相对应的设施实体类。

　　功能代码由两位阿拉伯数字组成，从 01 开始，升序排列，中间保留若干码位，便于未来新出现的相近功能设施扩充代码，数字 99 表示收容类目。如用于标识电力功能的"地下电力设施"的代码为 01，具体设施功能分类与代码，见附录一。

附录二　城市地下空间集约利用现状分类体系（草案）

城市地下空间利用现状分类是依据城市地下空间利用现状的实际状况，参考《土地利用现状分类》（GB/T21010—2017）、《城市用地分类与规划建设用地标准》（GB50137—2011）、《城市地下空间设施分类与代码》（GB/T 28590—2012）、《城市地下空间基本术语标准》（报批稿）等技术规范的分类方法与要求制定的。城市地下空间利用现状分为9大类。见附表2-1、附表2-2。

附表 2-1　　　　　城市地下空间利用现状分类表

类别代码	类别名称	内容
DX - JT	地下交通空间	地下轨道交通设施、地下公交场站、地下道路设施、地下停车设施、地下人行通道等占用空间
DX - SZ	地下市政空间	地下市政场站、地下市政管线及管廊等占用空间
DX - GG	地下公共空间	地下行政、文化、教育、卫生等公共管理和公共服务设施占用空间
DX - SF	地下商服空间	地下商业、餐饮、娱乐、商务、等设施占用空间
DX - CC	地下仓储空间	地下物资储备、中转、配送等设施占用空间
DX - fZ	地下防灾空间	地下防空、消防、防洪、抗震等设施占用空间
DX - JZ	地下居住空间	地下居住设施等占用空间
DX - WY	地下未利用空间	尚未利用的地下空间
DX - QT	其他地下空间	上述地下设施以外的其他地下设施占用空间

附表 2-2　　　城市地下空间建筑面积利用现状分类统计表

类别代码	类别名称	建筑面积（平方米）	占地下空间总建筑面积百分比
DX - JT	地下交通空间		
DX - SZ	地下市政空间		
DX - GG	地下公共空间		

续表

类别代码	类别名称	建筑面积（平方米）	占地下空间总建筑面积百分比
DX – SF	地下商服空间		
DX – CC	地下仓储空间		
DX – FZ	地下防灾空间		
DX – JZ	地下居住空间		
DX – QT	地下其他利用空间		
DX – WY	地下未利用空间		

附录三 综合交通枢纽地下空间利用现状调查指标体系（草案）

附表 3 - 1　　综合交通枢纽地下空间利用现状调查指标体系表

一级指标		二级指标		取值
代码	名称	代码	名称	
A	交通枢纽地下空间利用强度指标	A1	地下空间利用最大深度现状值	
		A2	地下空间利用平均深度现状值	
		A3	地下空间最大投影面积现状值	
		A4	地下空间平均投影面积现状值	
		A5	地下空间建筑总面积现状值	
		A6	地下空间建筑容积现状值	
		A7	地下空间建筑密度现状值	
		A8	地下空间建筑容积率现状值	
B	交通枢纽地表空间利用强度指标	B1	地表空间利用最大高度现状值	
		B2	地表空间利用平均高度现状值	
		B3	地表空间利用土地面积现状值	
		B4	地表空间建筑面积现状值	
		B5	地表空间建筑密度现状值	
		B6	地表空间建筑容积率现状值	
C	交通枢纽综合效益指标	C1	交通枢纽旅客流量现状值	
		C2	交通枢纽就业人口现状值	
		C3	交通枢纽综合产值现状值	
		C4	交通枢纽固定资产现状值	

续表

一级指标		二级指标		取值
代码	名称	代码	名称	
D	交通枢纽外部效应指标	D1	地表人口集聚效应现状值	
		D2	地表资产集聚效应现状值	
		D3	地表商服集聚效应现状值	
		D4	地表交通集聚效应现状值	
		D5	基础设施集聚效应现状值	
		D6	人居环境集聚效应现状值	
E	交通枢纽土地利用类型结构指标	E1	商业与服务业用地	
		E2	工业与仓储业用地	
		E3	居住用地	
		E4	公共基础设施用地	
		E5	交通用地	
		E6	其他用地	
DX	交通枢纽地下空间利用结构指标	DX－JT	地下交通空间建筑面积现状值	
		DX－SZ	地下市政空间建筑面积现状值	
		DX－GG	地下公共空间建筑面积现状值	
		DX－SF	地下商服空间建筑面积现状值	
		DX－CC	地下仓储空间建筑面积现状值	
		DX－FZ	地下防灾空间建筑面积现状值	
		DX	交通枢纽地下空间利用结构指标	
		DX－JZ	地下居住空间建筑面积现状值	
		DX－QT	地下其他利用空间建筑面积现状值	
		DX－WY	地下未利用空间面积现状值	

附录四　重庆市综合交通枢纽地下空间集约利用
技术导则（草案）

重庆市综合交通枢纽地下空间集约利用技术导则（草案）

前　言

合理开发利用综合交通枢纽地下空间，是优化城市空间结构和管理格局，增强综合交通枢纽地下空间之间以及地下空间与地面建设之间有机联系，促进地下空间与城市整体同步发展，缓解城市土地资源紧张的必要措施。为进一步加强重庆市综合交通枢纽地下空间集约利用编制和管理的科学化、规范化、法制化，指导重庆市综合交通枢纽工程建设，在住房城乡建设部出台的《城市地下空间开发利用"十三五"规划》的基础上修订形成《重庆市综合交通枢纽地下空间集约利用技术导则》，编制组深入调查研究，认真总结原导则的实践经验，参考借鉴了国家和其他省市的相关规划标准，通过组织专家论证，在广泛征求规划设计、科研、管理等方面意见的基础上，修订本导则。

本导则的主要内容有：总则、现状调查、集约利用评价、信息系统建设。

本导则在实施过程中，如发现需要修改补充之处，请将意见和有关资料提供给重庆工商大学（单位地址：重庆市南岸区学府大道 19 号；邮编：400067），以便在今后修改时参考和吸纳。

本导则主编单位：重庆工商大学、重庆邮电大学、中铁设计二院。

本导则主要起草人：邱继勤、石永明、刘明皓、罗小波、杜珊。

目　录

1.　总　则

1.0.1　为促进城市地下空间合理利用、综合交通枢纽地下空间集约利用管理，科学编制重庆市综合交通枢纽地下空间集约利用技术导则，根据《城市地下空间开发利用"十三五"规划》《建设用地节约集约利用评价规程》制订本导则。

1.0.2　本导则适用于重庆市各大综合交通枢纽工程建设。

1.0.3　地下空间集约规划应依据《土地利用现状分类》（GB/T21010—2007）、《城市规划用地分类与代码》（GBJ137—90）、《城市地下空间设施分类与代码》（GB/T28590—2012）进行合理分类，并开展现状调查。

1.0.4　按照重庆市综合交通枢纽建设情况，在集约技术评价时应考虑地下和地上建筑，合理建立评价体系。

1.0.5　依据集约评价技术体系，应根据综合交通枢纽实际建设情况建立信息数据库。

1.0.6　地下空间集约评价技术编制应按照合理布局、节约土地、集约用地和改善综合交通枢纽周边环境的原则，推动周边区域交通和经济发展。

1.0.7　集约评价技术的编制除按照本导则执行外，还应符合国家和重庆市相关法律、法规、规章和规范的规定。

2.　现状调查

2.1　城市地下空间利用现状分类

2.1.1　城市地下空间利用现状分类就是在一定区域内，对地下空间利用单元进行类型划分，即根据地理属性、利用特征、用途管制和产权管理的相似性和差异性，对地下空间利用单元进行分组，划分出各种地下空间利用类型，并将它们表示在专题地图上。

2.1.2　城市地下空间利用现状分类依据以下技术规范编制：《土地利用

现状分类》（GB/T21010—2007）、《城市规划用地分类与代码》（GBJ137—90）、《城市地下空间设施分类与代码》（GB/T28590—2012）。

2.1.3 城市地下空间利用现状分类采用利用的相似性、分类的统一性、层次的科学性和地域的差异性等原则。

2.1.4 地下空间利用现状分类体系，采用顺序分类法、网格分类法、专家咨询法等科学方法。

2.1.5 《城市地下空间利用现状分类（草案）》采用一级、二级两个层次的分类体系，共分9个一级类、34个二级类。其中一级类包括：地下交通空间、地下市政空间、地下公共空间、地下商服空间、地下工业仓储空间、地下防灾空间、地下居住空间、未利用地下空间、其他地下空间。

2.2 综合交通枢纽地下空间现状调查

2.2.1 调查程序

1. 准备工作；

2. 外业调查；

3. 内业分析；

4. 编写调查报告；

5. 检查验收；

6. 成果验收。

2.2.2 调查内容

1. 开展项目区境界、土地权属界线和地下空间权属界线调查；

2. 开展地下空间利用现状分类与利用类型调查；

3. 开展辖区范围内土地和地下空间规模、结构、布局调查；

4. 开展辖区范围内的土地和地下空间利用效益和影响调查；

5. 编制地下空间利用现状图、土地权属线图；

6. 总结地下空间利用的经验教训，提出合理利用地下空间的建议；

7. 开展地下空间利用现状调查总结，编写地下空间利用现状报告。

2.2.3 现状调查分类

综合交通枢纽地下空间利用现状分类是依据综合交通枢纽地下空间利用现状的实际状况，参考《土地利用现状分类》（GB/T21010—2007）、《城市

用地分类与规划建设用地标准》（GB50137—2011）、《城市地下空间设施分
类与代码》（GB/T 28590—2012）、《城市地下空间基本术语标准》（草案）
等技术规范的分类方法与要求制定的。综合交通枢纽地下空间利用现状分为
9 大类（如附表4 -1、附表4 -2 所示）。

附表4 -1　　　　　综合交通枢纽地下空间利用现状分类表

类别代码	类别名称	内容
DX - JT	地下交通空间	地下轨道交通设施、地下公交场站、地下道路设施、地下停车设施、地下人行通道等占用空间
DX - SZ	地下市政空间	地下市政场站、地下市政管线及管廊等占用空间
DX - GG	地下公共空间	地下行政、文化、教育、卫生等公共管理和公共服务设施占用空间
DX - SF	地下商服空间	地下商业、餐饮、娱乐、商务、等设施占用空间
DX - CC	地下仓储空间	地下物资储备、中转、配送等设施占用空间
DX - fZ	地下防灾空间	地下防空、消防、防洪、抗震等设施占用空间
DX - JZ	地下居住空间	地下居住设施等占用空间
DX - WY	地下未利用空间	尚未利用的地下空间
DX - QT	其他地下空间	上述地下设施以外的其他地下设施占用空间

附表4 -2　　　综合交通枢纽地下空间利用现状调查指标体系表

一级指标		二级指标		取值
代码	名称	代码	名称	
A	交通枢纽地下空间利用强度指标	A1	地下空间利用最大深度现状值	
		A2	地下空间利用平均深度现状值	
		A3	地下空间最大投影面积现状值	
		A4	地下空间平均投影面积现状值	
		A5	地下空间建筑总面积现状值	
		A6	地下空间建筑容积现状值	
		A7	地下空间建筑密度现状值	
		A8	地下空间建筑容积率现状值	

续表

一级指标		二级指标		取值
代码	名称	代码	名称	
B	交通枢纽地表空间利用强度指标	B1	地表空间利用最大高度现状值	
		B2	地表空间利用平均高度现状值	
		B3	地表空间利用土地面积现状值	
		B4	地表空间建筑面积现状值	
		B5	地表空间建筑密度现状值	
		B6	地表空间建筑容积率现状值	
C	交通枢纽综合效益指标	C1	交通枢纽旅客流量现状值	
		C2	交通枢纽就业人口现状值	
		C3	交通枢纽综合产值现状值	
		C4	交通枢纽固定资产现状值	
D	交通枢纽外部效应指标	D1	地表人口集聚效应现状值	
		D2	地表资产集聚效应现状值	
		D3	地表商服集聚效应现状值	
		D4	地表交通集聚效应现状值	
		D5	基础设施集聚效应现状值	
		D6	人居环境集聚效应现状值	
E	交通枢纽土地利用类型结构指标	E1	商业与服务业用地	
		E2	工业与仓储业用地	
		E3	居住用地	
		E4	公共基础设施用地	
		E5	交通用地	
		E6	其他用地	
DX	交通枢纽地下空间利用结构指标	DX－JT	地下交通空间建筑面积现状值	
		DX－SZ	地下市政空间建筑面积现状值	
		DX－GG	地下公共空间建筑面积现状值	
		DX－SF	地下商服空间建筑面积现状值	
		DX－CC	地下仓储空间建筑面积现状值	
		DX－FZ	地下防灾空间建筑面积现状值	
		DX－JZ	地下居住空间建筑面积现状值	
		DX－QT	地下其他利用空间建筑面积现状值	
		DX－WY	地下未利用空间面积现状值	

2.2.4　调查成果

1. 地下空间利用现状图件编制。以原工程规划设计资料为基础，结合现场调查和实测，编制综合交通枢纽地下空间利用类型分布图。

2. 地下空间利用现状面积量算。以原工程规划设计资料为基础，结合现场调查和实测，采用 GIS 技术进行综合交通枢纽地下空间利用类型面积量算。

3. 地下空间利用现状调查报告编写。内容主要包括自然和社会经济概况、调查工作情况、调查成果内容、调查报告附件等。

3. 集约评价技术体系

3.0.1　评价对象和范围

以综合交通枢纽工程为评价对象，边界范围应涉及地面工程施工区域边界和地下工程地面投影边界（见附图 4 - 1）。

3.0.2　评价技术路线

3.0.3　评价原则

1. 政策导向性原则。评价工作以符合有关法律、法规和规划为前提，以城市管理的各项政策为导向，充分体现项目区域的定位和发展方向。

2. 综合性原则。评价工作从地下空间的利用强度、负荷强度、安全强度和影响强度等方面构建指标体系综合评价土地集约利用状况。

3. 因地制宜原则。评价工作充分考虑项目区域开发的自然条件、经济社会发展的差异，从实际出发、因地制宜的确定土地集约利用程度评价标准。

4. 定性分析和定量分析相结合的原则。土地集约优化配置应从定性分析入手，工作过程则尽量以定量分析为主，定性分析为辅。

5. 可操作性原则。评价方法与所选用的指标要简单明确，易于收集，统计口径一致，指标的独立性强，要尽量采用现有的统计数据、图件和相关部门所掌握资料。

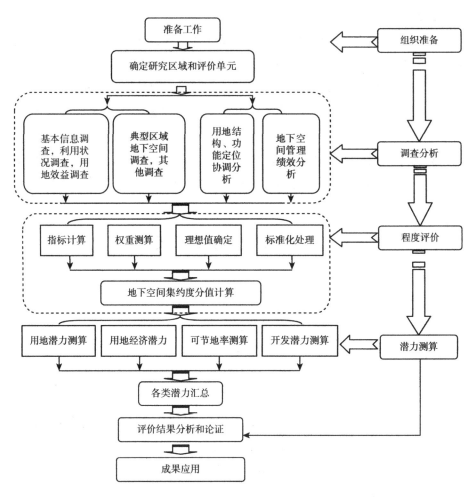

附图 4-1　综合交通枢纽地下空间集约利用评价技术路线

3.0.4　评价指标

指标体系建设在城市综合体理念和可持续发展理念的指导下，参考《开发区土地集约利用评价规程》(2014 年度试行)、《城市土地集约利用评价规程》等规范，依据科学性、可操作性和综合性原则确定指标体系。根据评价范围和特定的评价类型，从地下空间的利用强度、负荷强度、安全强度和影响强度四个方面进行评价。程度评价体系主要包括因素层、因子层和指标三个层次（见附表 4-3）。

附表 4 - 3　　　　综合交通枢纽地下空间集约利用评价指标体系

因素层	因子层	指标测度方法
地下空间利用强度 A	深度分布指数（A1）	地下空间利用深度与地下空间可用深度的比值（%），它反映当前利用技术水平条件下，地下空间竖直利用强度
	面积分布指数（A2）	地下空间地表投影面积与地下空间投影面积的理想值之间的比值（%），它反映地下空间水平利用程度。如果是多层地下空间，取投影面积比的最大值
	容积分布指数（A3）	地下空间容积率与容积率的理想值之间的比值（%），这里规划区范围内地下空间总建筑面积与规划区面积比来计算地下空间容积率
	建筑分布指数（A4）	地下空间建筑分布比与建筑分布比理想比值（%），即它反映地下空间与总建筑面积的比例关系
地下空间负荷强度 B	客流负荷指数（B1）	高峰小时地下空间客流量与理想值之间的比值，它反映地下空间载负的交通枢纽客流规模。用高峰小时地下空间客流量表示（万人）
	就业负荷指数（B2）	范围内地下空间的就业人数与理想值之间的比值，它反映规划范围内地下空间载负的就业人数（人）
	产值负荷指数（B3）	规划范围内单位地下空间的综合产值与理想值之间的比值，反映单位地下空间载负的综合产值
	资产负荷指数（B4）	规划范围内单位地下空间的资产与理想值之间的比值，反映单位地下空间载负的资产价值
地下空间安全强度 C	地质容量适宜指数（C1）	在目前的技术水平条件下地下空间开发的地质适宜程度，分别从地质结构、地形地貌、岩土体特征、水文地质条件等方面对地质容量适宜性进行定量评价，它反映了地下空间开发的地质环境质量的好坏
	地质环境稳定指数（C2）	指地质环境支撑地下空间开发利用的稳定程度，主要从地层岩性、地下水、地质结构、地震、水文地质特征和不良地质与特殊性岩土等方面进行评价
	地质灾害影响指数（C3）	指地质灾害一旦发生可能产生的后果的严重性，它用地下空间开发活动与地质条件相互作用可能导致的工程风险和环境风险来表示。风险的大小决定地质灾害影响指数的大小
	地质灾害防治指数（C4）	反映研究区域地灾预警保障和地质灾害防治的情况，主要从危险源预警设备设施与安全意识、应急管理和过程监控方面的措施来评价

续表

因素层	因子层	指标测度方法
地下空间影响强度 D	商服繁华影响指数（D1）	表示研究区域或区段地表商服集聚效应对地下空间开发利用的影响强度。用商服产值密度或商业服务业建筑面积规模（用地规模）和年销售营业额等表示
	交通便捷影响指数（D2）	表示研究区域地表交通的便捷或集聚程度对地下空间开发利用的影响程度。它也反映了地下空间本身到周边区域的方便程度。可用公交客流强度或从项目区的对外交通便捷度、公交便利度和道路通达度等方面评价
	基础设施影响指数（D3）	表示研究区域地表的能源供应、供水排水、交通运输、邮电通讯、环保环卫、防卫防灾安全等系统的基础设施的完备程度，可用基础设施产值密度等表示
	人居环境影响指数（D4）	表示研究区域地表的人居环境评价要素的集聚程度，可用地表绿地覆盖率等要素表示

3.0.5 评价方法

1. 指标权重确定方法

各目标层（因素层、因子层）和指标权重采用德尔菲法确定。通过对评价各目标层（因素层、因子层）、指标的权重进行多轮专家打分，并按式（1）计算权重值。

$$W_i = \frac{\sum_{j=1}^{n} E_{ij}}{n} \qquad (1)$$

式（1）中：

W_i——第 i 个目标、子目标或指标的权重；

E_{ij}——专家 j 对于第 i 目标、子目标或指标的打分；

n——专家总数。

2. 指标标准化处理

正向指标标准化方法：正向指标标准化采用理想值比例推算方法，以指标实现度分值进行度量，按照下面的式（2）计算：

$$S_{ijk} = \frac{X_{ijk}}{T_{ijk}} \times 100 \qquad (2)$$

式（2）中：

S_{ijk}——i 目标 j 子目标 k 指标的实现度分值；

X_{ijk}——i 目标 j 子目标 k 指标的现状值；

T_{ijk}——i 目标 j 子目标 k 指标的理想值。

负向指标标准化：工程风险和环境风险等按下列式（3）计算，以指标实现度分值进行度量：

$$S = (1 - X) \times 100 \qquad\qquad (3)$$

式（3）中：

S——工程风险和环境风险的实现度分值；

X——工程风险和环境风险的现状值。

3.0.6　指标理想值取值

理想值指项目区土地集约利用各评价指标在评价时点应达到的理想水平。理想值依照节约集约用地原则，在符合有关法律法规、国家和地方制定的技术标准、土地利用总体规划和城乡规划等要求的前提下，结合项目区实际确定，具体有目标值法、经验借鉴法和专家咨询法等。结合《建设用地节约集约利用评价规程》对理想值的解释，指标理想值界定为"截至评价时点，评价指标在理想状态条件下达到的目标值"。

1. 深度分布指数：该指标理想值确定方法为目标值法、专家咨询法和经验借鉴法。

2. 面积分布指数：经过专家咨询，同时借鉴其他综合交通枢纽区域的相关经验，按照项目区域（研究范围）的 40% 计算地下空间投影面积的理想值。

3. 容积分布指数：该指标理想值的确定方法为目标值法，采用地下空间的规划容积作为理想值。

4. 建筑分布指数：这里采用先进值方法，结合专家的建议，参考上海虹桥综合交通枢纽工程，地下空间建筑面积比为 50% 作为理想值。

5. 客流负荷指数：该指标理想值确定方法为目标值法、专家咨询法和经验借鉴法。

6. 就业负荷指数：该指标理想值确定方法为目标值法、专家咨询法和经验借鉴法。

7. 产值负荷指数：该指标理想值确定方法为目标值法、专家咨询法和经验借鉴法。

8. 资产负荷指数：该指标理想值的确定方法为目标值法、专家咨询法和经验借鉴法。资产包括土地资产和房屋资产等，土地资产按基准地价评估，房屋价值按资产重置方式评估或拆迁赔偿方式评估。

9. 地质容量适宜指数：该指标理想值的确定方法为目标值法、专家咨询法和经验借鉴法。通常综合交通枢纽地质容量适宜指数理想值为100。

10. 地质环境稳定指数：该指标理想值的确定方法为目标值法、专家咨询法和经验借鉴法。在综合考虑地质、水文和工程技术安全性等方面的条件分析是否能够支撑城市地下空间开发，同时地下空间开发是否有利于城市地面生态环境的优化与环境质量的提升，而不影响和破坏地面生态环境质量，综合交通枢纽地质环境稳定指数理想值为100。

11. 地质灾害影响指数：该指标理想值的确定方法为目标值法、专家咨询法和经验借鉴法。综合考虑地质条件、环境条件以及地下水等因素的影响，综合交通枢纽地质灾害影响指数理想值为100。

12. 地质灾害防治指数：该指标理想值的确定方法为目标值法、专家咨询法和经验借鉴法。在考虑安全意识、应急管理和过程监控等方面，并结合专家意见，确定综合交通枢纽地灾预警保障指数理想值为100。

13. 商服繁华影响指数：采用地表商服产值密度指标来评价，该指标理想值的确定方法为目标值法、专家咨询法和经验借鉴法。

14. 交通便捷影响指数：采用公交客流强度表示。该指标理想值的确定方法为目标值法、专家咨询法和经验借鉴法。

15. 基础设施影响度：采用基础设施产值密度来衡量。该指标理想值的确定方法为目标值法、专家咨询法和经验借鉴法。

16. 人居环境影响指数：采用区域绿化覆盖率表示。该指标理想值的确定方法为目标值法、专家咨询法和经验借鉴法。

3.0.7 指标具体计算

1. 现状评价指标计算

（1）地下空间利用强度 A

①深度分布指数 （A1）

$$I_{现状深度分布指数} = \frac{现状开发深度}{地下可开发深度} \times 100$$

②面积分布指数（A2）

$$I_{现状面积分布指数} = \frac{现状地下空间地表投影面积}{地下空间投影面积理想值} \times 100$$

③容积分布指数（A3）

$$I_{现状容积分布指数} = \frac{C_{现状容积}}{C_{理想容积}}$$

④建筑分布指数（A4）

$$I_{现状建筑分布指数} = \frac{现状地下空间建筑分布比}{理想值} \times 100$$

（2）地下空间负荷强度 B

①客流负荷指数（B1）

$$I_{现状客流负荷指数} = \frac{现状地下空间客流量}{地下空间客流量理想值} \times 100$$

②就业负荷指数（B2）

$$I_{现状就业负荷指数} = \frac{现状提供就业岗位}{就业岗位理想值} \times 100$$

③产值负荷指数（B3）

$$I_{现状产值负荷指数} = \frac{现状地下空间产值负荷}{地下空间产值负荷标准值} \times 100$$

④资产负荷指数（B4）

$$I_{现状资产负荷指数} = \frac{资产现状负荷值}{资产负荷标准值} \times 100$$

（3）地下空间安全强度 C

①地质容量适宜指数（C1）

a. 分别从地质结构、地形地貌、岩土体特征、水文地质条件等方面对地质容量适宜性进行定量评价。

b. 高度适宜赋值 80～100 分；较适宜赋值 60～80 分；适宜赋值 40～60分；不适宜赋值 <40 分。

c. 采用德尔菲法，对每一因子赋予不同的权重，并采用加权求和模型对地质容量适宜指数进行评价。

②地质环境稳定指数（C2）

a. C2 地质环境稳定指数主要从地层岩性、地质构造与地震、水文地质特征和不良地质与特殊性岩土四个方面进行评价。

b. 地下空间开发地质环境稳定指数分为四个等级，并分别赋予不同的分值：1）良好并适宜于建设区域（90~100分）；2）适宜于建设但须进行局部处理地区（80~90分）；3）可进行地下空间开发但须进行复杂处理（60~80分）；4）工程建设条件较差区域（<60分）。

c. 采用德尔菲法，对每一因子赋予不同的权重，并采用加权求和模型对地质环境稳定指数进行评价。

③地质灾害影响指数（C3）

a. 地质灾害风险分为工程风险和环境风险。风险越大，一旦发生地质灾害，其影响也越大。从工程风险和环境风险两方面建立指标体系对地质灾害风险进行评价。

b. C3 地质灾害影响指数分为四个等级，并分别赋予不同的分值：1）风险小（80~100分）；2）有一些风险（60~80分）；3）风险较大（40~60分）；4）风险很大（<40分）。

c. 采用德尔菲法，对每一因子赋予不同的权重，并采用加权求和模型对地质灾害影响指数进行评价。

④地质灾害防治指数（C4）

地质灾害防治指数从危险源预警设备设施与安全意识、应急管理和过程监控方面的措施来评价。

危险源预警设备设施与安全意识包括火灾、水灾、工程与环境灾害等危险源预警设备设施的配备情况；安全意识与行为指地下空间设施使用者管理者等人的安全意识与行为是否符合基本的安全要求；安全培训指管理者是否对地下空间及设施的使用进行定期有效培训和检查。应急管理主要从监控人员、监控设备设施、信息化手段、监控效果等方面量化。过程监控从风险分析、应急预案、事故防范、应急物资力量、预案演练等方面量化评价。

（4）地下空间影响强度 D

①商服繁华影响指数（D1）

$$I_{商服繁华影响指数} = \frac{商服产值密度现状值}{商服繁华影响指数标准值} \times 100$$

②交通便捷影响指数（D2）

$$I_{交通便捷影响指数} = \frac{现状客流强度}{客流强度标准值} \times 100$$

③基础设施影响指数（D3）

$$I_{基础设施影响指数} = \frac{现状基础设施产值密度}{基础设施产值密度理想值} \times 100$$

④人居环境影响指数（D4）

$$I_{人居环境影响指数} = \frac{现状绿化覆盖率}{绿化覆盖率理想值} \times 100$$

2. 规划评价指标计算

（1）地下空间利用强度 A

①深度分布指数（A1）

$$I_{规划深度分布指数} = \frac{规划开发深度}{地下可开发深度} \times 100$$

②面积分布指数（A2）

$$I_{面积分布指数规划值} = \frac{规划地下空间地表投影面积}{地下空间投影面积理想值} \times 100$$

③容积分布指数（A3）

$$I_{容积分布指数规划值} = \frac{C_{规划容积}}{C_{理想容积}} \times 100$$

④建筑分布指数（A4）

$$I_{建筑分布指数规划值} = \frac{规划地下空间建筑分布比}{理想值} \times 100$$

（2）地下空间负荷强度 B

①客流负荷指数（B1）

$$I_{客流负荷指数规划值} = \frac{规划客流量}{理想客流量} \times 100$$

②就业负荷指数（B2）

$$I_{就业负荷指数规划值} = \frac{规划提供就业岗位}{就业岗位理想值} \times 100$$

③产值负荷指数（B3）

$$I_{产值负荷指数规划值} = \frac{产值负荷规划}{产值负荷理想值} \times 100$$

④资产负荷指数（B4）

$$I_{\text{资产负荷指数规划值}} = \frac{\text{规划资产负荷}}{\text{资产负荷理想值}} \times 100$$

（3）地下空间安全强度 C

①地质容量适宜指数（C1）

a. 分别对地质结构、地形地貌、岩土体特征、水文地质条件等方面进行改良并对地质容量适宜性进行定量评价。

b. 高度适宜赋值 80～100 分；较适宜赋值 60～80 分；适宜赋值 40～60 分；不适宜赋值 <40 分。

c. 采用德尔菲法，对每一因子赋予不同的权重，并采用加权求和模型对地质容量适宜指数进行评价。

②地质环境稳定指数（C2）

a. 主要对地层岩性、地质构造与地震、水文地质特征和不良地质与特殊性岩土四个方面进行改良后进行评价。

b. 地下空间开发地质环境稳定指数分为四个等级，并分别赋予不同的分值：1）良好并适宜于建设区域（90～100 分）；2）适宜于建设但须进行局部处理地区（80～90 分）；3）可进行地下空间开发但须进行复杂处理（60～80 分）；4）工程建设条件较差区域（<60 分）。

c. 采用德尔菲法，对每一因子赋予不同的权重，并采用加权求和模型对地质环境稳定指数进行评价。

③地质灾害影响指数（C3）

a. 地质灾害风险分为工程风险和环境风险。风险越大，一旦发生地质灾害，其影响也越大。规划实施后，采取保障措施来降低工程风险和环境风险，并从这两方面建立指标体系对地质灾害风险进行评价。

b. C3 地质灾害影响指数分为四个等级，并分别赋予不同的分值：1）风险小（80～100 分）；2）有一些风险（60～80 分）；3）风险较大（40～60 分）；4）风险很大（<40 分）。

c. 采用德尔菲法，对每一因子赋予不同的权重，并采用加权求和模型对地质灾害影响指数进行评价。

④地质灾害防治指数（C4）

地质灾害防治指数从危险源预警设备设施与安全意识、应急管理和过程监控方面的规划过程中采取的措施来评价。

危险源预警设备设施与安全意识包括火灾、水灾、工程与环境灾害等危险源预警设备设施的配备情况；安全意识与行为指地下空间设施使用者管理者等人的安全意识与行为是否符合基本的安全要求；安全培训指管理者是否对地下空间及设施的使用进行定期有效培训和检查。应急管理主要从监控人员、监控设备设施、信息化手段、监控效果等方面量化。过程监控从风险分析、应急预案、事故防范、应急物资力量、预案演练等方面量化评价。

（4）地下空间影响强度 D

①商服繁华影响指数 （D1）

$$I_{商服繁华影响指数规划值} = \frac{商服产值密度规划值}{商服产值密度理想值} \times 100$$

②交通便捷影响指数 （D2）

$$I_{交通便捷影响指数规划值} = \frac{交通便捷规划值}{交通便捷理想值} \times 100$$

③基础设施影响指数 （D3）

$$I_{基础设施影响指数规划值} = \frac{基础设施产值规划值}{基础设施产值理想值} \times 100$$

④人居环境影响指数 （D4）

$$I_{人居环境影响指数规划值} = \frac{绿化覆盖率规划值}{绿化覆盖率理想值} \times 100$$

4. 集约利用评价信息系统

4.0.1　开发目标

以综合交通枢纽及地下空间的土地利用现状数据、规划数据、地籍数据等为基础，建立交通枢纽地下空间综合数据库，并综合运用 GIS 二次开发、空间数据库、面向对象、可视化等技术，开发交通枢纽地下空间土地集约利用评价信息系统，实现地下空间土地集约利用需求分析、地下空间土地集约利用现状评价、集约利用潜力评价，以及集约利用规划评价等功能。

4.0.2　开发内容

1. 综合地下空间数据库

交通枢纽地下空间综合数据库主要包括地下空间土地利用现状数据、地籍数据、规划数据，以及社会、经济与人口等相关数据，为集约利用现状评价、潜力评价、规划评价等提供基础数据支撑，建立交通枢纽地下空间集约利用综合数据库。

2. 地下空间集约利用评价信息系统

地下空间集约利用评价信息系统主要包括空间数据管理、查询与空间分析、地下空间集约利用现状评价、地下空间集约利用潜力评价、地下空间集约利用规划评价，以及专题制图与三维可视化六大功能模块。

4.0.3　系统开发平台

系统采用 Visual Studio. NET 2010 作为开发平台，开发语言选择 C#，GIS 组件选择 ArcGIS Engine 10.0。ArcGIS Engine 10.0 及以上版本，与 ArcGIS Engine 及其他的三维显示相比，其三维能力大幅增强，并且还提供了 SceneControl 和 GlobeControl 控件。

4.0.4　系统功能设计

1. 空间数据管理模块

空间数据管理功能是系统的基本功能，主要包括：（1）空间数据加载与显示。空间数据加载与显示主要实现常用的 ARCGIS 与 ENVI 遥感平台软件数据格式的矢量/栅格图层的读取与显示。（2）地图操作模块。地图操作模块包含 GIS 技术的基本功能，如地图的任意缩放、固定缩放、漫游、视图切换、图层标注、图层视野设置、图层编辑、拓扑检查等，方便用户浏览、设置地图。

2. 查询与空间分析模块

查询与空间分析模块包括查询与统计、空间量算、叠置分析、缓冲区分析、路径分析等功能。

3. 地下空间集约利用现状评价

功能包括：（1）确定指标权重。利用层次分析法和德尔菲专家打分法确定各评价指标的权重。（2）因子分值标准化。建立指标标准化标准，利用相关模型标准化指标值。（3）土地集约利用现状分项评价。基于综合数据库，并结合指标权重，分别对地下空间集约利用中涉及的土地利用强度、土地投入强度、土地利用结构、土地利用效益等方面分别进行评价。（4）土地集约利用现状综合评价。综合利用土地利用强度、土地投入强度、土地利用结构、土地利用效益等指标，利用多因素综合评价模型计算各个评价单元的综合分值，对地下空间土地集约利用进行评价与分析。

4. 地下空间集约利用潜力评价

主要包括：（1）确定指标权重。利用层次分析法和德尔菲专家打分法确定各评价指标的权重。（2）因子分值标准化。建立指标标准化标准，利用相关模型标准化指标值。（3）土地集约利用潜力评价。基于综合数据库，分别对地下空间集约利用进行扩展潜力评价、结构潜力评价、强度潜力评价、管理潜力评价。（4）综合分值聚类分析。利用聚类分析模型算法生产频度曲线，确定土地集约利用潜力分类标准。

5. 地下空间集约利用规划评价

系统拟通过对地下空间土地资源的数量、质量、结构、布局和开发潜力等方面的分析，明确规划区域地下空间土地资源的整体优势与劣势，以及制约综合交通枢纽地下空间土地资源开发利用的主要因素，构建地下空间要素容量评估模型和多目标城市土地综合容量评估模型。

5. 名词解释

5.0.1　综合交通枢纽工程

综合交通枢纽一般是城市交通的重要节点，对市内交通实现换乘，对市外交通进行连接，整合了城市中铁路、飞机、地铁、公交、长途、出租和私家车等主要交通设施。

5.0.2　城市地下空间

以扩展城市容量、提高城市效率为目的，在城市所在区域表面以下的土层或岩层中，天然形成或经由人工开发而形成的空间。

5.0.3　综合交通枢纽地下空间集约利用

综合交通枢纽工程地下空间集约就是强调交通枢纽工程设计过程中对地下地上各功能要素及空间规模的高度集聚，实现地下空间与城市系统密切关联，并有效提升城市地下空间安全舒适性品质。

5.0.4　地下空间利用强度

地下空间利用强度指地下空间开发利用与项目空间开发利用的分布关系。

5.0.5　地下空间负荷强度

地下空间负荷强度指地下空间开发利用与项目主体功能负荷的分布关系。

5.0.6　地下空间安全强度

地下空间安全强度指地下空间开发利用对地质环境生态安全的影响程度。

5.0.7　地下空间影响强度

地下空间影响强度指地下空间开发利用对地上空间地段品质的影响程度。